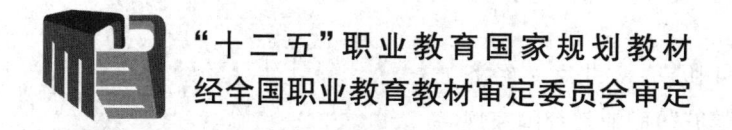

"十二五"职业教育国家规划教材
经全国职业教育教材审定委员会审定

工程力学

（第四版）

沈韶华　主　编
袁英才　房瑞明　副主编

中国财经出版传媒集团
经济科学出版社
·北京·

图书在版编目（CIP）数据

工程力学／沈韶华主编. -- 4 版. -- 北京：经济科学出版社，2025.4. --（"十二五"职业教育国家规划教材）. -- ISBN 978 - 7 - 5218 - 6970 - 5

Ⅰ. TB12

中国国家版本馆 CIP 数据核字第 2025X1B737 号

责任编辑：张　蕾
责任校对：易　超
责任印制：邱　天

工　程　力　学
（第四版）

沈韶华　主　编

袁英才　房瑞明　副主编

经济科学出版社出版、发行　新华书店经销

社址：北京市海淀区阜成路甲 28 号　邮编：100142

应用经济分社电话：010 - 88191375　发行部电话：010 - 88191522

网址：www.esp.com.cn

电子邮件：esp@esp.com.cn

天猫网店：经济科学出版社旗舰店

网址：http://jjkxcbs.tmall.com

固安华明印业有限公司印装

787×1092　16 开　17 印张　380000 字

2025 年 4 月第 4 版　2025 年 4 月第 1 次印刷

ISBN 978 - 7 - 5218 - 6970 - 5　定价：46.80 元

(图书出现印装问题，本社负责调换。电话：010 - 88191545)

(版权所有　侵权必究　打击盗版　举报热线：010 - 88191661

QQ：2242791300　营销中心电话：010 - 88191537

电子邮箱：dbts@esp.com.cn)

修订版前言

《工程力学》（第三版）自 2020 年出版以来，经过多年教学实践，在广泛吸纳教师和读者建议的基础上，为更好地适应"新工科"建设需求，体现现代科技发展成果，强化理论联系实际的特点，现对本教材进行全面修订。本次修订在保持第三版教材特色的同时，确保内容深度与广度更加符合课程教学要求。具体修订工作体现在以下方面。

第一，知识脉络可视化：各章新增"要点总结"模块，帮助读者系统梳理章节知识架构。

第二，教学案例升级：精选具有典型工程背景的例题进行替换，强化知识点的实践应用导向。

第三，标准规范更新：依据最新国家标准，全面更换附录型钢表，同步更新材料力学实验试件制备标准。

第四，编校质量提升：对全书文字表述进行优化润色，重绘部分插图以符合工程制图规范。

本次修订衷心感谢广大教师和读者提出的宝贵建议。限于编者水平，书中疏漏之处在所难免，恳请使用本教材的师生继续提出改进意见，我们将持续完善教材建设。

前　　言

本书为"十二五"职业教育国家规划教材，并经全国职业教育教材审定委员会审定。

本书是根据新形势下高等院校教学的实际情况，结合新时期高等院校工程力学课程教学大纲的基本要求编写的。本书精选了工程实践以及后续专业课程中必须掌握的知识、技能，由简到繁、由浅入深展开讲解，这不仅使学生较系统地学习了相应的理论知识，还通过一些工程实例来介绍生产中的实际应用，使学生在有限的学时内既能学到工程力学的知识，又能与工程实际相结合，达到学以致用的目的。

本书内容包括静力学和材料力学两部分内容，全书共10章，第1~3章为静力学，第4~10章为材料力学。为了让学生更好地理解与掌握教材内容，全书每章附有思考题、习题及参考答案，从而使整个过程达到了精讲、精练的目的，其主要体现在以下几个方面：

（1）本书通俗易懂，把握"适用为度"的原则，侧重基本概念和基本方法的阐述，增强了教学适用性，有助于培养工程应用型人才。

（2）本书内容编排新颖，简明扼要，在讲述某些概念和方法的同时，给出了相关的思考题，供课堂讨论之用。

（3）在教材中充实了新知识、新技术、新设备和新材料等方面的知识，力求使教材具有鲜明的时代特征。

本书可作为高等院校机械类、近机械类各专业中、少学时工程力学课程的教材，也可作为职业技术培训教材或供有关技术人员参考。

本书由北京印刷学院沈韶华担任主编，袁英才、房瑞明担任副主编。在图书编写过程中，为了力求内容精辟，编者参阅了国内同行一些相关书籍，在此一并表示感谢！

由于编者水平有限，时间也比较仓促，书中难免存在不足和考虑不周之处，望专家和读者批评指正。

编　者

目 录

第1章 静力学基本概念与物体受力分析 ... 1
1.1 静力学基本概念 ... 2
1.2 静力学公理 ... 4
1.3 约束和约束反力的概念及类型 ... 7
1.4 物体的受力分析与受力图 ... 11

第2章 平面力系的合成与平衡 ... 23
2.1 平面汇交力系的简化与平衡方程 ... 24
2.2 力对点之矩与合力矩定理 ... 31
2.3 平面力偶系的合成与平衡 ... 36
2.4 平面一般力系的简化与平衡方程 ... 42
2.5 平面平行力系的平衡方程 ... 52

第3章 物体系统的平衡问题 ... 61
3.1 静定与静不定问题的概念 ... 62
3.2 物系平衡问题分析 ... 63
3.3 考虑摩擦时物体的平衡问题 ... 70

第4章 材料力学基本概念 ... 87
4.1 材料力学的任务 ... 88
4.2 材料力学的基本假设 ... 89
4.3 外力与内力 ... 89
4.4 应力与应变 ... 91
4.5 杆件的基本受力与变形形式 ... 93

第5章 轴向拉伸或压缩 ... 97
5.1 轴向拉伸或压缩时的内力分析 ... 98
5.2 轴向拉伸或压缩时的应力分析 ... 102
5.3 轴向拉伸或压缩时的变形·胡克定律 ... 105
5.4 材料在轴向拉伸或压缩时的力学性能 ... 108
5.5 轴向拉伸或压缩时的强度计算 ... 115
5.6 拉压静不定问题简介 ... 122
5.7 应力集中的概念 ... 124

I

第6章 剪切与挤压 ... 134
6.1 剪切的概念 ... 135
6.2 剪切的计算 ... 136
6.3 挤压的计算 ... 137

第7章 圆轴的扭转 ... 145
7.1 圆轴扭转时的内力 ... 146
7.2 圆轴扭转时的应力分布规律与强度条件 ... 150
7.3 圆轴扭转的变形与刚度计算 ... 153

第8章 弯曲变形 ... 164
8.1 梁弯曲时的内力 ... 165
8.2 弯曲强度 ... 178
8.3 弯曲变形的计算 ... 186
8.4 提高梁弯曲强度与刚度的措施 ... 195

第9章 组合变形 ... 208
9.1 拉伸或压缩与弯曲的组合 ... 209
9.2 弯曲与扭转的组合 ... 212

第10章 压杆稳定 ... 224
10.1 压杆稳定的概念 ... 225
10.2 临界力的确定 ... 226
10.3 压杆稳定的计算 ... 231
10.4 提高压杆稳定性的措施 ... 233

附录 ... 241
附录Ⅰ 型钢表 ... 241
附录Ⅱ 参考答案 ... 257

参考文献 ... 261

第1章
静力学基本概念与物体受力分析

☞ **教学提示**

内容提要

本章介绍静力学最基本的内容——建立静力学模型,包括静力学基本概念与公理、静力学基本计算以及物体受力分析。静力学基本概念与公理是静力学的理论基础,静力学基本计算与物体受力分析是力学课程中非常重要的基本训练。

学习目标

通过本章的学习,学生应掌握力、刚体、平衡等概念与静力学公理,熟悉各种常见约束的性质,掌握物体受力分析方法,能熟练地画出工程结构的受力图。

力学是研究物体机械运动规律的科学,静力学是力学的一个分支,它主要研究物体在力的作用下处于平衡的规律,以及如何建立各种力系的平衡条件。静力学还研究力系的简化和物体受力分析。

20世纪的许多高新技术,如高层建筑(见图1-1)、大跨度悬索桥(见图1-2)、高速列车(见图1-3)、精密仪器、航空航天器(见图1-4)、机器人以及桁架结构(见图1-5)、工程机械(见图1-6)等都与力学紧密相连。对这些物体中的构件进行受力分析与计算是静力学要解决的问题。

图1-1

图1-2

图 1-3

图 1-4

图 1-5

图 1-6

1.1　静力学基本概念

静力学理论是从生产实践中总结出来的，是对工程结构构件进行受力分析和计算的基础，在工程技术中有着广泛的应用。静力学主要研究以下三个问题。

(1)物体的受力分析；
(2)力系的等效替换与简化；
(3)力系的平衡条件及其应用。

1.1.1　刚体的概念

静力学的研究对象是刚体。所谓刚体，是指在力的作用下不变形的物体，即在力的作用下其内部任意两点的距离永远保持不变的物体。这是一种理想化的力学模型，事实上，在受力状态下不变形的物体是不存在的,不过,当物体的变形很小或变形对问题的研究没有本质的影响时,该物体就可近似抽象成刚体。刚体是在一定条件下研究物体受力和运动规律时的科学抽象,这种抽象不仅使问题大大简化,也能得出足够精确的结果,因此,静力学又称为刚体静力学。

1.1.2 力与力系的概念

1. 力的概念

(1)力的定义。力的概念来源于人类从事的生产劳动。当人们用手握、拉、掷及举起物体时,由于肌肉紧张而感受到力的作用,这种作用广泛存在于人与物及物与物之间。例如,人用手拉悬挂着的静止弹簧,弹簧会变形;小溪水流能推动水车旋转;锤子的敲打会使烧红的铁块变形等。

人们在生产实践中逐步建立起力的科学概念,力是物体之间相互的机械作用。这种作用使物体的机械运动状态发生变化或使物体的形状发生改变,前者称为力的外效应或运动效应,后者称为力的内效应或变形效应。在理论力学中研究力的外效应,在材料力学中研究力的内效应。

(2)力的三要素。实践表明,力对物体的作用效果取决于力的三个要素——力的大小、力的方向和力的作用点,因此力是矢量,且为定位矢量。如图1-7所示,用有向线段 AB 表示一个力矢量,其中线段的长度表示力的大小,线段的指向表示力的方向,线段的起点 A(或终点 B)表示力的作用点,线段所在的直线称为力的作用线。在静力学中,用黑斜体大写字母 F 表示力矢量,用白斜体大写字母 F 表示力的大小。在国际单位制中,力的单位是牛顿(N)或千牛(kN)。

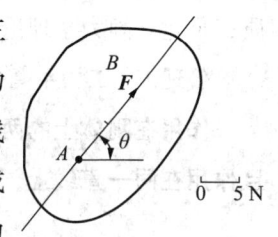

图1-7

(3)力的分布。力的作用点是物体相互作用位置的抽象化。实际上,两个物体接触处总占有一定的面积,力总是分布作用在一定的面积上,如果这个面积很小,则可将其抽象为一个点,即为力的作用点,这时的作用力称为集中力;反之,若两物体接触面积比较大,力分布作用在接触面上,这时的作用力称为分布力。除面分布力外,还有作用在物体整体或某一长度上的体分布力或线分布力,分布力的大小用符号 q 表示,代表分布力作用的强度,称为荷载集度。如果力的分布是均匀的,则称为均匀载荷。

2. 力系的概念

力系是指作用在物体上的一组力。若对于同一物体,有两组不同力系对该物体的作用效果完全相同,则这两组力系称为等效力系。一个力系用其等效力系来代替,称为力系的等效替换。用一个最简单的力系等效替换一个复杂力系,称为力系的简化。若某力系与一个力等效,则此力称为该力系的合力,而该力系的各力称为此力的分力。

1.1.3 平衡的概念

在工程中,平衡是物体机械运动的特殊形式,严格地说,物体相对于惯性参照系处于静止或做匀速直线运动的状态,即加速度为零的状态都称为平衡状态。对于一般工程问题,平衡状态是以地球为参照系确定的。

在工程中,把物体相对于地面静止或做匀速直线运动的状态称为平衡。根据牛顿第一定律,物体如不受到力的作用则必然保持平衡。但客观世界中任何物体都不可避免地受到力的作用,物体上作用的力系只要满足一定的条件,即可使物体保持平衡,这种条件称为力系的平衡条件。满足平衡条件的力系称为平衡力系。

1.2 静力学公理

人们对在生活和生产活动中长期积累的经验进行总结,又经过实践反复检验,总结出力的符合客观实际的最普遍、最一般的规律,称为静力学公理。静力学公理概括了力的基本性质,是建立静力学理论的基础。

公理1 二力平衡公理

作用在刚体上的两个力使刚体处于平衡的充要条件是:这两个力大小相等,方向相反,且作用在同一直线上,如图1-8所示。这两个力的关系用矢量式表示为

$$F_1 = -F_2$$

这一公理揭示了作用于刚体上的最简单的力系平衡时所必须满足的条件,满足上述条件的两个力称为一对平衡力。需要说明的是,对于刚体,这个条件既是必要条件又是充分条件,但对于变形体,这个条件是不充分的。

只在两个力作用下而平衡的刚体称为二力构件,若构件为杆件则称为二力杆,根据二力平衡条件,二力杆两端所受两个力大小相等、方向相反,作用线沿两个力的作用点的连线,如图1-9所示。

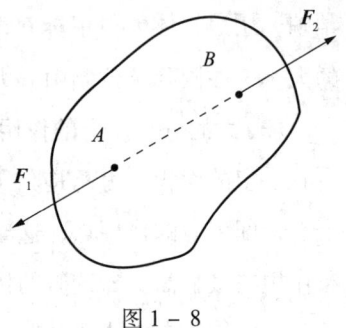

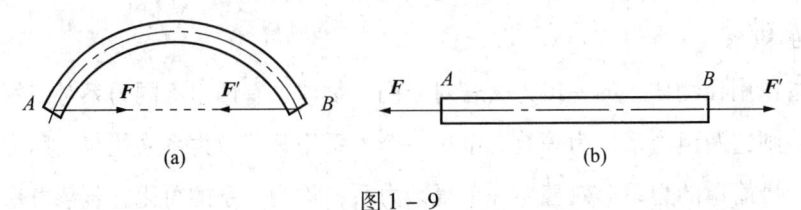

图1-8

图1-9

应用二力杆的概念，可以很方便地判定结构中某些构件的受力方向。如图1-10所示三铰拱中AB部分，当车辆不在该部分上且不计自重时，它只可能通过A、B两点受力，是一个二力构件，故A、B两点的作用力必沿AB连线的方向。

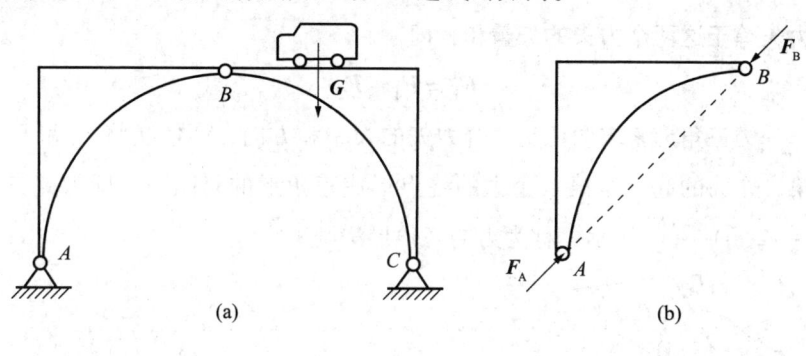

图 1-10

公理2　加减平衡力系公理

在已知力系上加上或减去任意的平衡力系，并不改变原力系对刚体的作用。

这一公理是研究力系等效替换与简化的重要依据。根据上述公理可以导出推论1和推论2这两个重要推论。

推论1　力的可传性原理

作用于刚体上某点的力，可以沿着它的作用线滑移到刚体内任意一点，并不改变该力对刚体的作用效果。

证明：设在刚体上点A作用有力F，如图1-11(a)所示。根据加减平衡力系公理，在该力的作用线上的任意点B加上平衡力F_1与F_2，且使$F_2 = -F_1 = F$，如图1-11(b)所示，由于F与F_1组成平衡力，可去除，故只剩下力F_2，如图1-11(c)所示，即将原来的力F沿其作用线移到了点B，定理得证。

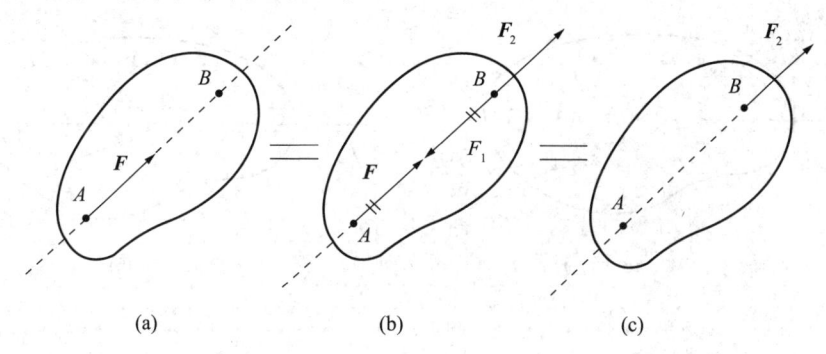

图 1-11

由此可见，对刚体而言，力的作用点不是决定力的作用效应的要素，它已被作用线所代替。因此作用于刚体上的力的三要素是：力的大小、方向和作用线。

作用于刚体上的力可以沿着其作用线滑移，这种矢量称为滑移矢量。

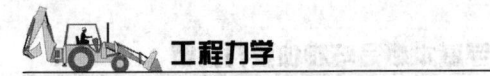

公理3　力的平行四边形法则

作用在物体上同一点的两个力，可以合成为一个合力。合力的作用点也在该点，合力的大小和方向，由以这两个力为邻边构成的平行四边形的对角线确定，如图1-12(a)所示。或者说，合力矢等于这两个力矢的矢量和，即

$$F_R = F_1 + F_2$$

也可另作一力三角形来求两汇交力合力矢的大小和方向，即依次将 F_1 和 F_2 首尾相接画出，最后由第一个力的起点至第二个力的终点形成三角形的封闭边，即为此二力的合力矢 F_R，如图1-12(b)、(c)所示，称为力的三角形法则。

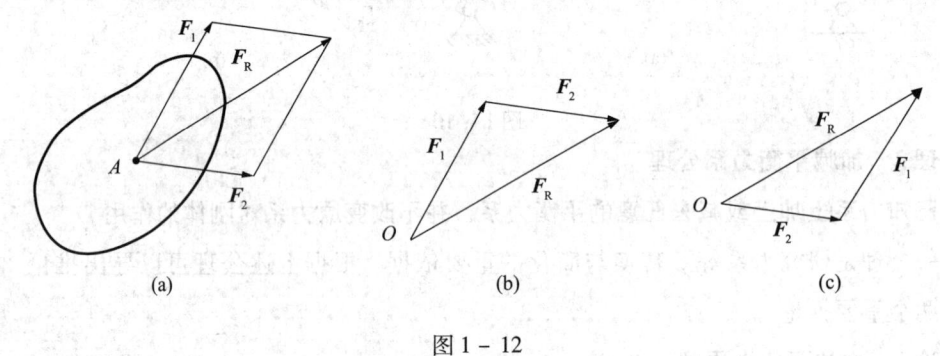

图 1-12

推论2　三力平衡汇交定理

若刚体受三个力作用而平衡，且其中两个力的作用线相交于一点，则此三个力必共面且汇交于同一点。

证明：刚体受三力 F_1、F_2、F_3 作用而平衡，如图1-13(a)所示。根据力的可传性，将力 F_1 和 F_2 移到汇交点 O，并合成为力 F_{12}，则 F_3 应与 F_{12} 平衡，如图1-13(b)所示。根据二力平衡条件，F_3 与 F_{12} 必等值、反向、共线，所以 F_3 必通过 O 点，且与 F_1、F_2 共面，定理得证。

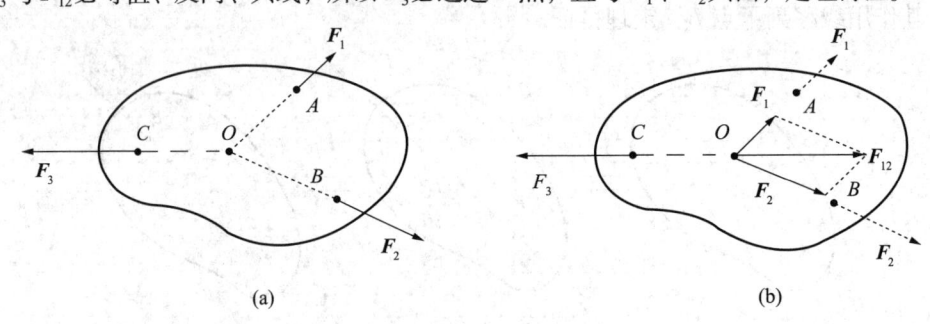

图 1-13

公理4　作用与反作用定律

两个物体间的作用力与反作用力总是同时存在，且大小相等，方向相反，沿着同一条直线，分别作用在两个物体上。若用 F 表示作用力，F' 表示反作用力，则

$$F = -F'$$

该公理表明，作用力与反作用力总是成对出现，但它们分别作用在两个物体上，因此不能视作平衡力。

公理 5　刚化原理

变形体在某一力系作用下处于平衡，如果将此变形体刚化为刚体，其平衡状态保持不变。

这一公理提供了把变形体抽象为刚体模型的条件。如柔性绳索在等值、反向、共线的两个拉力作用下处于平衡，可将绳索刚化为刚体，其平衡状态不会改变。而绳索在两个等值、反向、共线的压力作用下则不能平衡，这时，绳索不能刚化为刚体。但刚体在上述两种力系的作用下都是平衡的。

由此可见，刚体的平衡条件是变形体平衡的必要条件，而非充分条件。刚化原理建立了刚体与变形体平衡条件的联系，提供了用刚体模型来研究变形体平衡的依据。在刚体静力学的基础上考虑变形体的特性，可进一步研究变形体的平衡问题。这一公理也是研究物体系平衡问题的基础，刚化原理在力学研究中具有非常重要的地位。

1.3　约束和约束反力的概念及类型

物体分为自由体与非自由体，自由体是指物体在空间可以有任意方向的位移，即运动不受任何限制，如空中飞行的炮弹、飞机、人造卫星等。非自由体是指在某些方向的位移受到一定限制而不能随意运动的物体，如在轴承内转动的转轴、汽缸中运动的活塞等。对非自由体的位移起限制作用的周围物体称为约束，如铁轨对于机车、轴承对于电机转轴、吊车钢索对于重物等，都是约束。

约束对非自由体的运动的限制，是通过与非自由体接触相互产生了作用力，约束作用于非自由体上的力称为约束反力或约束力，简称反力。约束反力以外的力统称为主动力，如电磁力、切削力、流体的压力、万有引力等，它们往往是给定或可以测定的。约束反力作用于接触点，其方向总是与该约束所能限制的运动方向相反，据此，可以确定约束反力的方向或作用线的位置。至于约束反力的大小却是未知的，可根据平衡方程求出。不同类型的约束具有不同的特征，下面介绍工程中常用的几种约束类型的特征，并介绍其约束反力。

1.3.1　柔索约束

绳索、胶带、链条等形成的约束称为柔索约束，这种约束的特点是柔软易变形，它给物体的约束反力只能是拉力。因此，柔索对物体的约束反力作用在接触点，方向沿柔索中心线且背离物体。常用符号为 F_T，如图 1-14、图 1-15 所示。

图 1 - 14

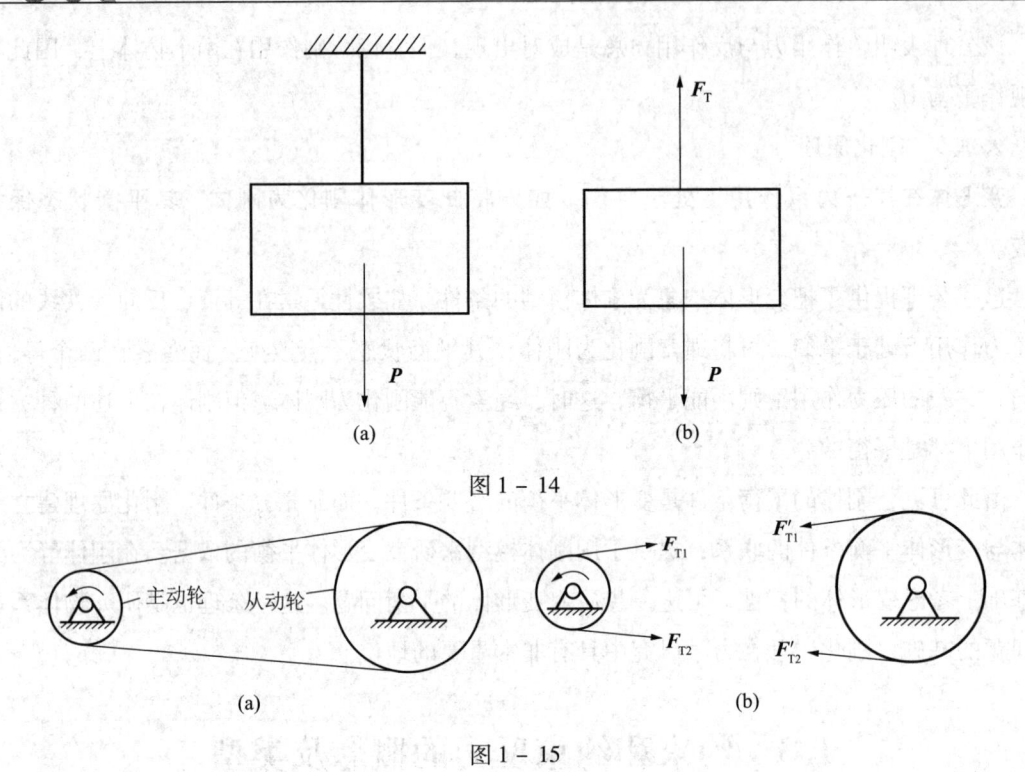

图 1 - 15

1.3.2 光滑面约束

物体受到光滑平面或曲面的约束称作光滑面约束。此类约束只能限制物体在接触点沿接触面的公法线方向的运动，不能限制物体沿接触面切线方向的运动，故约束反力作用在接触点，方向沿接触表面的公法线，并指向被约束物体，简称法向压力，通常用 F_N 表示。如图 1 - 16 中(a)、(b)所示分别为光滑曲面对刚体球的约束和齿轮传动机构中齿轮轮齿的约束。图 1 - 17 为直杆与方槽在 A、B、C 三点接触，三处的约束反力沿二者接触点的公法线方向，指向物体。

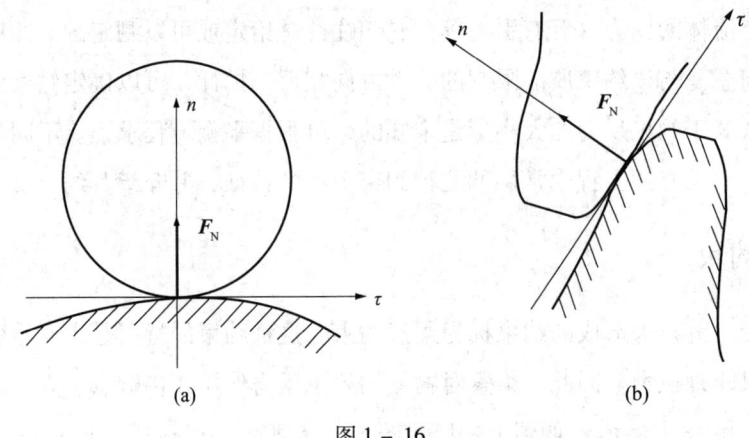

图 1 - 16

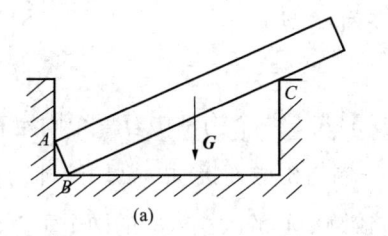

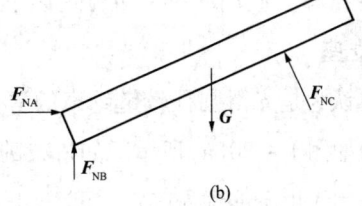

图 1－17

1.3.3 光滑圆柱铰链约束

圆柱铰链是工程上常见的一种约束。如图 1－18(a)、(b)所示，在两个构件 A、B 上分别有直径相同的圆孔，再将一直径略小于孔径的圆柱体销钉 C 插入两构件的圆孔中，将两构件连接在一起，这种连接称为圆柱铰链连接，两个构件受到的约束称为光滑圆柱铰链约束。如剪刀两个剪刃的连接，门所用的活页、铆刀与刀架的连接、起重机的动臂与机座的连接等，都是常见的圆柱铰链连接。

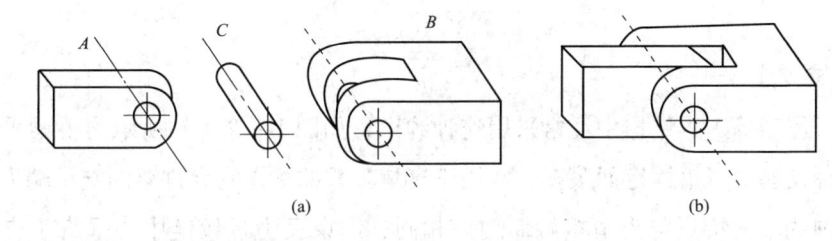

图 1－18

受这种约束的物体，只可绕销钉的中心轴线转动，而不能相对销钉沿任意径向方向运动。这种约束实质是两个光滑圆柱面的接触，如图 1－19(a)所示，其约束反力作用线必然通过销钉中心并垂直圆孔在接触点 K 点的切线，K 的位置与作用在物体上的其他力有关，所以光滑圆柱铰链的约束反力的大小和方向都是未知的，这种约束反力通常是用两个通过铰链中心的大小和方向未知的正交分力 F_x、F_y 来表示，如图 1－19(b)所示。通常在两个构件连接处用一个小圆圈表示铰链，如图 1－19(c)所示。

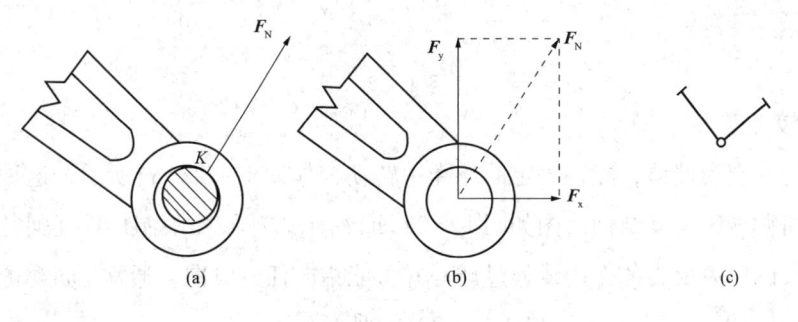

图 1－19

这种约束在工程上应用广泛，可分为以下三种类型。

1. 固定铰支座

这类约束可认为是光滑圆柱铰链约束的演变形式，两个构件中有一个固定在地面或机架上，其结构简图如图 1－20(a)所示。如桥梁的一端与桥墩连接时，常用这种约束。这种约束的约束反力的作用线也不能预先确定，可以用过铰链中心的大小未知的两个垂直分力表示，如图 1－20(b)所示。

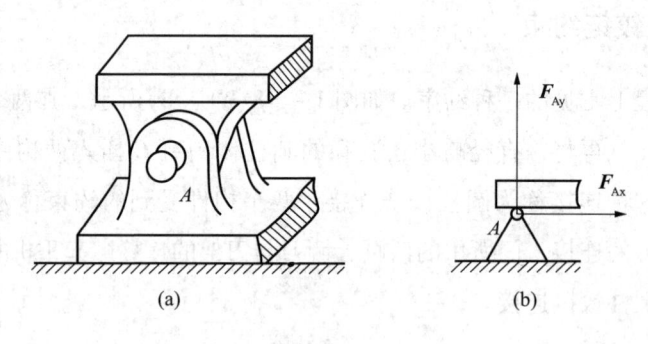

图 1－20

2. 滚动铰支座

在桥梁、屋架等工程结构中经常采用这种约束，如图 1－21(a)所示为桥梁采用的滚动铰支座，这种支座可以沿固定面滚动，常用于支承较长的梁，它允许梁的支承端沿支承面移动。因此这种约束的特点与光滑接触面约束相同，约束反力过铰链中心垂直于支承面，如图 1－21(b)所示。

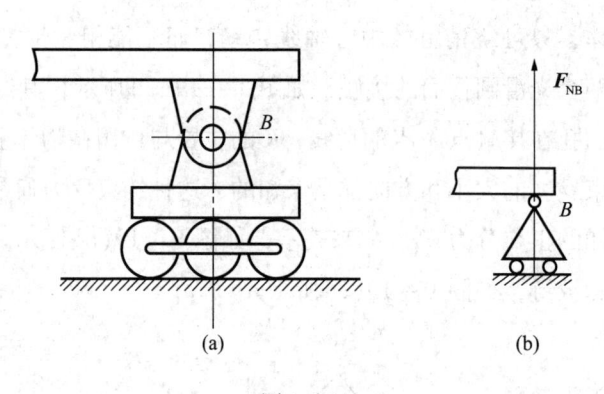

图 1－21

3. 球形铰支座

若构件的一端为球体，能在固定的球壳中转动，如图 1－22(a)所示，这种约束称为球形铰支座，简称球铰，其结构简图如图 1－22(b)所示。球铰能限制构件任何径向方向的位移，所以球铰的约束反力的作用线通过球心并可能指向任一方向，通常用过球心的 3 个互相垂直的分力 F_{Ax}、F_{Ay}、F_{Az} 表示，如图 1－22(c)所示。

(a)　　　　　　　　　(b)　　　　　　　　　(c)

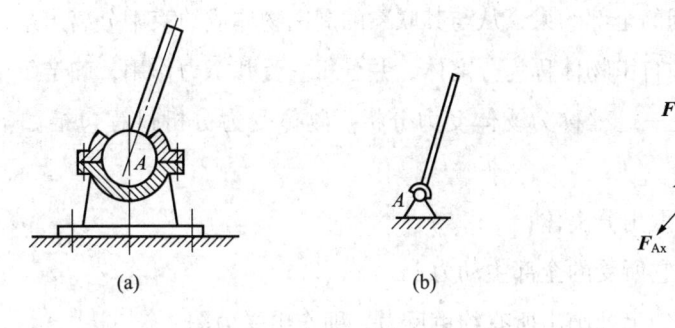

图 1 - 22

1.3.4　轴承约束

轴承是机械中常见的一种约束，常见的轴承有两种形式。一种是径向轴承，如图 1 - 23(a) 所示，它限制转轴的径向位移，并不限制沿其轴向运动和绕轴转动，其性质和圆柱铰链类似，图 1 - 23(b) 为其示意简图，径向轴承的约束反力用两个垂直于轴长方向的正交分力 F_x、F_y 表示，如图 1 - 23(c) 所示。另一种是径向止推轴承，它既限制转轴的径向位移，又限制它的轴向运动，只允许绕轴转动，其约束反力用 3 个大小未知的正交分力 F_x、F_y、F_z 表示，如图 1 - 24 所示。

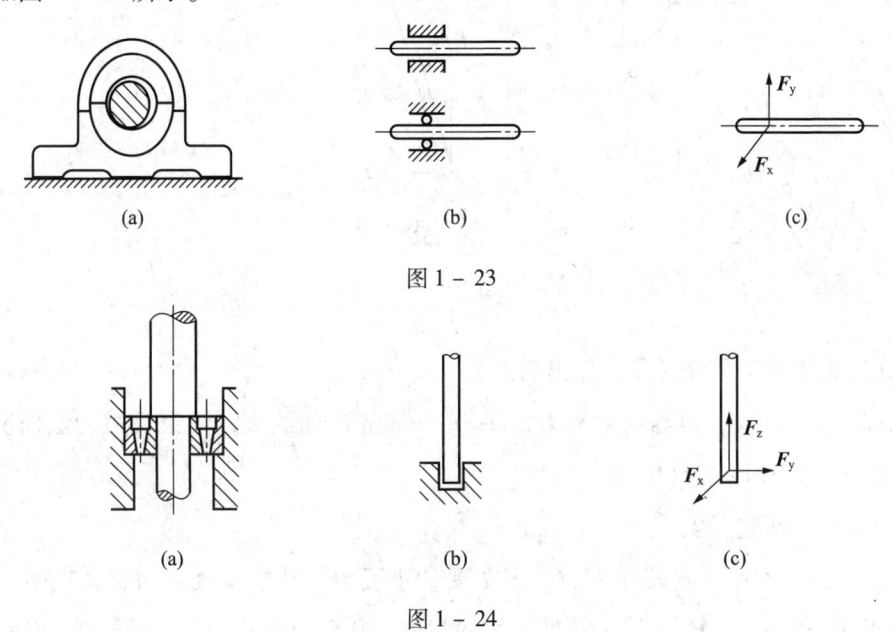

(a)　　　　　　　　　(b)　　　　　　　　　(c)

图 1 - 23

(a)　　　　　　　　　(b)　　　　　　　　　(c)

图 1 - 24

1.4　物体的受力分析与受力图

分析力学问题时，必须首先根据问题的性质、已知量和所要求的未知量，将所研究的物体或物体系统解除它受到的全部约束，从与其联系的周围物体或约束中分离出来，使对象成为自由体，解除约束后的自由物体称为分离体，并分析它受几个力作用，确定每个力的作用位置和力的作用方向，这一过程称为物体受力分析。物体受力分析过程包括如下3个主要步骤。

(1) 确定研究对象，取出分离体；

(2) 在分离体上画出它所受的全部主动力；

(3) 在分离体上所有约束处画出所有约束反力，即作出受力图。

画受力图是解决力学问题的第一步骤，正确地画出受力图是分析、解决力学问题的前提。如果没有特别说明，则物体的重力一般不计，并认为接触面都是光滑的。下面举例说明受力图的画法。

例1-1 重力为 P 的圆球放在板 AC 与墙壁 AB 之间，如图1-25(a)所示。设板 AC 重力不计，假设所有接触处均为光滑的，试作出板与球的受力图。

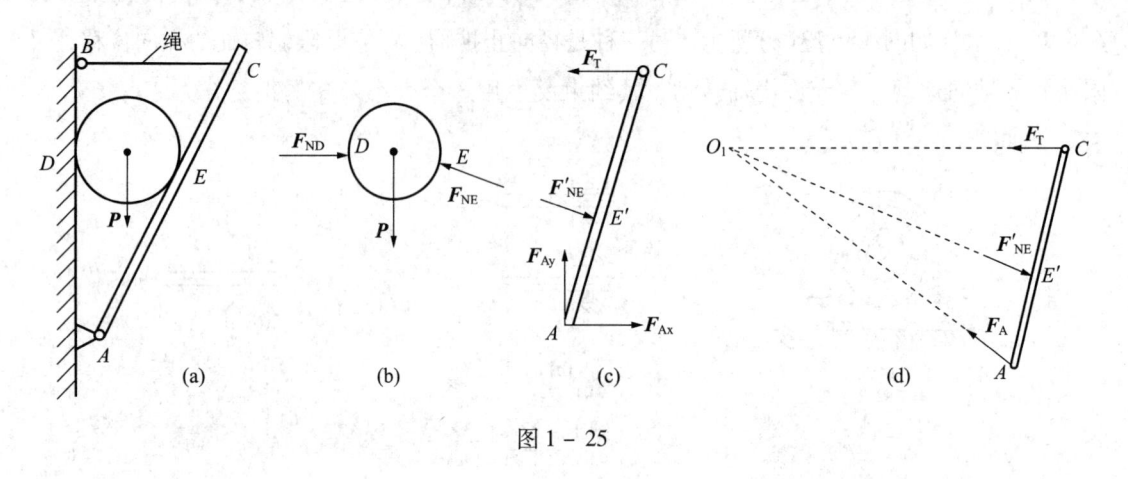

图1-25

解：(1) 先取球为研究对象，作出简图

先画球上主动力 P，再画约束反力，D、E 均属光滑面约束，约束反力为法向反力 F_{ND} 和 F_{NE}，受力图如图1-25(b)所示。

(2) 再取板作研究对象

由于板的自重不计，故只有 A、C、E 处受约束反力。其中 A 处为固定铰支座，其反力可用一对正交分力 F_{Ax}、F_{Ay} 表示；C 处为柔索约束，其反力为拉力 F_T；板上的 E' 处的反力为法向反力 F'_{NE}，要注意该反力与球在该处所受反力 F_{NE} 为作用与反作用的关系。受力图如图1-25(c)所示。

(3) 分析讨论。在本例中，板 AC 上 C 处拉力 F_T、E' 处法向反力 F'_{NE} 方向均已知，因此根据三力平衡汇交定理，即可确定 A 处约束反力 F_A，受力图如图1-25(d)所示。

例 1-2 如图 1-26(a)所示的三铰拱桥,由左、右两拱铰接而成。设各拱自重不计,在拱 AC 上作用有载荷 **P**。试分别画出拱 AC 和 CB 的受力图。

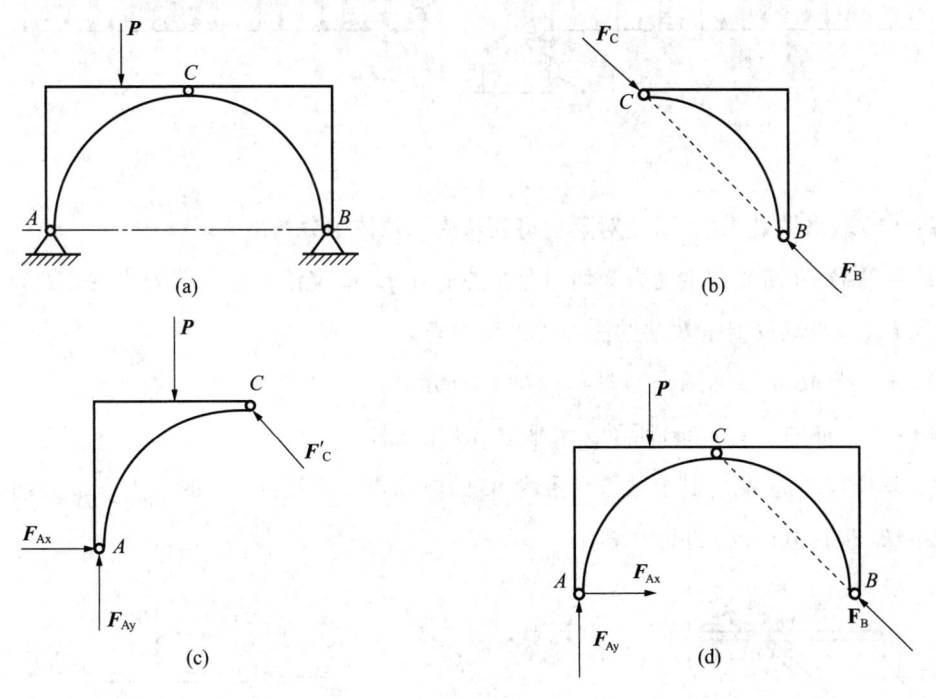

图 1-26

解: (1) 先分析拱 BC 受力。由于拱 BC 自重不计,且只在 B、C 两处受到铰链约束,因此拱 BC 为二力构件。在铰链中心 B、C 处分别受 F_B、F_C 两力的作用,且 $F_B = -F_C$,这两个力的方向如图 1-26(b)所示。

(2) 取拱 AC 为研究对象。由于自重不计,因此主动力只有载荷 **P**。拱在铰链 C 处受有拱 BC 给它的约束反力 F'_C 的作用,根据作用和反作用定律,$F'_C = -F_C$。拱在 A 处受有固定铰支座给它的约束反力 F_A 的作用,由于方向未定,可用两个大小未知的正交分力 F_{Ax} 和 F_{Ay} 代替。拱 AC 的受力图如图 1-26(c)所示。

(3) 分析讨论。再进一步分析可知,由于中间铰链所受的力为内力,它们成对出现,不影响系统的平衡,因此整个系统(整体)的受力图只需要画出系统以外的物体施加于系统的外力。画出载荷 **P**,根据二力平衡条件确定 F_B 的作用线,A 处的约束反力用两个正交力 F_{AX} 和 F_{AY} 表示,其受力图如图 1-26(d)所示。

思考: (1) 若拱 AC 采用三力汇交形式进行分析,对整体受力图中 A 处的受力有影响吗?

(2) 若左右两拱都计入自重时,各受力图有何不同?

例 1-3 水平梁 AB 受均匀分布的荷载 q(N/m)的作用。梁的 A 端为固定铰支座,B

端为滚动铰支座,如图 1-27(a)所示,试画出梁 AB 的受力图。

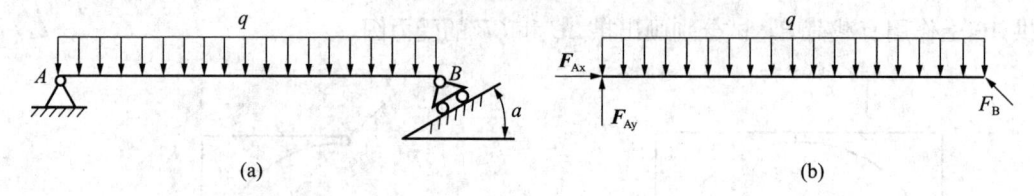

图 1-27

解:(1)取水平梁 AB 为研究对象,将其从周围物体中分离出来。

(2)水平梁 AB 所受的主动力为均匀分布的荷载 q,固定铰支座 A 端的约束反力为正交分力 F_{AX} 和 F_{AY},滚动铰支座 B 端的法向约束反力为 F_B。

(3)画出梁 AB 的受力图,如图 1-27(b)所示。

例 1-4 如图 1-28(a)所示,水平梁 AB 用斜杆 CD 支撑,A、C、D 三处均为光滑铰链连接。均质梁重为 W_1,其上放置一重为 W_2 的电动机。不计杆 CD 的自重,试分别画出杆 CD 和梁 AB(包括电动机)的受力图。

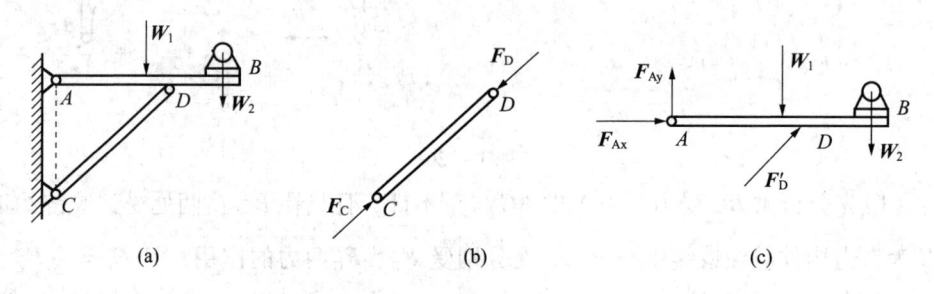

图 1-28

解:(1)先取杆 CD 为研究对象,由于斜杆 CD 的两端为光滑铰链,自重不计,因此杆 CD 为二力杆,由经验判断,此处杆 CD 受压力,杆 CD 的受力如图 1-28(b)所示。

(2)再取梁 AB(包括电动机)为研究对象,它受有 W_1、W_2 两个主动力的作用。梁在铰链 D 处受有二力杆 CD 给它的约束反力 F'_D 的作用。根据作用和反作用定律,F'_D 与 F_D 方向相反。梁受固定铰支座给它的约束反力的作用,由于方向未知,可用两个大小未定的正交分力 F_{Ax} 和 F_{Ay} 表示。梁 AB 的受力如图 1-28(c)所示。

(3)分析讨论。

如果不计梁 AB 的自重,AB 的受力还可以怎么画?

通过以上几个例题分析得知,正确地画出物体的受力图,是分析、解决力学问题的基础。画受力图时必须注意如下几点。

(1)必须明确研究对象。根据求解需要,可以取单个物体为研究对象,也可以取由几个物体组成的系统为研究对象。不同研究对象的受力图是不同的。

(2)正确确定研究对象受力的数目。由于力是物体之间相互的机械作用,因此,对每一个力都应明确它是哪一个施力物体施加给研究对象的,绝不能凭空产生。同时,也不可漏掉一个力。一般可先画已知的主动力,再画约束反力;凡是研究对象与外界接触的地方,都一定存在约束反力。

(3)正确画出约束反力。一个物体往往同时受到几个约束的作用,这时应分别根据每个约束本身的特性来确定其约束反力的方向,而不能凭主观臆测。

(4)当分析两物体间相互的作用力时,应遵循作用与反作用关系。若作用力的方向一经假定,则反作用力的方向应与之相反。当画整个系统的受力图时,由于内力成对出现,组成平衡力系,因此不必画出,只需画出全部外力。

☞ 知识拓展

力学基本知识

工程力学作为一门研究物体在力作用下的运动和变形规律的学科,其发展贯穿了人类对自然规律的认识和工程实践的进步。

力学知识最早起源于对自然现象的观察和在生产劳动中的经验。人们在建筑、灌溉等劳动中使用杠杆、斜面、汲水等器具,逐渐积累起对平衡物体受力情况的认识。古希腊的阿基米德对杠杆平衡、物体重心位置、物体在水中受到的浮力等作了系统研究,确定它们的基本规律,初步奠定了静力学即平衡理论的基础。

古代人还从对日、月运行的观察和弓箭、车轮等的使用中,了解一些简单的运动规律,如匀速的移动和转动。但是对力和运动之间的关系,只是在欧洲文艺复兴时期以后才逐渐有了正确的认识。

伽利略在实验研究和理论分析的基础上,最早阐明自由落体运动的规律,提出加速度的概念。牛顿继承和发展前人的研究成果(特别是开普勒的行星运动三定律),提出物体运动三定律。伽利略、牛顿奠定了动力学的基础。牛顿运动定律的建立标志着力学开始成为一门科学。

此后,力学的研究对象由单个的自由质点,转向受约束的质点和受约束的质点系。这方面的标志是达朗贝尔提出的达朗贝尔原理和拉格朗日建立的分析力学。其后,欧拉又进一步把牛顿运动定律用于刚体和理想流体的运动方程,这被看作是连续介质力学的开端。

运动定律和物性定律这两者的结合,促使弹性固体力学基本理论和黏性流体力学基本理论面世，在这方面做出贡献的是纳维、柯西、泊松、斯托克斯等人。弹性力学和流体力学基本方程的建立，使力学逐渐脱离物理学而成为独立学科。

从牛顿到汉密尔顿的理论体系组成了物理学中的经典力学。在弹性和流体基本方程建立后，所给出的方程一时难于求解，工程技术中许多应用力学问题还需依靠经验或半经验的方法解决。这使得19世纪后半叶，在材料力学、结构力学同弹性力学之间，水力学和水动力学之间一直存在着风格上的显著差别。

20世纪初，随着新的数学理论和方法的出现，力学研究又蓬勃发展起来，创立了许多新的理论，同时也解决了工程技术中大量的关键性问题，如航空工程中的声障问题和航天工程中的热障问题等。

这时的先导者是普朗特和卡门，他们在力学研究工作中善于从复杂的现象中洞察事物本质，又能寻找合适的解决问题的数学途径，逐渐形成一套特有的方法。从20世纪60年代起，计算机的出现对工程力学的影响很大，有限元法、计算流体力学这些数值方法的发展，使得复杂结构的分析成为可能。力学无论在应用上或理论上都有了巨大进展。

力学在中国的发展经历了一个特殊的过程。与古希腊几乎同时，中国古代对平衡和简单的运动形式就已具备相当水平的力学知识，如战国时期的《墨经》记载了滑轮、杠杆等机械原理，所不同的是未建立起像阿基米德那样的理论系统。

在文艺复兴前的约一千年时间内，整个欧洲的科学技术进展缓慢，而中国科学技术的综合性成果堪称卓著，其中有些在当时世界居于领先地位。这些成果反映出丰富的力学知识，但终未形成系统的力学理论。到明末清初，中国科学技术已显著落后于欧洲。

力学是物理学、天文学和许多工程学的基础，机械、建筑、航天器和船舰等的合理设计都必须以经典力学为基本依据。机械运动是物质运动的最基本的形式。机械运动也即力学运动。

在力学理论的指导或支持下取得的工程技术成就不胜枚举。最突出的有：以人类登月、建立空间站、航天飞机等为代表的航天技术；以速度超过5倍声速的军用飞机、起飞重量超过300 t、尺寸达大半个足球场的民航机为代表的航空技术；以单机功率达百万千瓦的汽轮机组为代表的机械工业，可以在大风浪下安全作业的单台价值超过10亿美元的海上采油平台；以排水量达 5×10^5 t 的超大型运输船和航速可达30多节、深潜达几百米的潜艇为代表的船舶工业；可以安全运行的原子能反应堆；在地震多发区建造高层建筑；正在陆上运输中起着越来越重要作用的高速列车，等等，甚至如两弹引爆的核心技术，也都是典型的力学问题。

中国现代力学的发展始于20世纪中叶，尤其是新中国成立后，在国家的战略需求和科技政策的推动下，力学学科逐渐形成了完整的理论体系，并在航空航天、土木工程、能源开发、国防科技等领域取得了举世瞩目的成就。从三峡工程、青藏铁路、石油与海洋工程到载人航天与探月工程、高超音速飞行器、歼-35隐身战机等大国重器与港珠澳大桥、高铁、"华龙一号"核电站等基建的成功均依赖力学支撑。

中国现代力学的发展历程体现了"国家需求牵引、基础研究支撑、工程应用落地"的特点，从"两弹一星"到"大国重器"，力学始终是中国科技自立自强的核心支柱之一。未来，随着智能技术、新材料和深空探索的推进，中国力学界将继续在全球科技前沿扮演关键角色。

力学研究方法遵循认识论的基本法则：实践—理论—实践。

力学家们根据对自然现象的观察，特别是定量观测的结果，根据生产过程中积累的经验和数据，或者根据为特定目的而设计的科学实验的结果，提炼出量与量之间的定性的或数量的关系。为了使这种关系反映事物的本质，力学家要善于抓住起主要作用的因素，摒弃或暂时摒弃一些次要因素。

力学中把这种过程称为建立模型。质点、质点系、刚体、弹性固体、黏性流体、连续介质等是各种不同的模型。在模型的基础上可以运用已知的力学或物理学的规律，以及合适的数学工具，进行理论上的演绎工作，导出新的结论。

依据所得理论建立的模型是否合理，有待于新的观测、工程实践或者科学实验等加以验证。在理论演绎中，为了使理论具有更高的概括性和更广泛的适用性，往往采用一些无量纲参数如雷诺数、马赫数、泊松比等。这些参数既反映物理本质，又是单纯的数字，不受尺寸、单位制、工程性质、实验装置类型的限制。

力学研究工作方式是多样的，有些只是纯数学的推理，甚至着眼于理论体系在逻辑上的完善化；有些着重数值方法和近似计算；有些着重实验技术，等等。而更大量的是着重在运用现有力学知识，解决工程技术中或探索自然界奥秘中提出的具体问题。

现代的力学实验设备，诸如大型的风洞、水洞，它们的建立和使用本身就是一个综合性的科学技术项目，需要多工种、多学科的协作。应用研究更需要对应用对象的工艺过程、材料性质、技术关键等有清楚的了解。在力学研究中既有细致的、独立的分工，又有综合的、全面的协作。

工程力学从经验积累到理论深化，再到计算与智能化的飞跃，始终与人类技术进步紧密相连。未来，它将继续作为工程科学的基石，推动从微观器件到宏观结构的创新，同时应对可持续发展与全球性挑战。

要 点 总 结

（1）力是物体间相互的机械作用，这种作用使物体的机械运动状态发生变化或使物体的形状发生改变，力的效应包括运动效应和变形效应。

（2）静力学公理是力学最基本、最普遍的客观规律。

公理 1 二力平衡公理。

公理 2 加减平衡力系公理。

公理 3 力的平行四边形法则。

公理 4 作用和反作用定律。

公理 5 刚化原理。

公理 1 和公理 3 阐明了作用在一个物体上最简单的力系的合成规则及其平衡条件；公理 2 是研究力系等效替换的依据；公理 4 阐明了两个物体相互作用的关系；公理 5 阐明了变形体抽象成刚体模型的条件，并指出刚体平衡的必要和充分条件只是变形体平衡的必要条件。

（3）约束和约束力。

限制非自由体某些位移的周围物体，称为约束，如绳索、光滑铰链、滚动支座、二力构件、球铰链及推力轴承等。约束对非自由体施加的力称为约束反力。约束反力的方向与该约束所能阻碍的位移方向相反。画约束反力时，应分别根据每个约束本身的特性确定其约束反力的方向。

（4）物体的受力分析和受力图是研究物体平衡和运动的前提。

画物体受力图时，首先要明确研究对象（即取分离体）。物体受的力分为主动力和约束反力。当分析多个物体组成的系统受力时，要注意分清内力与外力，内力成对可不画；还要注意作用力与反作用力之间的相互关系。

本 章 习 题

1-1　填空题

（1）力是物体之间相互作用的_____作用。这种作用使物体的_____，前者称为_____，后者称为力的_____。

（2）刚体静力学中，力的三要素：_____、_____和_____。

（3）作用在刚体上的两个力使刚体处于平衡的充要条件：_____，_____。

（4）作用在刚体上的力可沿其作用线任意移动，而不改变力对刚体的作用效果，所以，在静力学中，力是_____矢量。

（5）力对物体的作用效应一般分为_____效应和_____效应。

(6)对非自由体的运动所预加的限制条件称为_____；约束反力的方向总是与约束所能阻止的物体的运动趋势的方向_____。

(7)柔软绳索约束反力方向沿_____，_____物体。

(8)光滑面约束反力方向沿_____，_____物体。

(9)只受两个力作用而处于平衡的刚体，叫_____构件，受力方向沿_____。

1－2 选择题

(1)作用与反作用公理适用范围是( )。

  A.刚体　　　　B.变形体　　　　C.刚体和变形体

(2)作用于刚体上的平衡力系，如果作用在变形体上，则变形体( )；反之，作用于变形体上的平衡力系，如果作用到刚体上，则刚体( )。

  A.平衡　　　　B.不平衡　　　　C.不一定平衡

(3)如图1－29所示结构中，各构件重量不计，杆AB上作用有力 F，则( )。

  A. AB 杆为二力杆　　　　　　B. BC 构件为二力构件

  C.没有二力构件　　　　　　　D.系统不可能平衡

(4)如图1－30所示结构中，各构件重量不计，若力 F 由 E 点移至 D 点，支座 A、B 的约束力( )。

  A.支座 A、B 的约束力都不变

  B.支座 A、B 的约束力都改变

  C.支座 A 的约束力不变，支座 B 的约束力改变

  D.支座 A 的约束力改变，支座 B 的约束力不变

图1－29　　　　　　　　图1－30

1－3 判断题

(1)大小相等、方向相反、作用在同一直线上的两个力，一定是平衡力。(　　)

(2)约束反力的大小和方向仅取决于约束类型。(　　)

(3)当刚体受三个不平行力作用时，只要这三个力的作用线汇交于同一点，则该刚体一定处于平衡状态。(　　)

(4)力的可传性原理仅适应于单个刚体。 (　　)

(5)合力一定比分力大。 (　　)

1-4 如图 1-31 所示几种情况,力对物体的运动效应是否相同?为什么?

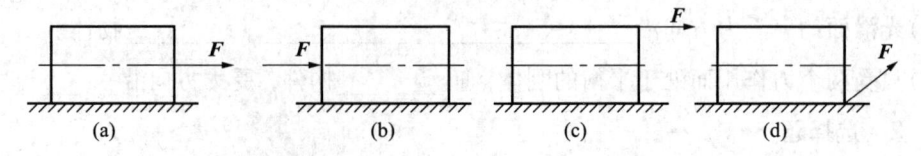

图 1-31

1-5 如图 1-32 所示力矢量 F_1 与 F_2 相等,这两个力对刚体的作用相等吗?

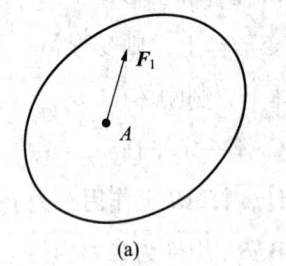

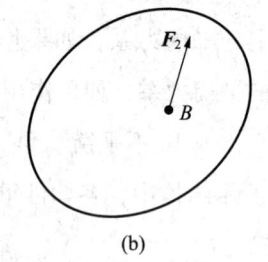

图 1-32

1-6 下列各式的意义和区别是什么?

(1) $F_1 = F_2$;

(2) $F_1 = F_2$;

(3)力 F_1 等效于力 F_2。

1-7 二力平衡公理和作用与反作用公理有何区别?

1-8 如图 1-33 所示刚体,根据力的可传性,是否能将力 F 由 A 点(刚体上一点)移到 B 点(刚体外一点)?

1-9 在物体上 A 点作用着力 F_1、F_2、F_3,如图 1-34(a)所示,三个力之间的关系如图 1-34(b)所示,三力的合力为多少?

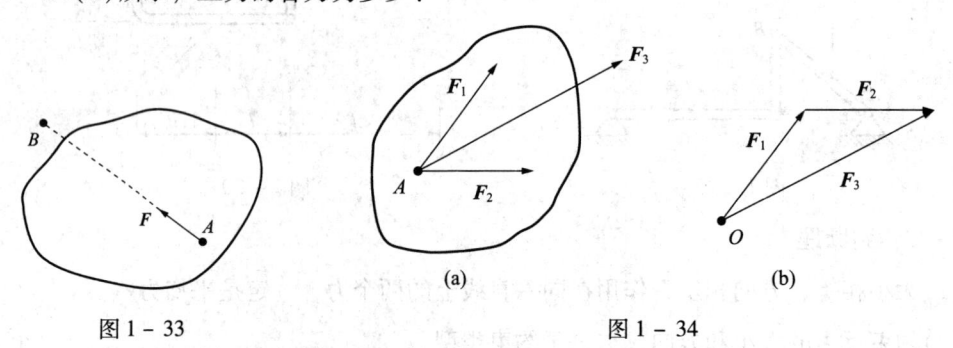

图 1-33　　　图 1-34

1-10 改正图 1-35 中各物体受力图的错误。

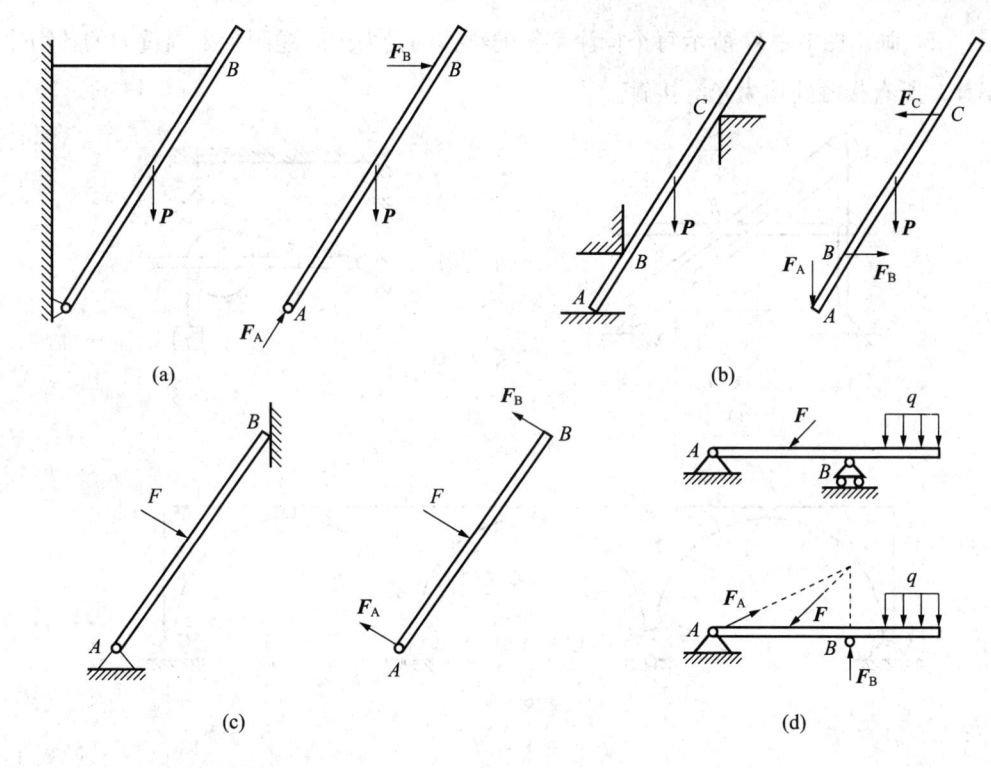

图 1 - 35

1 - 11 画出图 1 - 36 中 AB 物体的受力图，未画出重力的物体其重量均不计，所有接触处均为光滑接触。

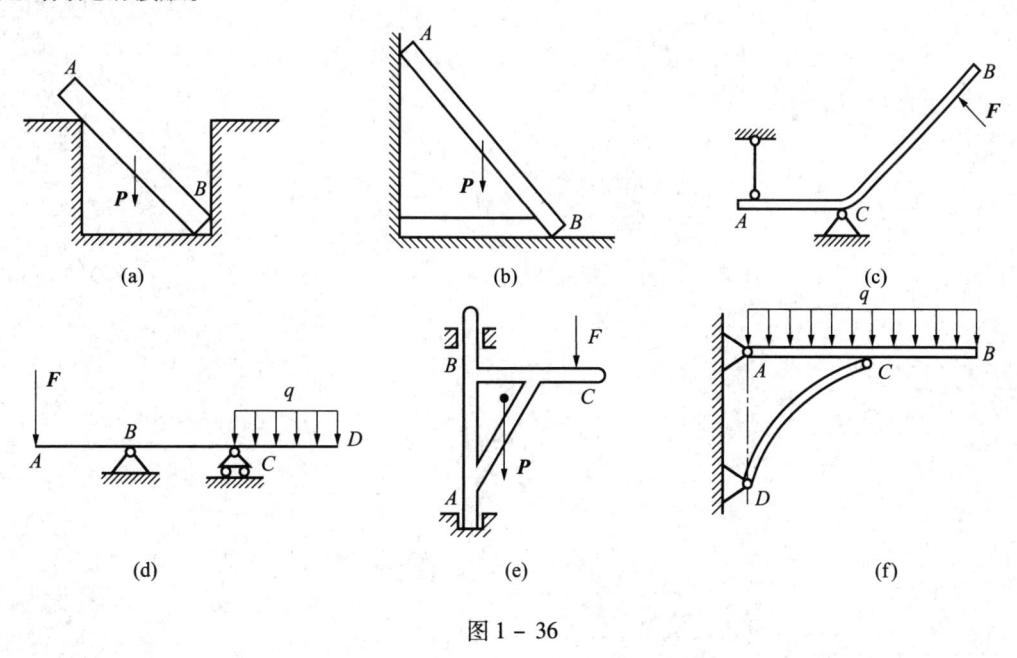

图 1 - 36

1-12　画出图1-37所示每个标注字符的物体的受力图。题图中未画重力的各物体的自重不计，所有接触处均为光滑接触。

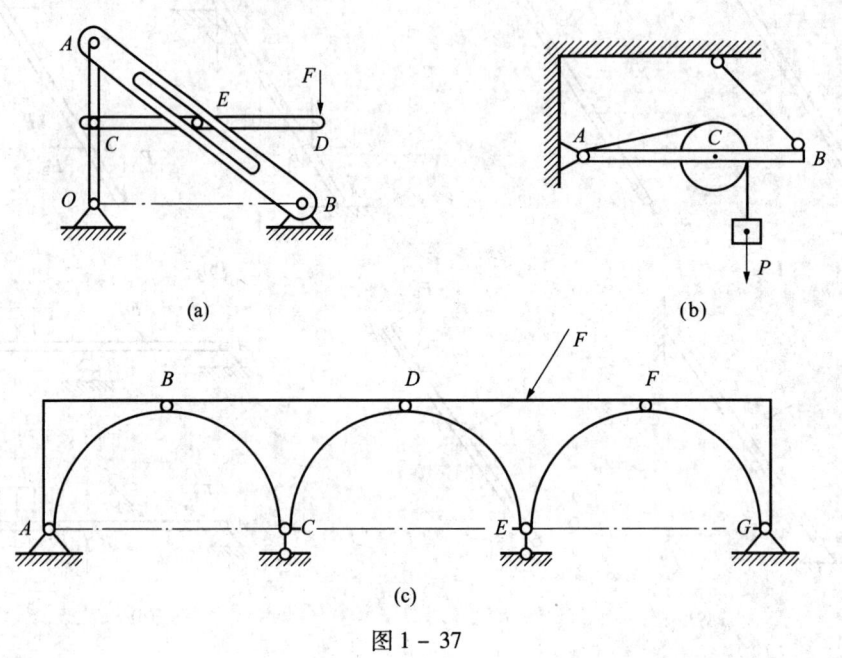

图1-37

第 2 章
平面力系的合成与平衡

☞ **教学提示**

内容提要

本章介绍的力系简化理论是研究静力学平衡问题的基础,它是静力学的重要内容。针对各种力系的特点,研究力系的简化方法,讨论各力系简化结果,进而得到各种力系的平衡方程,并应用平衡方程求解平衡问题。

学习目标

通过本章的学习,学生应熟悉力的分解、力的投影与力矩的计算方法,掌握力偶的概念与性质,掌握平面力系的简化方法,理解主矢、主矩的概念,熟悉各种平面力系平衡条件和平衡方程,能用其解决简单的力学问题,培养工程能力。

根据力系中诸力的作用线在空间的分布情况,可将力系进行分类。力的作用线均在同一平面内的力系称为平面力系;力的作用线为空间分布的力系称为空间力系;力的作用线均汇交于同一点的力系称为汇交力系;力的作用线互相平行的力系称为平行力系;若组成力系的元素都是力偶,这样的力系称为力偶系;若力的作用线的分布是任意的,既不相交于一点,也不都相互平行,这样的力系称为一般力系。此外,若诸力的作用线均在同一平面内且汇交于同一点的力系称为平面汇交力系,依此类推,还有平面力偶系、平面一般力系、平面平行力系、空间汇交力系、空间力偶系、空间一般力系以及空间平行力系等。

平面力系分为平面汇交力系、平面平行力系、平面任意力系,如图 2-1 所示,本章讨论平面力系的简化与平衡,分析平面力系的简化与平衡的过程。一般按照由特殊到一般的认识规律,先研究平面汇交力系的简化与平衡规律。

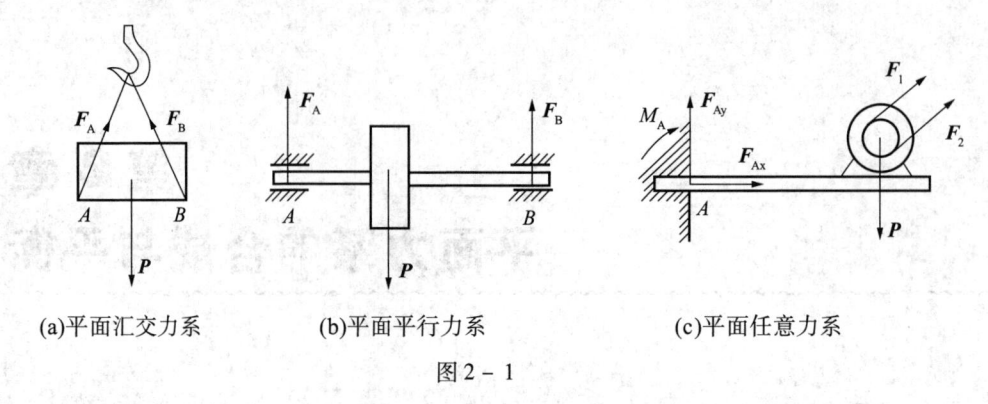

(a)平面汇交力系　　　　(b)平面平行力系　　　　(c)平面任意力系

图 2-1

2.1　平面汇交力系的简化与平衡方程

2.1.1　平面汇交力系的简化

设刚体上作用有一个平面汇交力系 F_1、F_2、F_3、F_4，各力汇交于 A 点，如图 2-2(a) 所示。为合成此力系，可根据力的三角形规则，逐步两两合成各力，最后求得一个通过汇交点 A 的合力 F_R。任取一点 a，先作力三角形求出 F_1 与 F_2 的合力大小与方向 F_{R1}，再作力三角形合成 F_{R1} 与 F_3 得 F_{R2}，最后合成 F_{R2} 与 F_4 得 F_R，如图 2-2(b) 所示。多边形 $abcde$ 称为此平面汇交力系的力多边形，矢量 $\overrightarrow{ae}$ 称此力多边形的封闭边。封闭边矢量 $\overrightarrow{ae}$ 即表示此平面汇交力系合力 F_R 的大小与方向（即合力矢），而合力的作用线仍应通过原汇交点 A，如图 2-2(a) 所示的 F_R。必须注意，任意变换各分力矢的作图次序，可得形状不同的力多边形，但其合力矢仍然不变，如图 2-2(c) 所示。

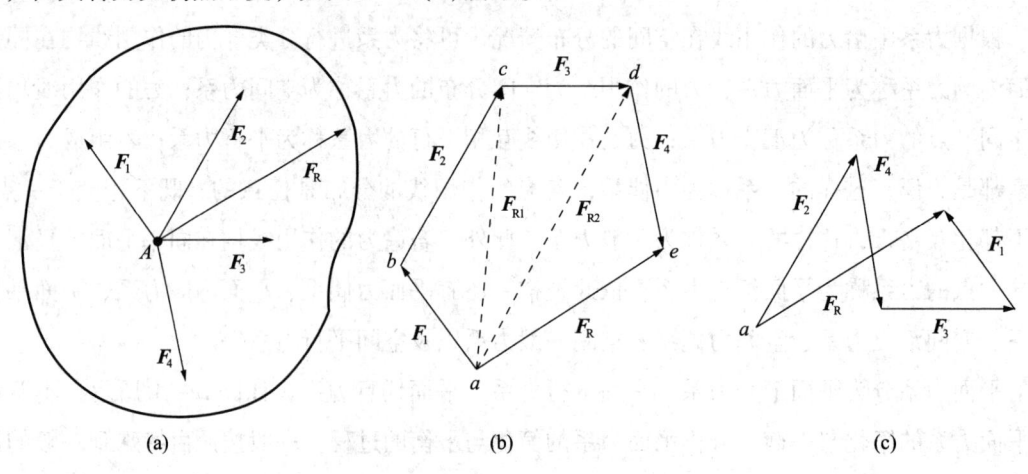

(a)　　　　(b)　　　　(c)

图 2-2

总之，平面汇交力系的合成结果是一个合力，合力的作用线通过汇交点，其大小和方向由力系中各力的矢量和确定。设平面汇交力系包含 n 个力，以 F_R 表示它们的合力矢，则有：

$$F_R = F_1 + F_2 + \cdots + F_n = \sum_{i=1}^{n} F_i \qquad (2-1)$$

合力 F_R 对刚体的作用与原力系对该刚体的作用等效。

2.1.2 平面汇交力系平衡的几何条件

由于平面汇交力系可用其合力来代替，显然，平面汇交力系平衡的充要条件是：该力系的合力等于零。如用矢量等式表示，即：

$$\sum_{i=1}^{n} F_i = 0 \qquad (2-2)$$

在平衡情形下，若力多边形中最后一力的终点与第一力的起点重合，此时的力多边形称为封闭的力多边形，即平面汇交力系平衡的另一充要条件是：该力系的力多边形自行封闭，该条件称为平面汇交力系平衡的几何条件。

求解平面汇交力系的平衡问题时可用图解法，即按比例先画出封闭的力多边形，然后，用尺和量角器在图上量得所要求的未知量，或用绘图软件绘制出力多边形，直接测出未知量；也可根据图形的几何关系，用三角公式计算出所要求的未知量，这种解题方法称为几何法。

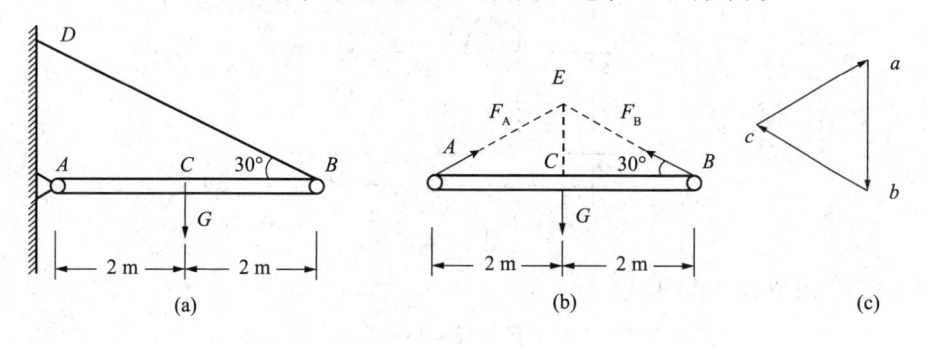

例 2-1 水平杆 AB 分别用铰链 A 和绳索 BD 连接，在杆中点悬挂重物 $G = 1 \text{ kN}$，如图 2-3(a) 所示。设杆自重不计，求铰链 A 处的反力和绳索 BD 的拉力。

图 2-3

解： 选取水平杆 AB 为研究对象。AB 在 B 处受绳索 BD 的拉力 F_B 作用，铰链 A 的约束反力 F_A 的作用线可根据三力平衡汇交定理确定，即通过另两力的交点 E，如图 2-3(b) 所示。

根据平面汇交力系平衡的几何条件，这三个力应组成一封闭的力三角形。按照图中力的大小选定比例尺，先画出已知力 $\vec{ab} = G$，再由点 a 作直线平行于 AE，由点 b 作直线平行 BE，这两直线相交于点 c，如图 2-3(c) 所示。由力三角形 abc 封闭，可确定 F_A 和 F_B 的指向。

力三角形 abc 为正三角形，线段 ca 和 bc 分别表示力 F_A 和 F_B 的大小，则有：

$$F_A = F_B = 1 \text{ kN}$$

2.1.3 平面汇交力系合成与平衡的解析法

解析法是通过力矢在坐标轴上的投影来分析力系的合成及其平衡条件。

如图 2-4 所示，过 F 两端向坐标轴引垂线得垂足 a、b 和 a'、b'。线段 ab 和 $a'b'$ 分别为 F 在 x 轴和 y 轴上投影的大小，投影的正负号规定为：从 a 到 b（或从 a' 到 b'）的指向与坐标轴正向相同为正，相反为负。已知力 F 与平面内正交轴 x、y 的夹角为 α、β，则力 F 在 x、y 轴上的投影分别为：

$$X = F\cos\alpha, \quad Y = F\cos\beta = F\sin\alpha \tag{2-3}$$

即力在某轴的投影，等于力的模乘以力与投影轴正向间夹角的余弦。力在轴上的投影为代数量，当力与轴间夹角为锐角时，其值为正；当夹角为钝角时，其值为负。

由图 2-4 可知，力 F 沿正交轴 Ox、Oy 可分解为两个分力 F_x 和 F_y 时，其分力与力的投影之间有下列关系：

$$\boldsymbol{F}_x = X\boldsymbol{i}, \quad \boldsymbol{F}_y = Y\boldsymbol{j}$$

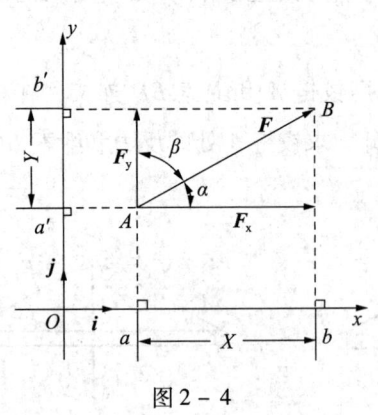

图 2-4

由此，力的解析表达式为：

$$\boldsymbol{F} = X\boldsymbol{i} + Y\boldsymbol{j} \tag{2-4}$$

其中，$\boldsymbol{i}$、$\boldsymbol{j}$ 分别为 x、y 轴的单位矢量。

显然，已知力 F 在平面内两个正交轴上的投影 X 和 Y 时，该力矢的大小和方向余弦分别为：

$$F = \sqrt{X^2 + Y^2}$$

$$\cos(\boldsymbol{F}, \boldsymbol{i}) = \frac{X}{F}, \quad \cos(\boldsymbol{F}, \boldsymbol{j}) = \frac{Y}{F} \tag{2-5}$$

必须注意，力在轴上的投影 X、Y 为代数量，而力沿轴的分量 $\boldsymbol{F}_x = X\boldsymbol{i}$ 和 $\boldsymbol{F}_y = Y\boldsymbol{j}$ 为矢量，二者不可混淆。当 Ox、Oy 两轴不相垂直时，力沿两轴的分力 $\boldsymbol{F}_x$、$\boldsymbol{F}_y$ 在数值上也不等于力在两轴上的投影 X、Y，如图 2-5 所示。

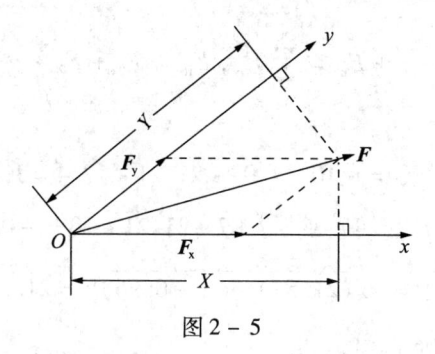

图 2－5

2.1.4 平面汇交力系合成的解析法

设刚体上作用有一个平面汇交力系 F_1，F_2，…，F_n，据式(2－1)有：

$$F_R = F_1 + F_2 + \cdots + F_n = \sum_{i=1}^{n} F_i$$

将上式两边分别向 x 轴和 y 轴投影，即有：

$$\left.\begin{array}{l} F_{Rx} = X_1 + X_2 + \cdots + X_n = \sum_{i=1}^{n} X_i \\ F_{Ry} = Y_1 + Y_2 + \cdots + Y_n = \sum_{i=1}^{n} Y_i \end{array}\right\} \quad (2-6)$$

式(2－6)即为合力投影定理：**力系的合力在某轴上的投影，等于力系中各力在同一轴上投影的代数和。**

若进一步按式(2－6)运算，即可求得合力的大小及方向，即：

$$F_R = \sqrt{(\sum_{i=1}^{n} X_i)^2 + (\sum_{i=1}^{n} Y_i)^2}, \quad \tan\alpha = \left|\frac{\sum_{i=1}^{n} Y_i}{\sum_{i=1}^{n} X_i}\right| \quad (2-7)$$

例 2－2 求平面汇交力系（见图 2－6）的合力。已知 $F_1 = 20$ kN，$F_2 = 10$ kN，$F_3 = 30$ kN，$F_4 = 20$ kN。

解： $F_{1x} = -F_1\cos60° = -20 \times 0.5 = -10$ kN

$F_{1y} = F_1\sin60° = 20 \times \dfrac{\sqrt{3}}{2} = 17.32$ kN

$F_{2x} = -F_2\cos45° = -10 \times 0.707 = -7.07$ kN

$F_{2y} = -F_2\sin45° = -10 \times 0.707 = -7.07$ kN

$F_{3x} = F_3\cos45° = 30 \times 0.707 = 21.21$ kN

$F_{3y} = -F_3\sin45° = -30 \times 0.707 = -21.21$ kN

$F_{4x} = F_4\cos30° = 20 \times 0.87 = 17.4$ kN

$F_{4y} = F_4\sin30° = 20 \times 0.5 = 10$ kN

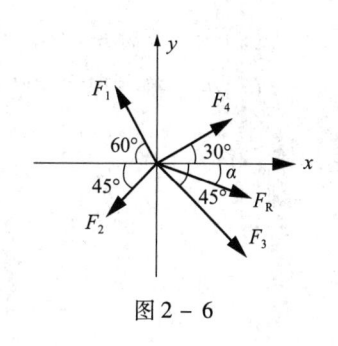

图 2－6

由公式 $F_{Rx} = F_{1x} + F_{2x} + \cdots + F_{nx} = \sum\limits_{i=1}^{n} F_{ix}$, $F_{Ry} = F_{1y} + F_{2y} + \cdots + F_{ny} = \sum\limits_{i=1}^{n} F_{iy}$

可得：

$$F_{Rx} = F_{1x} + F_{2x} + F_{3x} + F_{4x} = -10 - 7.07 + 21.21 + 17.4 = 21.54 \text{ kN}$$

$$F_{Ry} = F_{1y} + F_{2y} + F_{3y} + F_{4y} = 17.32 - 7.07 - 21.21 + 10 = -0.96 \text{ kN}$$

$$F_R = \sqrt{(F_{Rx})^2 + (F_{Ry})^2} = \sqrt{(21.54)^2 + (-0.96)^2} = 21.56 \text{ kN}$$

$$\tan\alpha = \frac{|F_{Ry}|}{|F_{Rx}|} = \frac{|-0.96|}{|21.54|} = 0.04$$

$$\alpha = 3°$$

2.1.5 平面汇交力系的平衡方程及其应用

平面汇交力系平衡的充要条件是：该力系的合力 F_R 等于零。由式(2-7)应有：

$$F_R = \sqrt{\left(\sum_{i=1}^{n} X_i\right)^2 + \left(\sum_{i=1}^{n} Y_i\right)^2} = 0$$

欲使上式成立，必须同时满足：

$$\left.\begin{array}{l} \sum\limits_{i=1}^{n} X_i = 0 \\ \sum\limits_{i=1}^{n} Y_i = 0 \end{array}\right\} \quad (2-8)$$

于是，平面汇交力系平衡的充要条件是：各力在两个坐标轴上投影的代数和分别等于零。式(2-8)称为平面汇交力系的平衡方程。这是两个独立的方程，可以求解两个未知量。

例 2-3 如图 2-7 所示一圆柱体放置于夹角为 α 的 V 型槽内，并用压板 D 夹紧。已知压板作用于圆柱体上的压力为 F。试求槽面对圆柱体的约束反力。

解：(1) 取圆柱体为研究对象，画出其受力图如图 2-7(b)所示；

(2) 选取坐标系 xOy；

(3) 列平衡方程式求解未知力，由式(2-8)得：

$$\sum X = 0, \quad F_{NB}\cos\frac{\alpha}{2} - F_{NC}\cos\frac{\alpha}{2} = 0$$

得：

$$F_{NB} = F_{NC}$$

$$\sum Y = 0, \quad F_{NB}\sin\frac{\alpha}{2} + F_{NC}\sin\frac{\alpha}{2} - F = 0$$

得：

$$F_{NB} = F_{NC} = \frac{F}{2\sin\frac{\alpha}{2}}$$

(4) 分析讨论。由结果可知 F_{NB} 与 F_{NC} 均随几何角度 α 而变化，角度 α 越小，则压力 F_{NB} 或 F_{NC} 就越大，因此，α 角不宜过小。

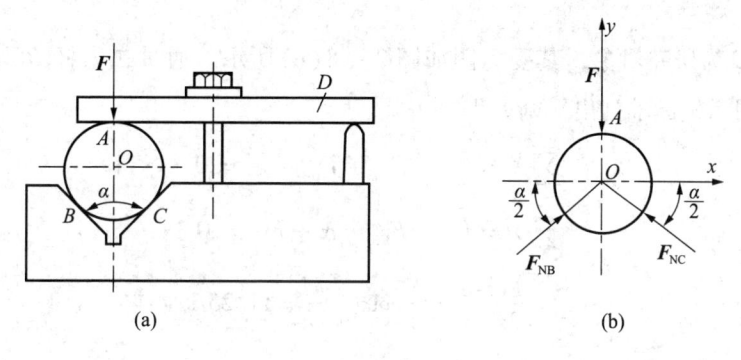

图 2 – 7

例 2 – 4 如图 2 – 8(a)所示的压榨机中，杆 AB 和 BC 的长度相等，自重忽略不计。A、B、C 处为铰链连接。已知活塞 D 上受到油缸内的总压力为 F = 3 kN，h = 200 mm，l = 1500 mm。试求压块 C 对工件与地面的压力，以及 AB 杆所受的力。

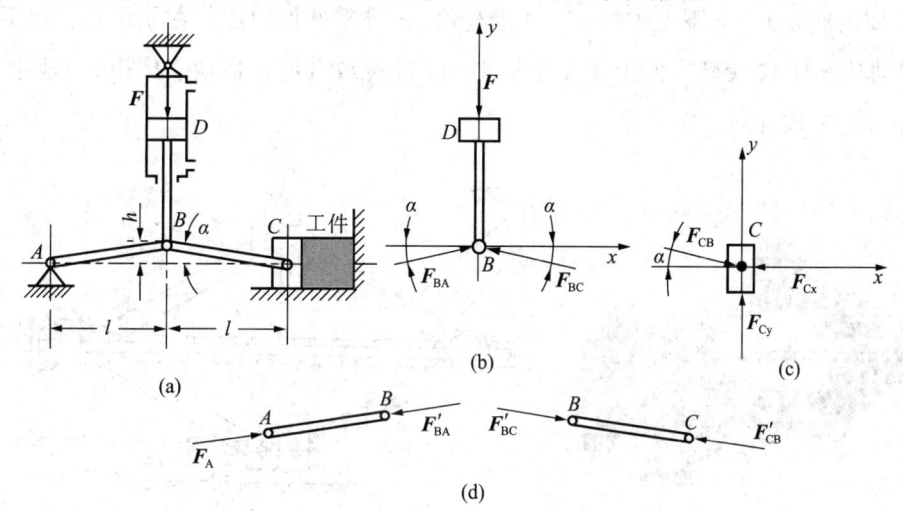

图 2 – 8

解：根据作用力和反作用力的关系，压块对工件的压力与工件对压块的约束反力等值、反向。而已知油缸的总压力作用在活塞上，因此要分别研究活塞杆 DB 和压块 C 的平衡条件才能解决问题。

先选活塞杆 DB 为研究对象。设二力杆 AB、BC 均受压力。因此活塞杆的受力图如图 2 – 8(b)所示。按图示坐标轴列出平衡方程：

$$\sum X = 0, \quad F_{BA}\cos\alpha - F_{BC}\cos\alpha = 0$$

解得：
$$F_{BA} = F_{BC}$$

$$\sum Y = 0, \quad F_{BA}\sin\alpha + F_{BC}\sin\alpha - F = 0$$

解得： $$F_{BA} = F_{BC} = \frac{F}{2\sin\alpha} = \frac{F}{2 \times \frac{h}{\sqrt{h^2+l^2}}} = 11.35 \text{ kN}$$

再选压块 C 为研究对象，其受力图如图 2-8(c)所示。通过二力杆 BC 的平衡，可知 $F_{CB} = F_{BC}$。按图示坐标轴列出平衡方程：

$$\sum X = 0, \quad -F_{Cx} + F_{CB}\cos\alpha = 0$$

$$\sum Y = 0, \quad -F_{CB}\sin\alpha + F_{Cy} = 0$$

解得： $$F_{Cx} = \frac{F\cos\alpha}{2\sin\alpha} = \frac{F}{2}\cot\alpha = \frac{Fl}{2h} = 11.25 \text{ kN}$$

$$F_{Cy} = F_{CB}\sin\alpha = \frac{F}{2} = 1.5 \text{ kN}$$

压块 C 对工件的压力与 F_{Cx} 等值而方向相反，压块 C 对地面的压力与 F_{Cy} 等值而方向相反。

如图 2-9(a)所示新型千斤顶的结构简单、重量轻，举升高度大，最大可达 285 毫米，千斤顶主要由底座 1、上下支撑杆 14、4 及丝杠 12 等零部件组成。在使用时，用手转动摇把 5，带动其丝杠 12 旋转，使上下支撑杆 4、14 靠拢或分离，带动连接板 3、驱动顶杆 11 上升或下降，完成升降工作过程。

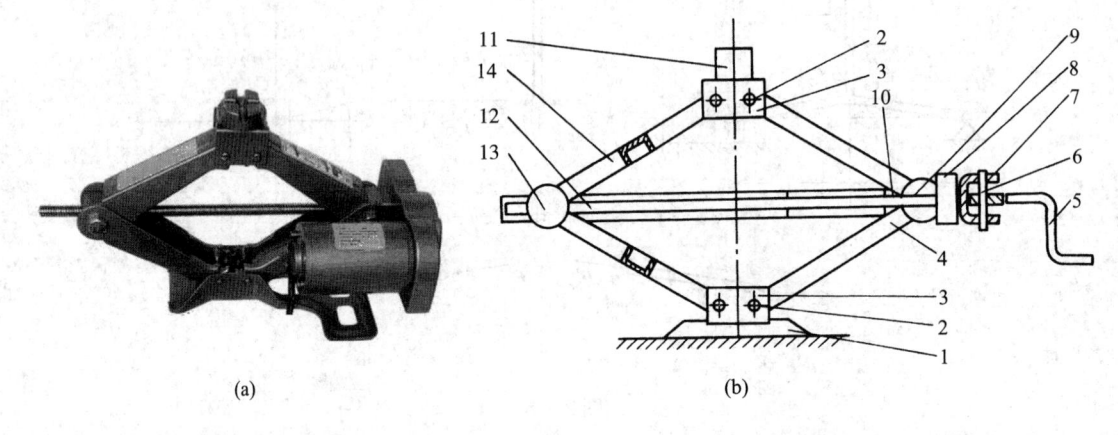

1— 底座　2— 轴销　3— 连接板　4— 下支撑杆　5— 摇把　6— 摇把销子　7— 拨叉
8— 推力轴承　9— 连接轴　10— 定位套　11— 顶杆　12— 丝杠　13— 丝杠螺母　14— 上支撑杆
图 2-9

上支撑杆 14 和下支撑杆 4 的两端均为受力点，并为圆柱铰链约束。因此，在杆件自重忽略不计时，上下支撑杆都为二力杆件。丝杠在轴向只有两个受力点，也可简化为二力杆件，且为拉杆。

这种新型千斤顶可简化为图 2-10(a)所示的力学简图，是一个平面力系，其 A、C 点受力形成平面汇交力系。各杆件均为二力杆件，两端为铰链连接，作出 A、C 点受力图。如图 2-10(b)、(c)所示，由平面汇交力系平衡条件分析计算上下支架所受的力可知：

$$F_{AC} = \frac{F}{2\sin\alpha} = F_{CA}, \quad F_{AB} = 2F_{CA}\cos\alpha = \frac{2F\cos\alpha}{2\sin\alpha} = F\cot\alpha$$

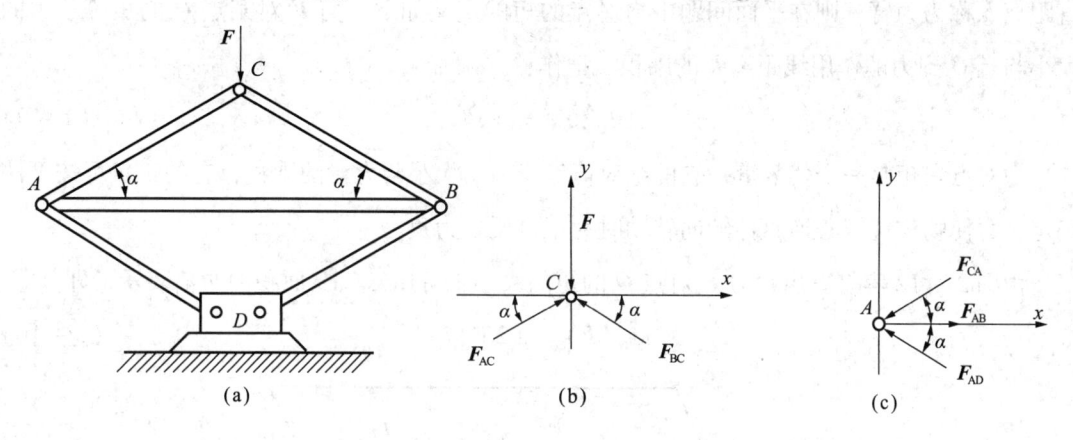

图 2 – 10

由于千斤顶结构的对称性，上下支撑杆受力的大小相等，而支撑杆与丝杠受力的大小与夹角 α 有关，且随角 α 的增大而减小。

2.2　力对点之矩与合力矩定理

2.2.1　力对点之矩

力对刚体的作用效应使刚体的运动状态发生改变（包括移动与转动），其中力对刚体的移动效应可用力矢来度量；而力对刚体的转动效应可用力对点的矩（简称力矩）来度量，即力矩是度量力对刚体转动效应的物理量。由经验知道，力使物体转动的效果不仅与力的大小有关，还与力的作用点（或作用线）的位置有关。

如图 2 – 11 所示，用扳手拧螺母时，螺母的转动效应除与力 F 的大小有关外，还与点 O 到力作用线的距离 h 有关。距离 h 越大，转动的效果就越好，且越省力，反之则越差。显然，当力的作用线通过螺母的转动中心时，则无法使螺母转动。

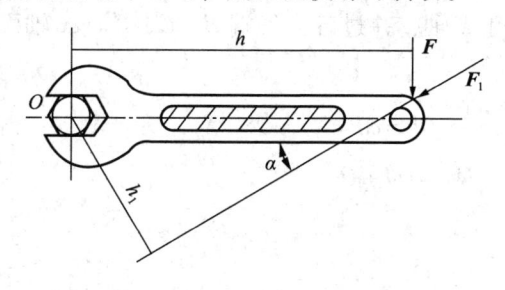

图 2 – 11

若平面上作用一力 F，在同平面内任取一点 O，点 O 称为矩心，点 O 到力的作用线的垂直距离 h 称为力臂，则在平面问题中力对点的矩的定义如下：力 F 对某点 O 的矩等于力的大小与点 O 到力的作用线距离 h 的乘积。记作：

$$M_O(F) = \pm Fh \qquad (2-9)$$

力对点之矩是一个代数量，它的绝对值等于力的大小与力臂的乘积，它的正负可按下法确定：力使物体绕矩心逆时针转向转动时为正，反之为负。

由图 2-12 容易看出，力 F 对点 O 的矩的大小也可用 $\triangle OAB$ 面积的两倍表示，即：

$$M_O(F) = \pm 2S_{\triangle OAB} \qquad (2-10)$$

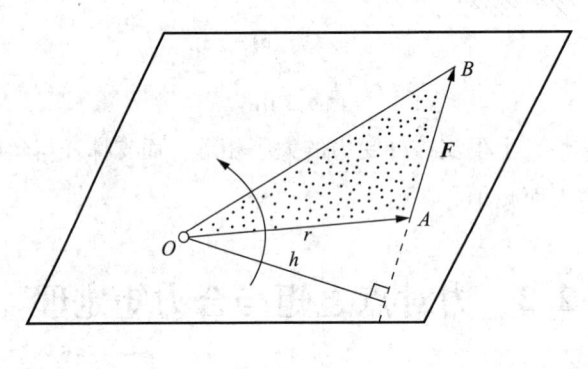

图 2-12

显然，当力的作用线通过矩心，即力臂等于零时，它对矩心的力矩等于零。力矩的单位常用 N·m 或 kN·m。

2.2.2 合力矩定理

在计算力系的合力对某点的矩时，除根据力矩的定义计算外，还常用到合力矩定理，即：**平面汇交力系的合力对平面上任一点之矩，等于所有各分力对同一点力矩的代数和。**

证明：如图 2-13 所示，设力 F_1、F_2 作用于刚体上的 A 点，其合力为 F_R，任取一点 O 为矩心，过 O 作 OA 垂直于 x 轴，并过各力矢端 B、C、D 向 x 轴引垂线，得垂足 b、c、d，按投影法则有：

$$Ob = cd = X_1, \ Oc = X_2, \ Od = X_R$$

按合力投影定理，有：$Od = Ob + Oc$

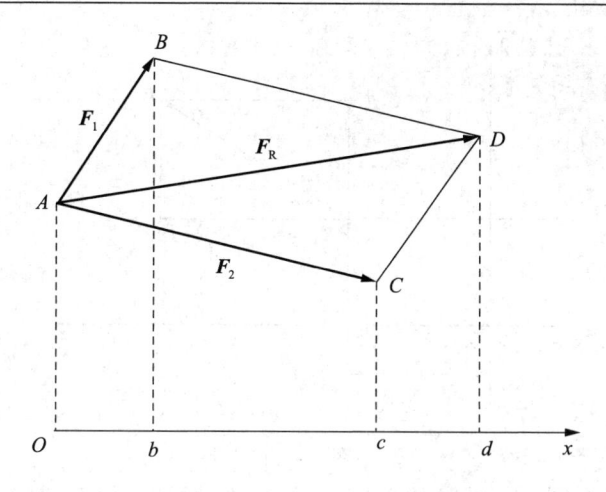

图 2 – 13

各力对 O 点之矩，可用力与矩心所形成的三角形面积的两倍来表示，故有：

$$M_O(F_1) = 2\triangle OAB = OA \cdot Ob$$

$$M_O(F_2) = 2\triangle OAC = OA \cdot Oc$$

$$M_O(F_R) = 2\triangle OAD = OA \cdot Od$$

显然 $\qquad M_O(F_R) = M_O(F_1) + M_O(F_2)$

若在 A 点有一平面汇交力系 $F_1, F_2, \cdots, F_n$ 作用，则多次重复使用上述方法，可得：

$$M_O(F_R) = \sum_{i=1}^{n} M_O(F_i) \tag{2-11}$$

上述合力矩定理不仅适用于平面汇交力系，对于其他力系，如平面任意力系、空间力系等，也都同样成立。

在计算力矩时，当力臂较难确定的情况下，用合力矩定理计算更加方便。

2.2.3 力矩与合力矩的解析表达式

如图 2 – 14 所示，已知力 F，作用点 $A(x, y)$ 及其夹角 α。欲求力 F 对坐标原点 O 之矩，可按式(2 – 13)，通过其分力 F_x 与 F_y 对点 O 之矩而得到，即：

$$M_O(F) = M_O(F_y) + M_O(F_x) = xF\sin\alpha - yF\cos\alpha \tag{2-12}$$

或 $\qquad M_O(F) = xY - yX \tag{2-13}$

式(2 – 13)为平面内力矩的解析表达式。其中 x、y 为力 F 作用点的坐标；X、Y 为力 F 在 x、y 轴的投影。计算时应注意以它们的代数量代入。

若将式(2 – 13)代入式(2 – 11)，即可得合力 F_R 对坐标原点之矩的解析表达式，即：

$$M_O(F_R) = \sum_{i=1}^{n}(x_i Y_i - y_i X_i) \tag{2-14}$$

例 2 – 5 如图 2 – 15(a)所示圆柱直齿轮，受到啮合力 F_n 的作用。设 $F_n = 1000$ N，压

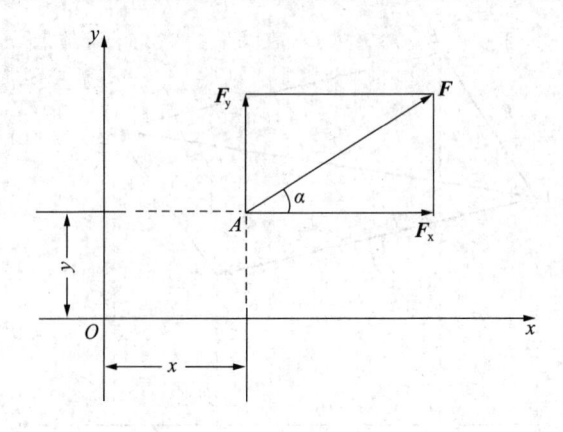

图 2-14

力角 $\alpha = 20°$，齿轮的节圆（啮合圆）的半径 $r = 60$ mm，试计算力 F_n 对于轴心 O 的力矩。

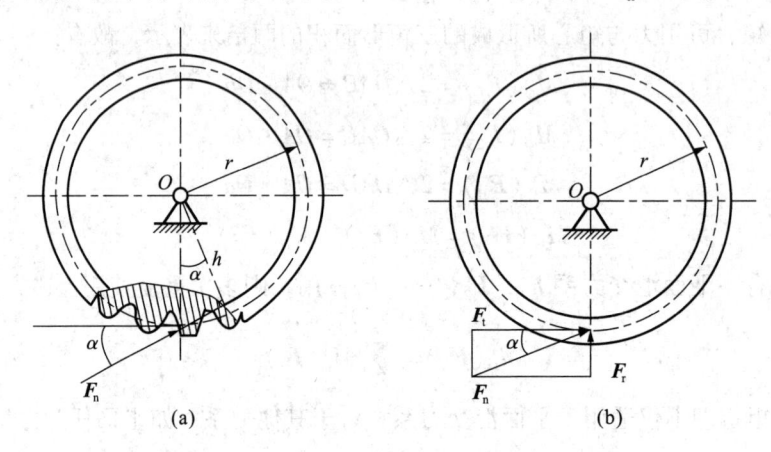

图 2-15

解：计算力 F_n 对点 O 的矩，可直接按力矩的定义求得，如图 2-15(a)所示，即：

$$M_O(F_n) = F_n \cdot h$$

其中力臂 $h = r\cos\alpha$，故：

$$M_O(F_n) = F_n r \cos\alpha = 1000 \times 60 \times 10^{-3} \times \cos 20° = 56.38 \text{ N} \cdot \text{m}$$

也可以根据合力矩定理，将力分解为圆周力 F_t 和径向力 F_r，如图 2-15(b)所示，由于径向力 F_r 通过矩心 O，则：

$$M_O(F_n) = M_O(F_t) + M_O(F_r) = M_O(F_t) = F_n \cos\alpha \cdot r$$

由此可见，以上两种方法的计算结果是相同的。

例 2-6 如图 2-16(a)所示的踏板，各杆自重不计。已知：力 F 及其与 x 轴的夹角 α，力作用点 B 坐标 (x_B, y_B)，D 与 A 的垂直距离为 l。试求平衡时水平杆 CD 的拉力 F_D。

解：取整体为研究对象，其上受三力作用，且 F、F_D 与 F_A 汇交于点 E（其中 F_D 为二力杆的拉力），受力图如图 2-16(b)所示。平衡时应满足 $\sum M_A(F) = 0$。设力 F 对点 A 的力臂

(a)

(b)

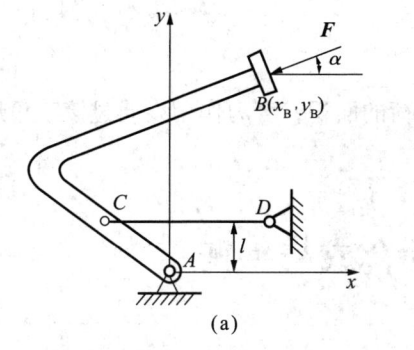

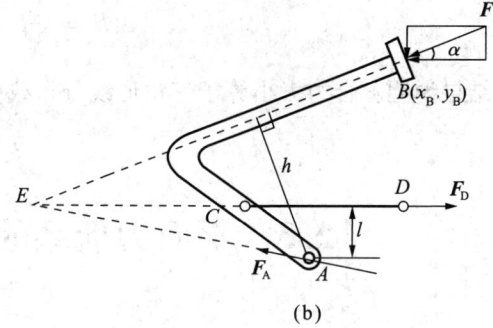

图 2 – 16

为 h，则有：

$$Fh - F_D l = 0$$

上式就是熟知的杠杆平衡条件。由于力臂 h 未知，可用合力矩定理求得力 F 对点 A 之矩。得：

$$F\cos\alpha \cdot y_B - F\sin\alpha \cdot x_B - F_D \cdot l = 0$$

求得拉力：

$$F_D = \frac{F\cos\alpha \cdot y_B - F\sin\alpha \cdot x_B}{l}$$

例 2 – 7 水平梁 AB 受按三角形分布的载荷作用，如图 2 – 17 所示。载荷集度的最大值为 q，梁长 l。试求合力作用线的位置。

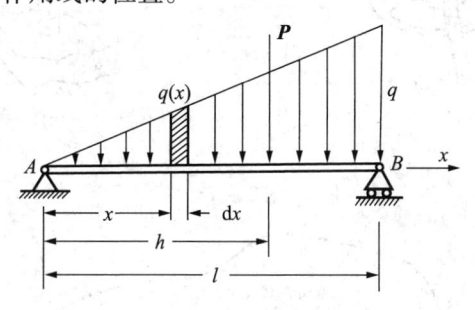

图 2 – 17

解：在梁上距 A 端为 x 的微段 dx 上，作用力的大小为 $q(x)dx$，其中 $q(x)$ 为该处的载荷集度。由图可知，$q(x) = \frac{x}{l} \cdot q$。因此分布载荷的合力的大小为：

$$P = \int_0^l q(x)dx = \frac{1}{2}ql$$

设合力 P 的作用线距 A 端的距离为 h，微段 dx 上的作用力对点 A 的矩为 $q(x)dx \cdot x$，全部载荷对点 A 的矩的代数和可用积分求出，根据合力矩定理可写成：

$$\int_0^l q(x) \cdot x dx = \frac{1}{2}ql \cdot h$$

求出：
$$h = \frac{2}{3}l$$

计算结果说明：合力大小等于三角形线分布载荷的面积，合力作用线通过该三角形的几何中心。

2.3 平面力偶系的合成与平衡

2.3.1 力偶的概念

实践中，我们常常见到汽车司机用双手转动驾驶盘[见图2-18(a)]、电动机的定子磁场对转子作用，电磁力使之旋转、钳工用丝锥攻螺纹[见图2-18(b)]等。在驾驶盘、电机转子、丝锥等物体上，都作用了成对的等值、反向且不共线的平行力。等值反向平行力的矢量和显然等于零，但是由于它们不共线而不能相互平衡，它们能使物体改变转动状态。这种由两个大小相等、方向相反且不共线的平行力组成的力系，称为力偶，如图2-19所示，记作(F, F')。力偶的两力之间的垂直距离 d 称为力偶臂，力偶所在的平面称为力偶的作用面。

图 2-18

图 2-19

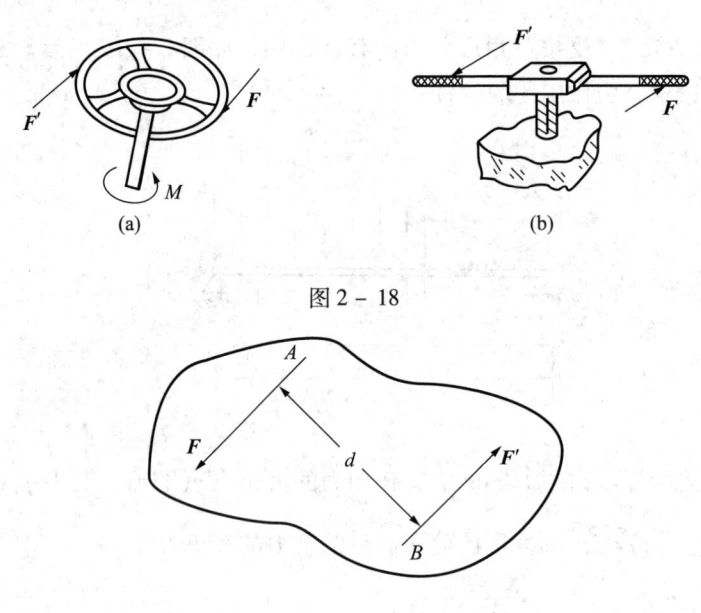

2.3.2 力偶的三要素

由于力偶中的两个力大小相等、方向相反、作用线平行，如果求它们在任一轴上的投影均为零，如图2-20所示，设力与轴 x 的夹角为 α，由图可得：

$$\sum X = F\cos\alpha - F'\cos\alpha = 0$$

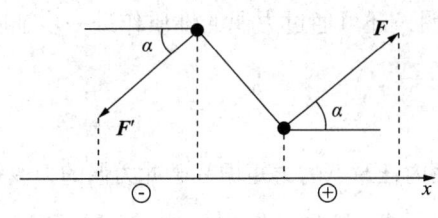

图 2 – 20

这说明，力偶在任一轴上的投影等于零。

既然力偶在轴上的投影为零，所以力偶对物体只能产生转动效应，而一个力在一般情况下，对物体可产生移动和转动两种效应。力偶和力对物体的作用效应不同，说明：力偶不能用一个力来代替，即力偶不能简化为一个力，因而力偶也不能和一个力平衡，力偶只能与力偶平衡。

力偶是由两个力组成的特殊力系，它的作用只改变物体的转动状态。因此，力偶对物体的转动效应，可用力偶矩来度量，即用力偶的两个力对其作用面内某点的矩的代数和来度量。以 F 与力偶臂 d 的乘积作为度量力偶在其作用面内对物体转动效应的物理量，称为力偶矩，并记作 $M(\boldsymbol{F},\boldsymbol{F}')$ 或 M。即：

$$M(\boldsymbol{F},\boldsymbol{F}') = M = \pm Fd \tag{2-15}$$

力偶矩的大小也可以通过力与力偶臂组成的三角形面积的二倍来表示，如图 2 – 21 所示，即：

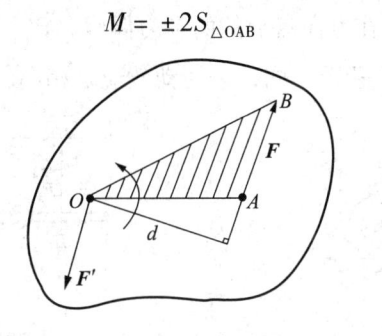

$$M = \pm 2S_{\triangle OAB} \tag{2-16}$$

图 2 – 21

一般规定，逆时针转动的力偶取正值，顺时针时取负值。

力偶矩的单位为 N·m 或 N·mm。

力偶对物体的转动效应取决于下列三要素：

(1) 力偶矩的大小；

(2) 力偶的转向；

(3) 力偶作用面的方位。

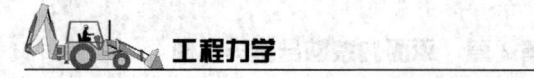

凡是三要素相同的力偶则彼此等效，即它们可以相互替换，称为力偶的等效条件。这一点不仅由力偶的概念可以说明，还可通过力偶的性质作进一步证明。

2.3.3 力偶的性质

性质1 力偶对其作用面内任意点的力矩恒等于此力偶的力偶矩，而与矩心的位置无关。

证明：设在刚体某平面上 A、B 两点作用一力偶 $M = Fd$，现求此力偶对任意点 O 的力矩。取 x 表示矩心 O 到 F' 的垂直距离，如图 2-22 所示，按力矩定义，F 与 F' 对 O 点的力矩和为：

$$M_O(F) + M_O(F') = F(d+x) - Fx = Fd$$

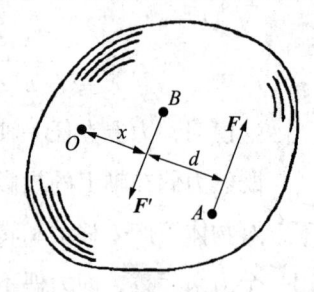

即：
$$M_O(F) + M_O(F') = M(F,F')$$

不论 O 点选在何处，力偶对该点的矩永远等于它的力偶矩，而与力偶对矩心的相对位置无关。

图 2-22

性质2 力偶在任意坐标轴上的投影之和为零，故力偶无合力，力偶不能与一个力等效，也不能用一个力来平衡。

力偶无合力，故力偶对物体的平移运动不会产生任何影响，力与力偶相互不能代替，不能构成平衡。因此，力与力偶是力系的两个基本元素。

由于上述性质，所以对力偶可作如下处理：

(1) 任一力偶可以在它的作用面内任意移转，而不改变它对刚体的作用。因此，力偶对刚体的作用与力偶在其作用面内的位置无关。

例如，图 2-23(a) 作用在方向盘上的两个力偶 (P_1, P_1') 与 (P_2, P_2')，只要它们的力偶矩大小相等，转向相同，作用位置虽不同，但转动效应是相同的。

(a) (b)

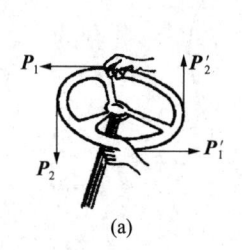

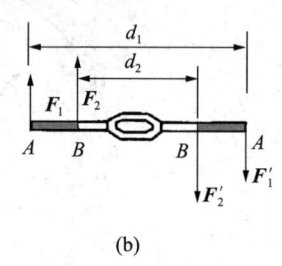

图 2-23

(2) 只要保持力偶矩的大小和力偶的转向不变，可以同时改变力偶中力的大小和力偶臂的长短，而不改变力偶对刚体的作用。

如图 2-23(b) 所示，在攻螺纹时，作用在螺纹杆上的 (F_1, F_1') 或 (F_2, F_2') 虽然 d_1 和 d_2 不相等，但只要调整力的大小，使力偶矩 $F_1 d_1 = F_2 d_2$，则两力偶的作用效果是相同的。

图 2 – 24 各图中力偶的作用效应都相同。力偶的力偶臂、力及其方向既然都可改变，就可简明地以一个带箭头的弧线并标出值来表示力偶，如图 2 – 24(d)所示。

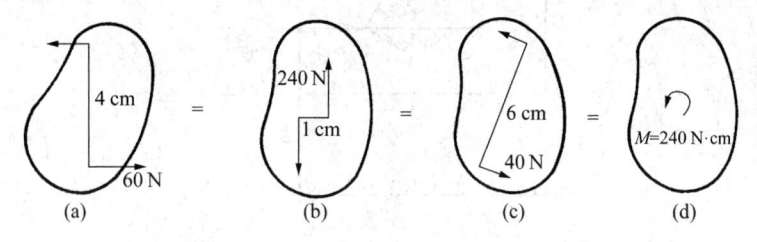

图 2 – 24

2.3.4 平面力偶系的合成

作用在物体上同一平面内的若干力偶，总称为平面力偶系。设在刚体某平面上有力偶 M_1、M_2 的作用，如图 2 – 25(a)所示，现求其合成的结果。

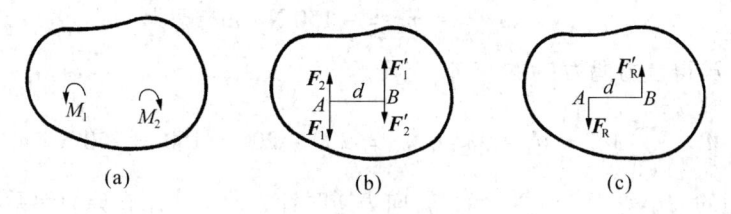

图 2 – 25

在平面上任取一线段 $AB = d$ 作为公共力偶臂，并把每个力偶化为一组作用在 A、B 两点的反向平行力，如图 2 – 25(b)所示，根据力系等效条件，有：

$$F_1 = \frac{M_1}{d}, F_2 = \frac{M_2}{d}$$

于是在 A、B 两点各得一组共线力系，其合力为 F_R，如图 2 – 25(c)所示，且有：

$$F_R = F'_R = F_1 - F_2$$

F_R 与 F'_R 为一对等值、反向、不共线的平行力，它们组成的力偶即为合力偶，所以有：

$$M = F_R d = (F_1 - F_2)d = M_1 - M_2$$

若在刚体上有若干个力偶作用，采用上述方法叠加，可得合力偶矩为：

$$M = M_1 + M_2 + \cdots + M_n = \sum_{i=1}^{n} M_i \tag{2-17}$$

式（2 – 17）表明：平面力偶系合成的结果为一合力偶，合力偶矩为各分力偶矩的代数和。

例 2 – 8 如图 2 – 26 所示，在物体同一平面内受到三个力偶的作用，设 $F_1 = 200$ N，$F_2 = 400$ N，$M_0 = 150$ N·m，求其合成的结果。

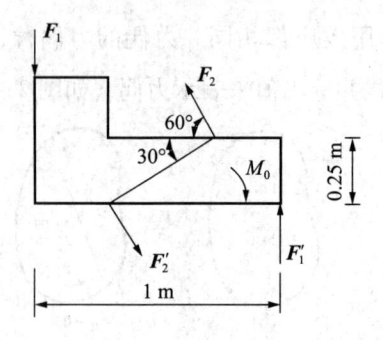

图 2 - 26

解：3 个共面力偶合成的结果是 1 个合力偶，各分力偶矩为：

$$M_1 = F_1 d_1 = 200 \times 1 = 200 \text{ N} \cdot \text{m}$$

$$M_2 = F_2 d_2 = 400 \times \frac{0.25}{\sin 30°} = 200 \text{ N} \cdot \text{m}$$

$$M_3 = -m_0 = -150 \text{ N} \cdot \text{m}$$

由式(2 - 17)得合力偶为：

$$M = \sum_{i=1}^{n} M_i = M_1 + M_2 + M_3 = 200 + 200 - 150 = 250 \text{ N} \cdot \text{m}$$

即合力偶矩的大小等于 250 N·m，转向为逆时针方向，作用在原力偶系的平面内。

2.3.5 平面力偶系的平衡条件

由合成结果可知，要使力偶系平衡，则合力偶的矩必须等于零，因此平面力偶系平衡的充要条件是：力偶系中各力偶矩的代数和等于零，即：

$$\sum_{i=1}^{n} M_i = 0 \tag{2-18}$$

平面力偶系的独立平衡方程只有一个，故只能求解一个未知数。

例 2 - 9 如图 2 - 27 所示的工件上作用有三个力偶。已知三个力偶的矩分别为 $M_1 = M_2 = 10 \text{ N} \cdot \text{m}$，$M_3 = 20 \text{ N} \cdot \text{m}$；固定螺柱 A 和 B 的距离 $l = 200$ mm。求两个光滑螺柱所受的水平力。

解：选工件为研究对象。工件在水平面内受三个力偶和两个螺柱的水平反力的作用。根据力偶系的合成定理，三个力偶合成后仍为一力偶，如果工件平衡，必有一反力偶与它相平衡。因此螺柱 A 和 B 的水平反力 $\boldsymbol{F}_A$ 和 $\boldsymbol{F}_B$ 必组成一力偶，它们的方向假设如图所示，则 $F_A = F_B$。由力偶系的平衡条件知：

$$\sum M = 0, F_A l - M_1 - M_2 - M_3 = 0$$

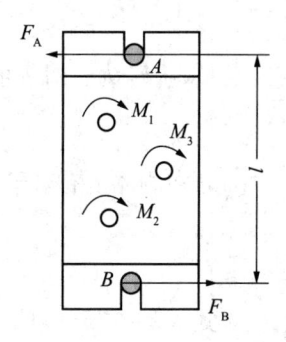

图 2 - 27

得:
$$F_A = \frac{M_1 + M_2 + M_3}{l}$$

代入已给数值后,得: $F_A = 200$ N

因为 F_A 是正值,故所假设的方向是正确的,而螺柱 A、B 所受的力则应与 F_A、F_B 大小相等,方向相反。

例 2-10 四连杆机构在图 2-28(a)所示位置平衡,已知 $OA = 60$ cm,$O_1B = 40$ cm,作用在摇杆 OA 上的力偶矩 $M_1 = 1$ N·m,不计杆自重,求力偶矩 M_2 的大小。

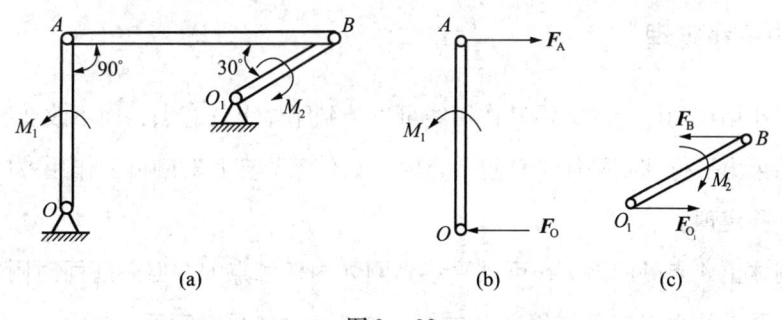

图 2-28

解:(1)受力分析。

先取 OA 杆分析,如图 2-28(b)所示,在杆上作用有主动力偶矩 M_1,根据力偶的性质,力偶只与力偶平衡,所以在杆的两端点 O、A 上必作用有大小相等、方向相反的一对力 F_O 及 F_A,而连杆 AB 为二力杆,所以 F_A 的作用方向被确定。再取 O_1B 杆分析,如图 2-28(c)所示,此时杆上作用一个待求力偶 M_2,此力偶与作用在 O_1、B 两端点上的约束反力构成的力偶平衡。

(2)列 OA 杆平衡方程。

$$\sum M = 0, M_1 - F_A \cdot OA = 0 \tag{2-19}$$

$$F_A = \frac{M_1}{OA} = 1.67 \text{ N}$$

(3)列 O_1B 杆平衡方程。

$$\sum M = 0, F_B \cdot O_1B\sin 30° - M_2 = 0 \tag{2-20}$$

因 $F_B = F_A = 1.67$ N

故由式(2-20)得:

$$M_2 = F_A \cdot O_1B \cdot 0.5 = 1.67 \times 0.4 \times 0.5 = 0.33 \text{ N·m}$$

(4)分析讨论。

若选 OA 杆和整体为研究对象,求解的步骤是什么?请自行分析。

2.4 平面一般力系的简化与平衡方程

工程中经常遇到平面一般力系的问题，即作用在物体上的力的作用线都分布在同一平面内（或近似地分布在同一平面内），各力的作用线既不汇交于一点，也不互相平行的情况。当物体所受的力都对称于某一平面时，也可将它视作平面一般力系问题来进行处理。

2.4.1 力的平移定理

前面介绍作用在刚体上的力沿其作用线可以传到刚体上任意点，而不改变其对刚体的作用效应。但如果力平行移到刚体上任意一点时，如何不改变其对刚体的作用效应呢？这就需要用到力的平移定理。

作用在刚体上 A 点处的力 F，可以平移到刚体内任意点 O，但必须同时附加一个力偶，其力偶矩等于原来的力 F 对新作用点 O 的矩，这就是力的平移定理，如图 2 - 29 所示。

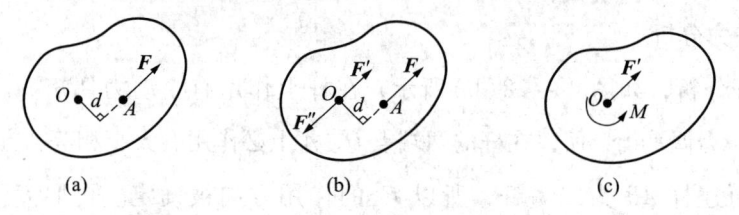

图 2 - 29

证明：根据加减平衡力系公理，在任意点 O 加上一对与 F 等值的平衡力 F'、F''，且 $F' = F'' = F$，如图 2 - 29(b) 所示，则 F 与 F'' 为一对等值反向不共线的平行力，组成了一个力偶，其力偶矩等于原力 F 对 O 点的矩，即：

$$M = M_O(F) = Fd$$

于是作用在 A 点的力 F 就与作用于 O 点的平移力 F' 和附加力偶 M 的联合作用等效，如图 2 - 29(c) 所示。反过来，根据力的平移定理，也可以将平面内的一个力和一个力偶用作用在平面内另一点的力来等效替换。

力的平移定理表明了力对绕力作用线外的中心转动的物体有两种作用，一是平移力的作用，二是附加力偶对物体产生的旋转作用。

如图 2 - 30 所示，圆周力 F 作用于转轴的齿轮上，为观察力 F 的作用效应，将力 F 平移至轴心 O 点，则有平移力 F' 作用于轴上使轴发生弯曲，同时有附加力偶 M 使齿轮绕轴旋转。

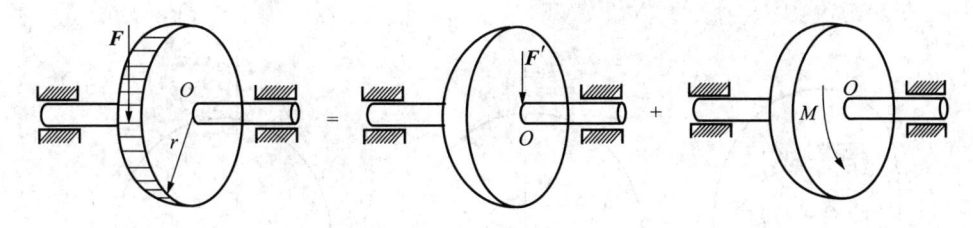

图 2 - 30

再以打乒乓球的削球为例(见图 2 - 31),分析力 F 对球的作用效应,将力 F 平移至球心,得平移力 F' 与附加力偶 M,平移力 F' 决定球心的轨迹,而附加力偶 M 则使球产生转动。

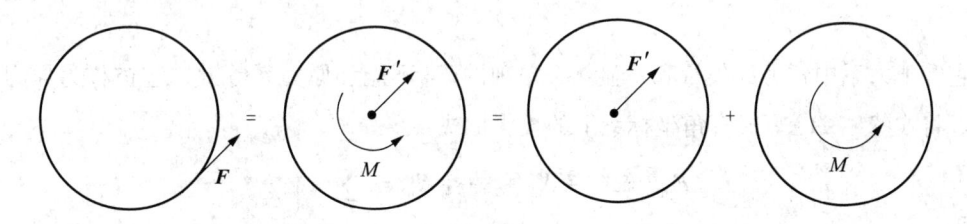

图 2 - 31

应用力的平移定理必须注意:

(1)力在平移时所附加的力偶矩的大小、转向与平移点的位置有关。

(2)力的平移定理只适用于刚体,对变形体不适用,并且力的作用线只能在同一刚体内平移,不能平移到另一刚体。

(3)力的平移定理的逆定理也成立。

2.4.2 平面一般力系的简化

1. 平面一般力系向面内任一点简化的主矢和主矩

设刚体上作用有一平面一般力系 $F_1, F_2, \cdots, F_n$,如图 2 - 32(a)所示,在平面内任意取一点 O,称为简化中心。根据力的平移定理,将各力都向 O 点平移,得到一个汇交于 O 点的平面汇交力系 $F'_1, F'_2, \cdots, F'_n$,以及平面力偶系 $M_1, M_2, \cdots, M_n$,如图 2 - 32(b)所示。

(1)平面汇交力系 $F'_1, F'_2, \cdots, F'_n$,可以合成为一个作用于 O 点的合矢量 F'_R,如图 2 - 32(c)所示。

$$F'_R = \sum F'_i = \sum F \tag{2 - 21}$$

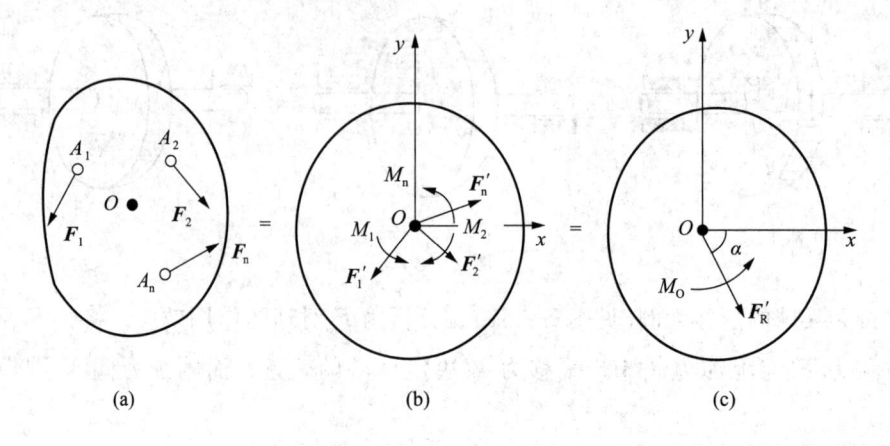

图 2-32

它等于力系中各力的矢量和。显然，单独的 F'_R 不能和原力系等效，它被称为原力系的主矢。将式(2-21)写成直角坐标系下的投影形式：

$$\left.\begin{array}{l}F'_{Rx} = X_1 + X_2 + \cdots + X_n = \sum X \\ F'_{Ry} = Y_1 + Y_2 + \cdots + Y_n = \sum Y\end{array}\right\}$$

因此，主矢 F'_R 的大小及其与 x 轴正向的夹角分别为：

$$F'_R = \sqrt{(F'_{Rx})^2 + (F'_{Ry})^2} = \sqrt{(\sum X)^2 + (\sum Y)^2}$$

$$\alpha = \arctan\left|\frac{F'_{Ry}}{F'_{Rx}}\right| = \arctan\left|\frac{\sum Y}{\sum X}\right| \tag{2-22}$$

(2) 附加平面力偶系 M_1，M_2，$\cdots$，M_n 可以合成为一个合力偶矩 M_O，即：

$$M_O = M_1 + M_2 + \cdots + M_n = \sum M_O(F) \tag{2-23}$$

显然，单独的 M_O 也不能与原力系等效，因此它被称为原力系对简化中心 O 的主矩。

综上所述，得到如下结论：

平面一般力系向平面内任一点简化可以得到一个力和一个力偶，这个力等于力系中各力的矢量和，作用于简化中心，称为原力系的主矢；这个力偶的矩等于原力系中各力对简化中心之矩的代数和，称为原力系的主矩。

应当注意，作用于简化中心的力 F'_R 一般并不是原力系的合力，力偶矩 M_O 也不是原力系的合力偶，只有 F'_R 与 M_O 两者相结合才与原力系等效。

由于主矢等于原力系各力的矢量和，因此主矢 F'_R 的大小和方向与简化中心的位置无关。而主矩等于原力系各力对简化中心的力矩的代数和，取不同的点作为简化中心，各力的力臂都要发生变化，则各力对简化中心的力矩也会改变，因而，主矩一般随着简化中心的位置不同而改变。

平面一般力系的简化方法，在工程实际中可用来解决许多力学问题，如固定端约束问题。

固定端约束是使被约束体插入约束内部，被约束体一端与约束成为一体而完全固定，既不能移动也不能转动的一种约束形式。工程中的固定端约束是很常见的，如机床上装卡加工工件的卡盘对工件的约束，如图 2-33(a) 所示；大型机器中立柱对横梁的约束，如图 2-33(b) 所示；房屋建筑中墙壁对雨棚的约束，如图 2-33(c) 所示；飞机机身对机翼的约束，如图 2-33(d) 所示。

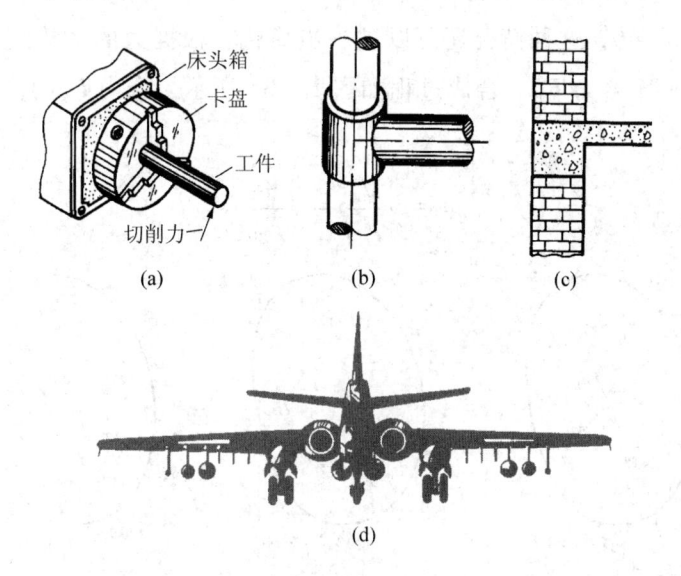

图 2-33

固定端支座对物体的作用，是在接触面上由约束与被约束体紧密接触而产生的一个分布力系，当外力为平面力系时，这些力为一平面一般力系，如图 2-34(a) 所示。将这群力向作用平面内点 A 简化得到一个力和一个力偶，如图 2-34(b) 所示。一般情况下这个力的大小和方向均为未知量，可用两个未知分力来代替。因此，在平面力系情况下，固定端 A 处的约束反作用可简化为两个约束反力 F_{Ax}、F_{Ay} 和一个矩为 M_A 的约束反力偶，如图 2-34(c) 所示。

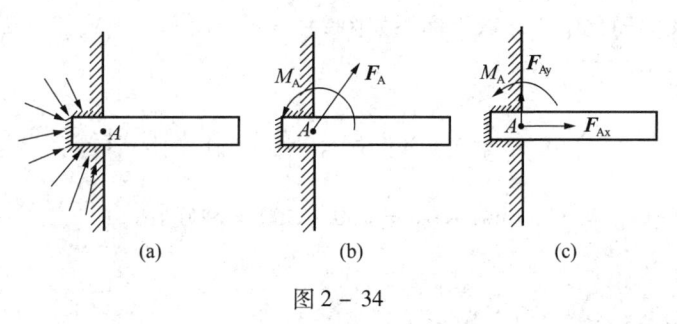

图 2-34

2. 平面一般力系的合成结果

由前述可知，平面一般力系向一点 O 简化后，一般来说得到主矢 F'_R 和主矩 M_O，但这并不是简化的最终结果，进一步分析可能出现以下四种情况：

(1) $F'_R = 0$，$M_O \neq 0$，说明该力系无主矢，而最终简化为一个力偶，其力偶矩就等于力系的主矩，此时主矩与简化中心无关。

(2) $F'_R \neq 0$，$M_O = 0$，说明原力系的简化结果是一个力，而且这个力的作用线恰好通过简化中心，此时 F'_R 就是原力系的合力 F_R。

(3) $F'_R \neq 0$，$M_O \neq 0$，这种情况还可以进一步简化，根据力的平移定理逆过程，可以把 F'_R 和 M_O 合成一个合力 F_R。合成过程如图 2-35 所示，合力 F_R 的作用线到简化中心 O 的距离 d 为：

$$d = \left|\frac{M_O}{F_R}\right| = \left|\frac{M_O}{F'_R}\right| \tag{2-24}$$

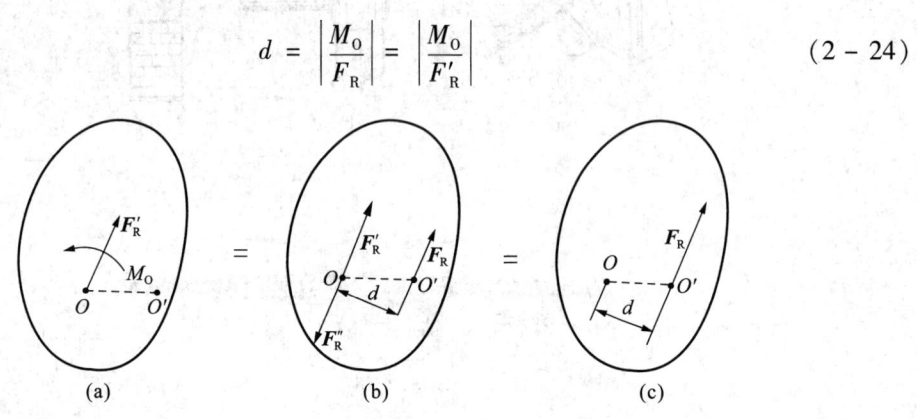

图 2-35

(4) $F'_R = 0$，$M_O = 0$，这表明：该力系对刚体总的作用效果为零，即物体处于平衡状态。

例 2-11 已知混凝土水坝自重 $G_1 = 600 \text{ kN}$，$G_2 = 300 \text{ kN}$，水压力在最低点的荷载集度 $q = 80 \text{ kN/m}$，各力的方向及作用线位置如图 2-36(a)、(b) 所示。试将这三个力向底面 A 点简化，并求简化的最后结果。

解：以底面 A 为简化中心，取坐标系如图 2-36(a) 所示，由式 (2-22) 可求得主矢 F'_R 的大小和方向。由于：

$$\sum X = \frac{1}{2} \times q \times 8 = \frac{1}{2} \times 80 \times 8 = 320 \text{ kN}$$

$$\sum Y = G_1 + G_2 = 600 + 300 = 900 \text{ kN}$$

图 2 – 36

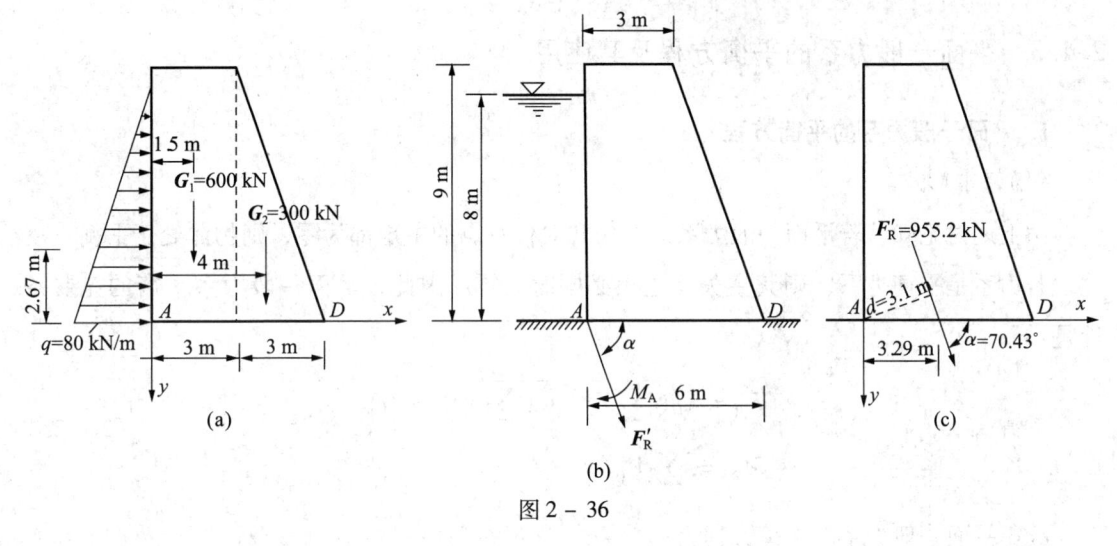

所以:$F'_R = \sqrt{(\sum X)^2 + (\sum Y)^2} = \sqrt{(320)^2 + (900)^2} = 955.2 \text{ kN}$

$$\tan\alpha = \frac{|\sum Y|}{|\sum X|} = \frac{900}{320} = 2.813$$

$$\alpha = 70.43°$$

因为 $\sum X$ 为正值，$\sum Y$ 为正值，故 F'_R 指向如图 2 – 36(b) 所示，与 x 轴的夹角为 α，再由式(2 – 19)可求得主矩为：

$$M_A = \sum M_A(F)$$
$$= -\frac{1}{2} \times q \times 8 \times \frac{1}{3} \times 8 - G_1 \times 1.5 - G_2 \times 4$$
$$= -\frac{1}{2} \times 80 \times 8 \times \frac{1}{3} \times 8 - 600 \times 1.5 - 300 \times 4$$
$$= -2953.3 \text{ kN} \cdot \text{m}$$

计算结果为负值表示 M_A 是顺时针转向。

因为主矢 $F'_R \neq 0$，主矩 $M_A \neq 0$，如图 2 – 36(b) 所示，所以还可进一步合成为一个合力 F_R，F_R 的大小、方向与 F'_R 相同，它的作用线与 A 点的距离为：

$$d = \frac{|M_A|}{F'_R} = \frac{2953.3}{955.2} = 3.10 \text{ m}$$

因为 M_A 为负，故 $M_A(F_R)$ 也应为负，即合力 F_R 应在 A 点右侧，距离为 $\frac{3.1}{\sin\alpha} = 3.29 \text{ m}$，如图 2 – 36(c) 所示。

2.4.3 平面一般力系的平衡方程及其应用

1. 平面一般力系的平衡方程

(1)基本形式。

由上述讨论知,若平面一般力系的主矢和对任一点的主矩都为零,则物体处于平衡;反之,若力系是平衡力系,则其主矢、主矩必同时为零。因此,平面一般力系平衡的充要条件是:

$$\left. \begin{array}{l} F'_R = \sqrt{(\sum X)^2 + (\sum Y)^2} = 0 \\ M_O = \sum M_O(F) = 0 \end{array} \right\} \quad (2-25)$$

故得平面一般力系的平衡方程为:

$$\left. \begin{array}{l} \sum X = 0 \\ \sum Y = 0 \\ \sum M_O(\boldsymbol{F}) = 0 \end{array} \right\} \quad (2-26)$$

式(2-26)满足平面一般力系平衡的充分和必要条件,所以平面一般力系有三个独立的平衡方程,可求解最多三个未知量。

用解析表达式表示平衡条件的方式不是唯一的。平衡方程式的形式还有二矩式和三矩式两种形式。

(2)二矩式。

$$\left. \begin{array}{l} \sum X = 0 \\ \sum M_A(\boldsymbol{F}) = 0 \\ \sum M_B(\boldsymbol{F}) = 0 \end{array} \right\} \quad (2-27)$$

要求 AB 连线不得与 x 轴相垂直。

(3)三矩式。

$$\left. \begin{array}{l} \sum M_A(\boldsymbol{F}) = 0 \\ \sum M_B(\boldsymbol{F}) = 0 \\ \sum M_C(\boldsymbol{F}) = 0 \end{array} \right\} \quad (2-28)$$

要求 A、B、C 三点不在同一直线上。

2. 平面一般力系平衡的解题步骤

(1) 确定研究对象,画出受力图。应取有已知力和未知力作用的物体,画出其分离体的受力图。

(2) 列平衡方程并求解。适当选取坐标轴和矩心。若受力图上有两个未知力互相平行,可选垂直于此二力的坐标轴,列出投影方程。如不存在两未知力平行,则选任意两未知力的交点为矩心列出力矩方程,先行求解。一般水平和垂直的坐标轴可画可不画,但倾斜的坐标轴必须画。

例 2 - 12 起重机重 $P_1 = 10$ kN,可绕铅直轴 AB 转动;起重机的挂钩上挂一重为 $P_2 = 40$ kN 的重物,如图 2 - 37 所示。起重机的重心 C 到转动轴的距离为 1.5 m,其他尺寸如图所示。求在止推轴承 A 和轴承 B 处的约束反力。

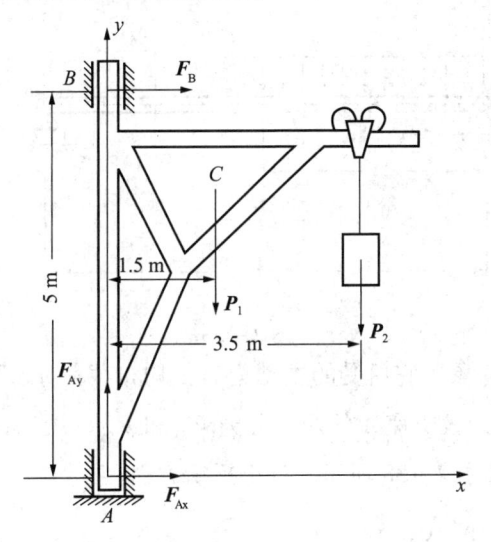

图 2 - 37

解:以起重机为研究对象,它所受的主动力有 P_1 和 P_2。由于对称性,约束反力和主动力都位于同一平面之内。止推轴承 A 处有两个约束反力 F_{Ax}、F_{Ay},轴承 B 处只有一个与转轴垂直的约束反力 F_B,假设约束反力方向如图 2 - 37 所示。取坐标系如图所示,列平面一般力系的平衡方程,即:

$$\sum X = 0, F_{Ax} + F_B = 0$$

$$\sum Y = 0, F_{Ay} - P_1 - P_2 = 0$$

$$\sum M_A(F) = 0, -F_B \cdot 5 - P_1 \cdot 1.5 - P_2 \cdot 3.5 = 0$$

求解以上方程,得:

$$F_{Ay} = P_1 + P_2 = 50 \text{ kN}$$

$$F_B = -0.3P_1 - 0.7P_2 = -31 \text{ kN}$$

$$F_{Ax} = -F_B = 31 \text{ kN}$$

F_B 为负值，说明它的方向与假设的方向相反，即应指向左。

例 2 - 13 如图 2 - 38 所示的水平横梁 AB，A 端为固定铰链支座，B 端为一滚动支座。梁的长为 4a，梁重为 P，作用在梁的中点 C。在梁的 AC 段上受均布载荷 q 作用，在梁的 CB 段上受力偶作用，力偶矩 M = Pa。试求 A 和 B 处的支座反力。

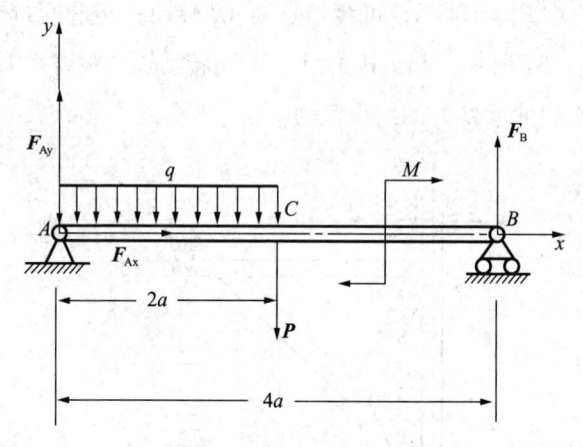

图 2 - 38

解：选梁 AB 为研究对象。它所受的主动力有：均布载荷 q，重力 P 和矩为 M 的力偶。它所受的约束反力有：固定铰支座 A 的两个分力 F_{Ax} 和 F_{Ay}，滚动铰支座 B 处的垂直向上的约束反力 F_B。取坐标系如图 2 - 38 所示，列出平衡方程：

$$\sum X = 0, \quad F_{Ax} = 0$$

$$\sum Y = 0, \quad F_{Ay} - q \cdot 2a - P + F_B = 0$$

$$\sum M_A(F) = 0, \quad F_B \cdot 4a - M - P \cdot 2a - q \cdot 2a \cdot a = 0$$

解上述方程，得：

$$F_B = \frac{3}{4}P + \frac{1}{2}qa$$

$$F_{Ax} = 0$$

$$F_{Ay} = \frac{P}{4} + \frac{3}{2}qa$$

例 2 - 14 一水平托架承受重 G = 20 kN 的重物，如图 2 - 39(a) 所示，A、B、C 各处均为铰链连接。各杆的自重不计，试求托架 A、B 两处的约束反力。

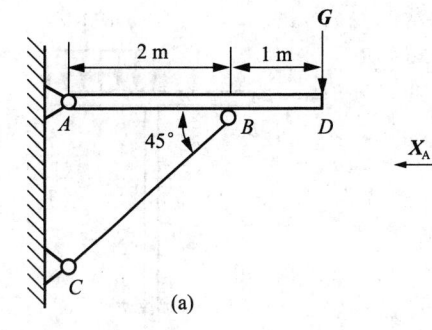

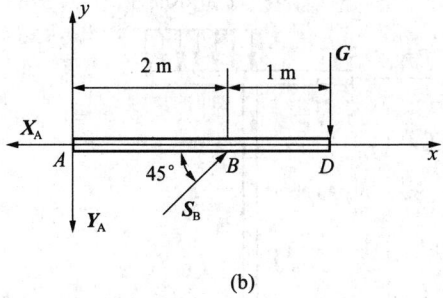

图 2 - 39

解：（1）取托架水平杆 AD 作为研究对象，其受力图如图 2 - 39（b）所示。由于杆 BC 为二力杆，它对托架水平杆的约束反力 S_B 沿杆 BC 轴线作用，A 处为固定铰支座，其约束反力可用相互垂直的一对反力 X_A 和 Y_A 来代替。取坐标系如图，列出三个平衡方程。

$$\sum M_A = 0, S_B \sin 45° \times 2 - 3G = 0$$

$$\sum X = 0, -X_A + S_B \cos 45° = 0$$

$$\sum Y = 0, -Y_A + S_B \sin 45° - G = 0$$

解得：

$$S_B = \frac{3G}{2\sin 45°} = \frac{3\sqrt{2}G}{2} = 42.43 \text{ kN}$$

$$X_A = S_B \cos 45° = 42.43 \times 0.707 = 30 \text{ kN}$$

$$Y_A = S_B \sin 45° - G = 42.43 \times 0.707 - 20 = 10 \text{ kN}$$

（2）分析讨论。

可以采用一个力矩方程进行计算结果的校核。

$$\sum M_D = Y_A \times 3 - S_B \sin 45° \times 1 = 10 \times 3 - 42.43 \times 0.707 \times 1 = 0$$

说明计算无误。

例 2 - 15 丁字杆 ABC 的 A 端固定，$BD = CD = 0.2$ m，$AD = 0.5$ m，荷载如图 2 - 40（a）所示，$q = 6$ kN/m，$P = 6$ kN，$M = 4$ kN·m，不计丁字杆自重，求固定端 A 处的约束力。

解：（1）取丁字杆 ABC 为研究对象，画受力图，如 2 - 40（b）所示。

$\sum F_X = 0$， $F_{Ax} + 6 = 0$，解得 $F_{AX} = -6$ kN；

$\sum F_Y = 0$， $-6 \times 0.2 + F_{Ay} = 0$，解得 $F_{Ay} = 1.2$ kN；

$\sum M_A = 0$， $-6 \times 0.5 - 4 - 6 \times 0.2 \times 0.1 + M_A = 0$，解得 $M_A = 7.12$ kN·m。

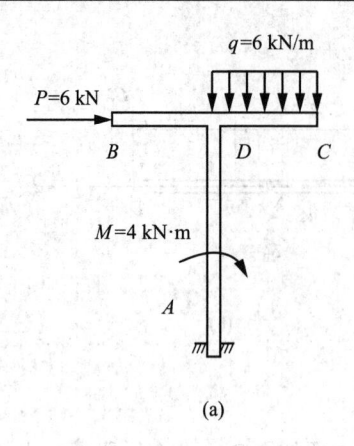

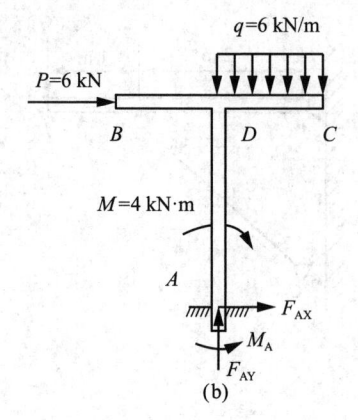

图 2 – 40

2.5　平面平行力系的平衡方程

平面平行力系是平面一般力系的一种特殊情形。

如图 2 – 41 所示,设物体受平面平行力系 F_1, F_2, …, F_n 的作用。如选取 x 轴与各力垂直,则不论力系是否平衡,每一个力在 x 轴上的投影恒等于零,即 $\sum X \equiv 0$。于是,平行力系的独立平衡方程的数目只有两个,即:

$$\left. \begin{array}{l} \sum Y = 0 \\ \sum M_O(F) = 0 \end{array} \right\} \tag{2-29}$$

平面平行力系的平衡方程,也可用两个力矩方程的形式,即:

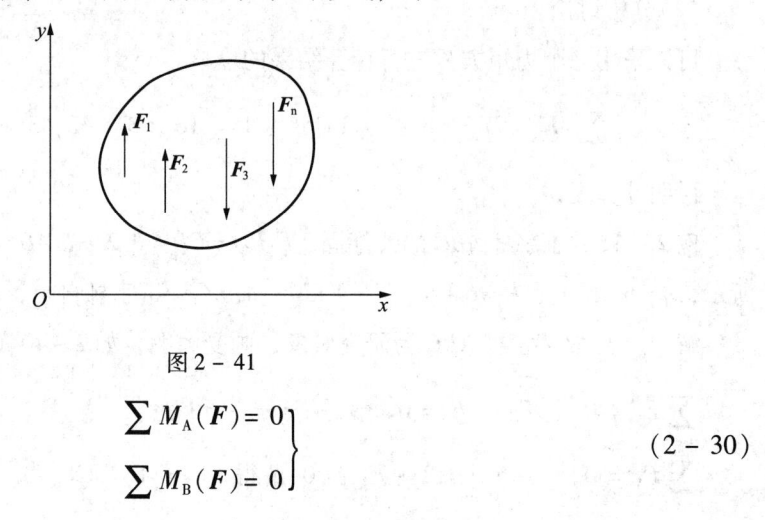

图 2 – 41

$$\left. \begin{array}{l} \sum M_A(F) = 0 \\ \sum M_B(F) = 0 \end{array} \right\} \tag{2-30}$$

例 2 – 16　塔式起重机如图 2 – 42 所示。机架重 $P_1 = 700$ kN,作用线通过塔架的中心。最大起重重量 $P_2 = 200$ kN,最大悬臂长为 12 m,轨道 AB 的间距为 4 m。平衡荷重 P_3,到机身中心线距离为 6 m。试问：

(1) 保证起重机在满载和空载时都不致翻倒，平衡荷重 P_3 应为多少？

(2) 当平衡荷重 $P_3 = 180$ kN 时，求满载时轨道 A、B 给起重机轮子的反力。

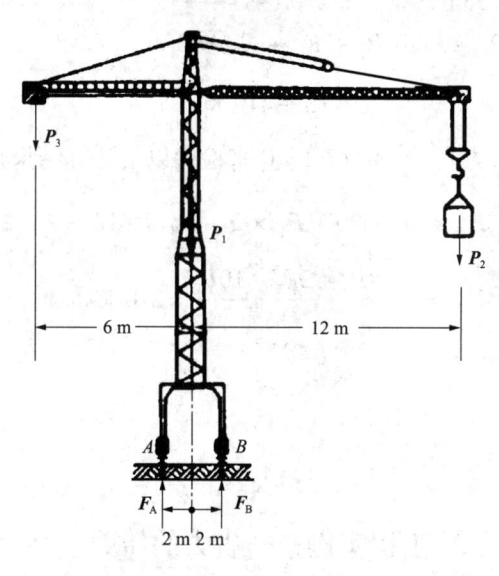

图 2 – 42

解：(1) 要使起重机不翻倒，应使作用在起重机上的所有力满足平衡条件。起重机所受的力有：载荷的重力 P_2，机架的重力 P_1，平衡荷重 P_3，以及轨道的约束反力 F_A 和 F_B。

当满载时，为使起重机不绕点 B 翻倒，这些力必须满足平衡方程 $\sum M_B(F) = 0$。在临界情况下，$F_A = 0$。这时求出的 P_3 值是所允许的最小值。

$$\sum M_B(F) = 0, P_{3\min} \times (6+2) + P_1 \times 2 - P_2 \times (12-2) = 0$$

$$P_{3\min} = \frac{1}{8}(10P_2 - 2P_1) = 75 \text{ kN}$$

当空载时，$P_2 = 0$。为使起重机不绕点 A 翻倒，所受的力必须满足平衡方程 $\sum M_A(F) = 0$。在临界情况下，$F_B = 0$。这时求出的 P_3 值是所允许的最大值。

$$\sum M_A(F) = 0, P_{3\max} \times (6-2) - P_1 \times 2 = 0$$

$$P_{3\max} = \frac{2P_1}{4} = 350 \text{ kN}$$

起重机实际工作时不允许处于极限状态，要使起重机不会翻倒，平衡荷重应在这两者之间，即：

$$75 \text{ kN} < P_3 < 350 \text{ kN}$$

(2) 取 $P_3 = 180$ kN，求满载时，作用于轮子的约束反力 F_A 和 F_B。此时，起重机在力 P_2、P_3、P_1 以及 F_A、F_B 的作用下平衡。根据平面平行力系平衡方程，有：

$$\sum M_A(\boldsymbol{F}) = 0, P_3 \times (6-2) - P_1 \times 2 - P_2 \times (12+2) + F_B \times 4 = 0$$

得:
$$F_B = \frac{14P_2 + 2P_1 - 4P_3}{4} = 870 \text{ kN}$$

$$\sum Y = 0, -P_3 - P_1 - P_2 + F_A + F_B = 0$$

得:
$$F_A = 210 \text{ kN}$$

(3) 利用多余的不独立方程 $\sum M_B(\boldsymbol{F}) = 0$ 来检验以上计算结果是否正确。取:

$$\sum M_B(\boldsymbol{F}) = 0, P_3 \times (6+2) + P_1 \times 2 - P_2 \times (12-2) - F_A \times 4 = 0$$

求得:
$$F_A = \frac{8P_3 + 2P_1 - 10P_2}{4} = 210 \text{ kN}$$

结果相同,说明计算无误。

☞ 知识拓展

工程实例——省力的压剪

一种省力压剪工具如图 2-43(a)所示。这种工具构造简单,容易制造,并可提高剪切的质量。它由固定座 1、下刀刃 2、上刀刃 3、手把 4、连杆 5、上刀刃杆 6 与固定杆 7 等组成。其中,上、下刀刃是由 T10 工具钢经热处理后刃磨而成,手把是由 $\phi 40$ mm 的钢管制成,固定座由 45 号钢制造。由于利用了二级杠杆放大原理,使用很省力。

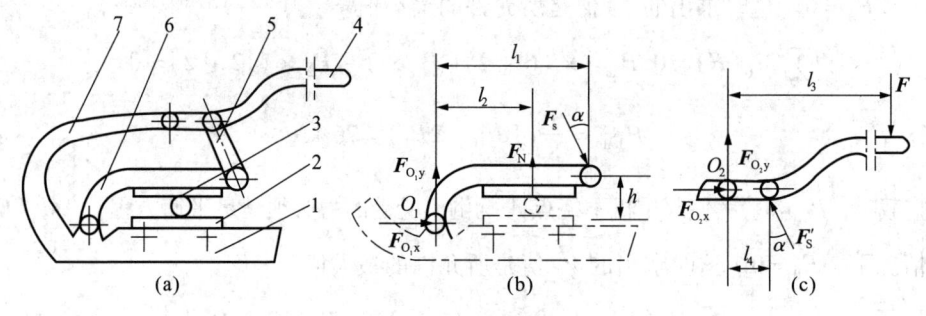

1— 固定座　2— 下刀刃　3— 上刀刃　4— 手把　5— 连杆　6— 上刀刃杆　7— 固定杆

图 2-43

取上刀刃杆 6(包括上刀刃 3)为研究对象,受力分析如图 2-43(b)所示。连杆 5 为二力杆,F_s 为二力杆的作用力,沿杆向与铅垂线夹角为 α,F_N 为被剪物体对上刀刃的作用力。

由力矩平衡方程:

$$\sum M_{O_1}(\boldsymbol{F}) = 0, -F_s\cos\alpha \, l_1 - F_s\sin\alpha \, h + F_N l_2 = 0$$

得:
$$F_s = \frac{l_2}{l_1\cos\alpha + h\sin\alpha} F_N$$

再取手把4为研究对象,受力分析如图2-43(c)所示。F'_s为连杆对手把的反作用力,且$F_s = F'_s$,F为手对手把的作用力。由力矩平衡方程:

$$\sum M_{O_2}(F) = 0, F'_s\cos\alpha l_4 - Fl_3 = 0$$

得:

$$F = \frac{l_4}{l_3}\cos\alpha \cdot F'_s = \frac{l_2 l_4 \cos\alpha}{l_3(l_1\cos\alpha + h\sin\alpha)}F_N$$

可知:若力臂 $l_1 > l_2$,$l_3 > l_4$,则 $F_s < F_N$,$F < F_s$,结果达到了省力的目的。如设 $\alpha = 0$,$\frac{l_1}{l_2} = 4$,$\frac{l_3}{l_4} = 4$,则 $F = \frac{F_N}{16}$,即手把的作用力 F 只有剪切力的 $\frac{1}{16}$。

要 点 总 结

(1) 力 F 与平面内正交轴 x、y 的夹角为 α、β,则力 F 在 x、y 轴上的投影分别为 $X = F\cos\alpha$,$Y = F\cos\beta$。

(2) 平面内力的解析表达式为:$F = Xi + Yj$。

(3) 求平面汇交力系的合力。

① 几何法求合力。根据力多边形规则,求得合力的大小和方向,合力作用线通过各力的汇交点。

② 解析法求合力。根据合力投影定理,利用各分力在两个正交轴上的投影的代数和求得合力的大小和方向余弦分别为:

$$F_R = \sqrt{(\sum_{i=1}^{n} X_i)^2 + (\sum_{i=1}^{n} Y_i)^2}, \tan\alpha = \left|\frac{\sum_{i=1}^{n} Y_i}{\sum_{i=1}^{n} X_i}\right|$$

合力作用线通过各力的汇交点。

(4) 平面汇交力系平衡的充分必要条件是平面汇交力系的合力为零:$F_R = 0$。

① 平面汇交力系平衡的几何条件是该力系的力多边形自行封闭。

② 平面汇交力系平衡的解析方程为:

$$\left.\begin{array}{l}\sum_{i=1}^{n} X_i = 0 \\ \sum_{i=1}^{n} Y_i = 0\end{array}\right\}$$

(5) 平面内的力 F 对某点 O 的矩等于力的大小与点 O 到力的作用线距离 h 的乘积,即 $M_O(F) = \pm Fh$,力使物体绕矩心逆时针转向转动时为正,反之为负。

(6) 合力矩定理:平面汇交力系的合力对平面上任一点之矩,等于所有各分力对同一点力矩的代数和，即：$M_O(F_R) = \sum_{i=1}^{n} M_O(F_i)$。

(7) 力偶和力偶矩。

① 力偶是由等值、反向、不共线的两个平行力组成的特殊力系。力偶没有合力，也不能用一个力来平衡。

② 力偶对物体的作用效应取决于力偶矩 M 的大小和转向，即 $M(F,F') = M = \pm Fd$，一般以逆时针转向为正，反之为负。

③ 力偶在任一轴上的投影等于零，它对平面内任一点的矩等于力偶矩，力偶矩与矩心的位置无关。

(8) 平面力偶的等效定理：在同平面内的两个力偶，如果力偶矩相等，则彼此等效。

(9) 平面力偶系合成的结果为一合力偶，合力偶矩为各分力偶矩的代数和。

(10) 平面力偶系平衡的充分必要条件是：力偶系中各力偶矩的代数和等于零。

(11) 力的平移定理：作用在刚体上 A 点处的力 F，可以平移到刚体内任意点 O，但必须同时附加一个力偶，其力偶矩等于原来的力 F 对新作用点 O 的矩。

(12) 平面一般力系向平面内任选一点 O 简化，一般情况下，可得一个力和一个力偶，这个力等于力系中各力的矢量和，作用于简化中心，称为力系的主矢，$F'_R = \sum F' = \sum F$；这个力偶的矩等于力系中各力对简化中心之矩的代数和，称为力系的主矩，$M_O = \sum M_O(F)$。

(13) 平面一般力系向一点简化，可能出现表 2-1 中的四种情况。

表 2-1　　　　　　　　平面一般力系向一点简化结果

主矢	主矩	合成结果	说明
$F'_R \neq 0$	$M_O = 0$	合力	此力为原力系的合力，合力作用线通过简化中心
	$M_O \neq 0$	合力	合力作用线到简化中心的距离 $d = \left\| \dfrac{M_O}{F'_R} \right\|$
$F'_R = 0$	$M_O \neq 0$	力偶	此力偶为原力系的合力偶，在这种情况下，主矩与简化中心的位置无关
	$M_O = 0$	平衡	对任意点取矩都为 0

(14) 平面一般力系平衡的充分必要条件是力系的主矢和对于任一点的主矩都等于零，其主矢、主矩必同时为零。

$$\left.\begin{array}{l}F'_R = \sqrt{(\sum X)^2 + (\sum Y)^2} = 0 \\ M_O = \sum M_O(F) = 0\end{array}\right\}$$

① 平面一般力系平衡方程的一般形式为：

$$\left.\begin{array}{l}\sum X = 0 \\ \sum Y = 0 \\ \sum M_O(F) = 0\end{array}\right\}$$

② 平面一般力系平衡方程的二力矩式为：

$$\left.\begin{array}{l}\sum X = 0 \\ \sum M_A(F) = 0 \\ \sum M_B(F) = 0\end{array}\right\}$$

要求 AB 连线不得与 x 轴相垂直。

③ 平面一般力系平衡方程的三力矩式为：

$$\left.\begin{array}{l}\sum M_A(F) = 0 \\ \sum M_B(F) = 0 \\ \sum M_C(F) = 0\end{array}\right\}$$

要求 A、B、C 三点不在同一直线上。

本章习题

2-1 选择题

(1) 已知 F_1、F_2、F_3、F_4 为一平面汇交力系，而且这四个力矢有如图 2-44 所示关系，则(　　)。

　A. 该力系平衡

　B. 该力系的合力为 F_4

　C. 该力系的合力为 $2F_4$

　D. 该力系合力为零

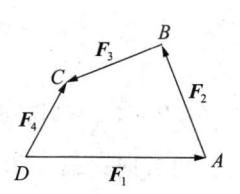

图 2-44

(2) 利用解析法求解平面汇交力系的平衡问题时，所能列出的独立的平衡方程数目为(　　)。

　A. 一个　　　　　　　　　B. 两个

C. 三个 　　　　　　　　　　D. 任意多个

(3) 平面内二力偶等效的条件是( )。

　　A. 转向相同

　　B. 力偶臂相等

　　C. 力偶矩相等

　　D. 组成这两个力偶的力之大小相等，方向相同

(4) 刚体上的 A、B、C、D 四点分别作用有四个力 F_1，F_2，F_3，F_4。已知 $F_1 = -F_3$，$F_2 = -F_4$，且这四个力构成一个封闭的力多边形，如图 2-45 所示，若不计刚体重量，则该刚体( )。

　　A. 处于平衡

　　B. 不可能平衡

　　C. 当这四个力大小相等时平衡

　　D. 当 $F_2 \cdot AD = F_1 \cdot AB$ 时平衡

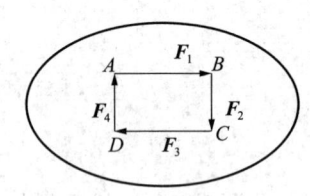

图 2-45

2-2 判断题

(1) 利用平面汇交力系合成的几何法求合力时，改变各分力的次序，所得的力多边形形状不同，故合力矢也应不同。　　　　　　　　　　　　　　　　( )

(2) 力对点的矩不因该力的作用点沿其作用线滑动而改变。　　　　　　( )

(3) 一个力偶可以用一个力来平衡。　　　　　　　　　　　　　　　　( )

(4) 平面一般力系平衡的充要几何条件是该力系的力多边形自行封闭。　( )

(5) 如图 2-46(a) 所示平衡梁 AB，其受力图可用图(b) 来表示。　　　( )

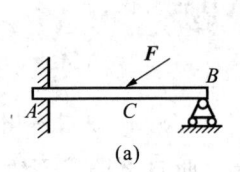

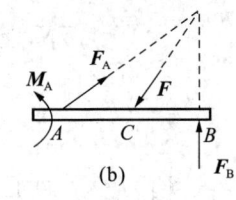

图 2-46

2-3 铆接薄板在孔心 A、B 和 C 处受三力作用，如图 2-47 所示。$F_1 = 100$ N，沿铅直方向；$F_3 = 50$ N，沿水平方向，并通过 A；$F_2 = 50$ N，力的作用线也通过点 A，尺寸如图所示。求此力系的合力。

2-4 在图 2-48 所示刚架的点 B 作用一水平力 F，刚架重量略去不计。求支座 A、D 的反力 F_A 和 F_D。

图 2-47

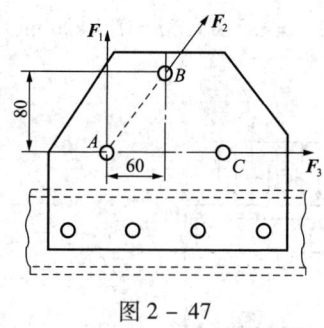

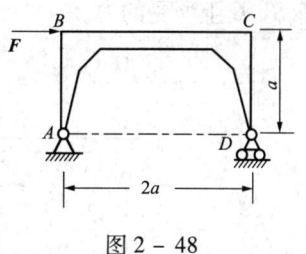

图 2-48

2-5 物体重 $W=20$ kN，用绳子挂在支架的滑轮 B 上，绳子的另一端接在绞车 D 上，如图 2-49 所示。转动绞车，物体便能升起。设滑轮的大小、AB 与 CB 杆自重及摩擦略去不计，A、B、C 三处均为铰链连接。当物体处于平衡状态时，试求拉杆 AB 和支杆 CB 所受的力。

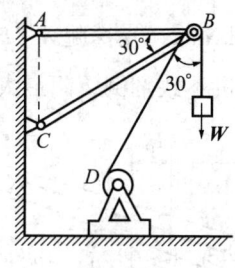

图 2-49

2-6 试计算图 2-50 中力 F 对点 O 的矩。

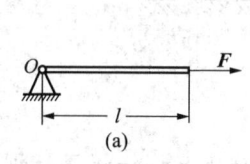

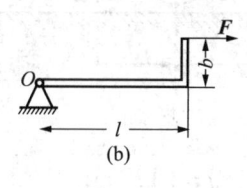

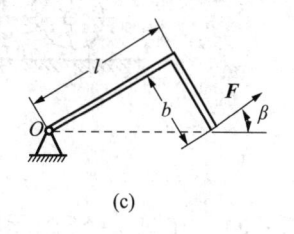

(a)　　(b)　　(c)

图 2-50

2-7 已知 $P_n=1000$ N，$D=160$ mm，$\alpha=30°$，如图 2-51 所示，求 $M_O(P_n)$。

2-8 如图 2-52 所示结构在图示位置平衡。已知：$a=20$ cm，作用在直角折杆 OB 上的力偶的大小为 $M=1$ N·m。试求 AB 杆所受的力 F_{AB}（各杆的重量不计）。

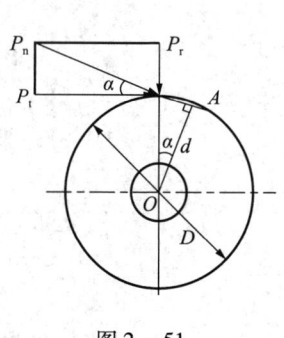

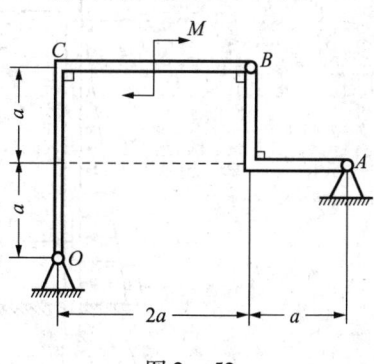

图 2-51

图 2-52

2-9 一梁的支承及载荷如图 2-53 所示。已知 $F=1.5$ kN，$q=0.5$ kN/m，$M=2$ kN·m，$a=2$ m。求支座 B、C 上所受的力。

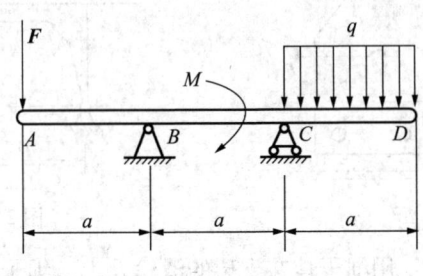

图 2-53

2-10 如图 2-54 所示，液压式汽车起重机全部固定部分(包括汽车自重)总重 $W_1=60$ kN，旋转部分总重 $W_2=20$ kN，$a=1.4$ m，$b=0.4$ m，$l_1=1.85$ m，$l_2=1.4$ m。试求：

(1) 当 $l=3$ m，起吊重量 $W=50$ kN 时，支撑腿 A、B 所受地面的支承反力；

(2) 当 $l=5$ m 时，为了保证起重机不致翻倒，问最大起重量为多大？

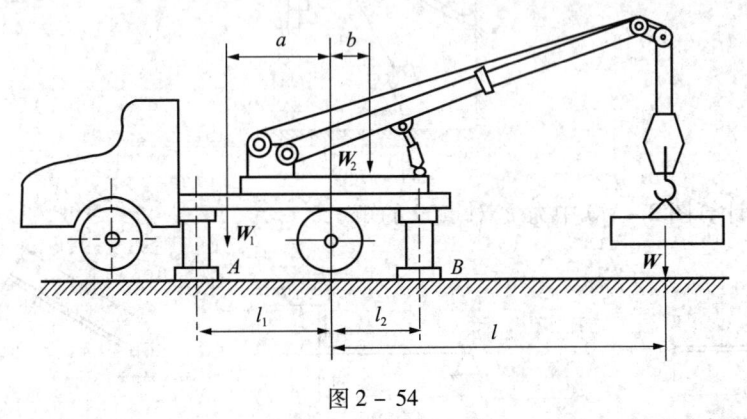

图 2-54

2-11 在图 2-55 所示刚架中，$q=3$ kN/m，$F=2\sqrt{2}$ kN，$M=5$ kN·m，不计刚架的自重，求固定端 A 的约束力。

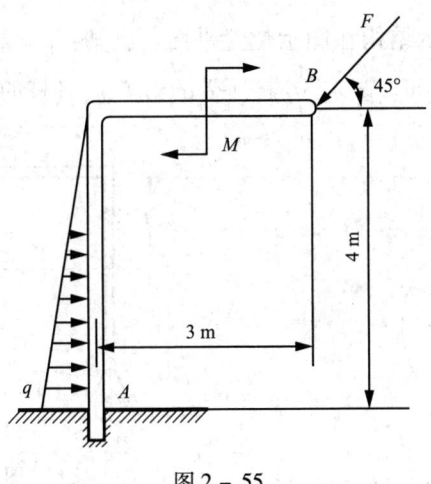

图 2-55

第3章
物体系统的平衡问题

☞ **教学提示**

内容提要

本章根据各种力系的平衡方程，引出静定与静不定的概念，对于静定问题应用平衡方程求解物体与物体系的平衡问题。对于有摩擦的问题，了解平衡计算时的方法与步骤。

学习目标

通过本章的学习，学生应能分析判断结构的静定与静不定特性，熟练掌握物体与物体系平衡问题的求解，正确理解摩擦角、自锁的概念，掌握有摩擦问题的解题方法。

在工程实际问题中，有些常用机构，如图 3-1 所示的曲柄滑块机构是一个由多个构件组成的物体系统。对于物体系统的平衡计算是工程中重要问题。根据物体系统处于平衡时，组成该系统的每一个物体都处于平衡状态，采用与单一刚体平衡问题相同的步骤，根据问题需要，选择多个不同研究对象进行平衡计算。

(a)   (b)

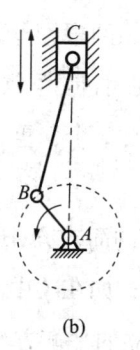

图 3-1

对于图3-2所示闸块制动器是利用摩擦力进行制动的，带摩擦的平衡问题的计算与前几章所述大致相同，在受力分析时必须考虑接触面的摩擦力，还要列补充方程。

图3-2

3.1 静定与静不定问题的概念

在工程实际问题中，往往遇到由多个物体通过适当的约束相互连接而成的系统，这种系统称为物体系统，简称物系。工程实际中的结构或机构，如多跨梁、三铰拱、组合构架、曲柄滑块机构等都可看作物体系统。

求解物体系统的平衡问题与单一刚体平衡问题步骤相同，即选择合适的研究对象，画出其分离体的受力图，然后列平衡方程求解。不同之处在于单一刚体平衡问题的研究对象是唯一的，而物体系统不同。当物体系统处于平衡状态时，组成该系统的每一个物体都处于平衡状态，可以取每一个物体为分离体，则作用于其上的力系的独立平衡方程数目是一定的，可求解的未知量的个数也是一定的。在静力平衡问题中，若未知量的数目等于独立平衡方程的数目，则全部未知量都能由静力平衡方程求出，这类问题称为静定问题，显然前面所举各例都是静定问题。

在工程结构中，有时为了提高结构的刚度和可靠性，常常增加多余的约束，使得结构中未知量的数目多于独立平衡方程的数目，则由静力平衡方程就不能求出全部未知量，这类问题称为静不定问题，在静不定问题中，未知量的数目减去独立平衡方程的数目称为静不定次数。

如图3-3(a)所示，用两根钢丝吊起一重物，未知量有两个，由于重物受平面汇交力系作用，独立的平衡方程数也是两个，因此是静定的。而如用三根钢丝吊起重物，如图3-3(b)所示，则未知量有3个，重物依然受平面汇交力系作用，平衡方程却还只有两个，因此是一次静不定问题。

又如图3-4(a)所示的简支梁AB，有3个未知量F_{Ax}、F_{Ay}、F_B，可列出3个独立的平衡方程，是一个静定问题；如在梁中间增加一个支座C，如图3-4(b)所示，则有4个未知量(F_{Ax}、F_{Ay}、F_B、F_C)，独立的平衡方程数仍为3个，未知量数比方程数多一个，故为一次静不定问题。

图 3 – 3

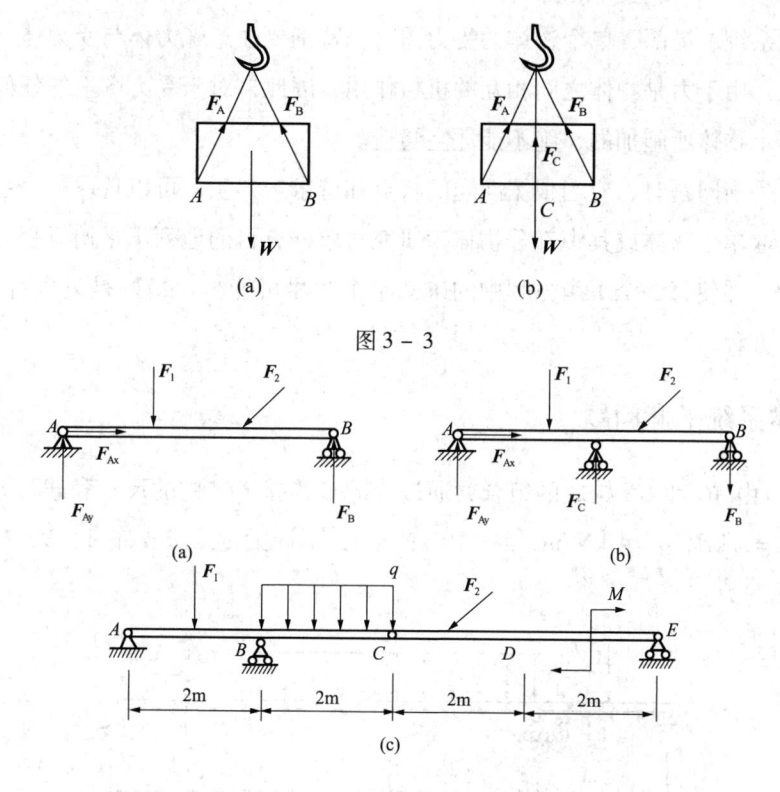

图 3 – 4

应当指出的是，这里说的静定与静不定问题，是对整个系统而言的。当物系平衡时，组成该系统的每一个物体都处于平衡状态，若从该系统中取出一分离体，它的未知量的数目多于它的独立平衡方程的数目，并不能说明该系统就是静不定问题，而要分析整个系统的未知量数目和独立平衡方程的数目。图 3 – 4(c)是由两个物体 AC、CE 组成的连续梁系统，共有 6 个未知量（F_{Ax}、F_{Ay}、F_B、F_{Cx}、F_{Cy}、F_E），AC、CE 都可列 3 个独立的平衡方程，ACE 作为一个整体虽然也可列 3 个平衡方程，但是并非是独立的，因此该系统一共可列 6 个独立的平衡方程，故为静定问题。

求解静不定问题时，必须考虑物体在受力后产生的变形，根据物体的变形条件，列出足够的补充方程后，才能求出全部未知量。这类问题已超出刚体静力学的范围，将在材料力学章节中讨论，在静力学中只研究静定问题。

3.2　物系平衡问题分析

研究物体系统的平衡问题时，必须综合考察整体与局部的平衡。当物体系统平衡时，组成该系统的任何一个局部系统以及任何一个物体也必然处于平衡状态，因此在求解物体系统的平衡问题时，不仅要研究整个系统的平衡，而且要研究系统内某个局部或单个物体的平衡。在画物体系统、局部、单个物体的受力图时，特别要注意施力体与受力体、作用力与反作用力的关系，由于力是物体之间相互的机械作用，因此，对于受力图上的任何一个力，必须明确它是哪个物体所施加的，绝不能凭空臆造。

求解物系平衡问题时，应当根据问题的特点和待求未知量，可以选取整个系统为研究对象，也可以选取单个物体或其中部分物体为研究对象，有目的地列出平衡方程，适当地选取矩心和投影轴，并使每一个平衡方程中的未知量个数尽可能少，最好是只含有一个未知量，以避免解联立方程。

3.2.1 物体系统平衡问题

例 3-1 由 AC 和 CE 构成的组合梁通过铰链 C 连接，结构的尺寸和载荷如图 3-5(a)所示，已知 $F=5\text{ kN}$，$q=4\text{ kN/m}$，$M=10\text{ kN}\cdot\text{m}$，不计梁重。求支座 A、B、E 的约束力和铰链 C 处所受的力。

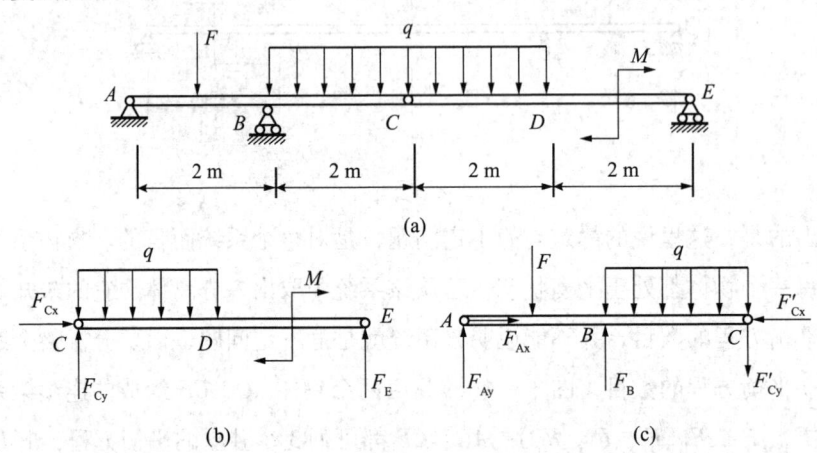

图 3-5

解：（1）取梁的 CE 段为研究对象，其受力如图 3-5(b)所示，列平衡方程：

$$\sum M_C = 0, \quad F_E \times 4 - M - q \times 2 \times 1 = 0$$

$$\sum X = 0, \quad F_{Cx} = 0$$

$$\sum Y = 0, \quad F_{Cy} + F_E - q \times 2 = 0$$

解得： $F_E = 4.5\text{ kN}$，$F_{Cx} = 0$，$F_{Cy} = 3.5\text{ kN}$

（2）取梁的 AC 段为研究对象，受力如图 3-5(c)所示，列平衡方程：

$$\sum M_A = 0, \quad -F \times 1 + F_B \times 2 - q \times 2 \times 3 - F'_{Cy} \times 4 = 0$$

$$\sum X = 0, \quad F_{Ax} - F'_{Cx} = 0$$

$$\sum Y = 0, \quad F_{Ay} + F_B - F - q \times 2 - F'_{Cy} = 0$$

解得： $F_B = 21.5$ kN, $F_{Ax} = 0$, $F_{Ay} = -5$ kN

（3）分析讨论。

本题也可先取梁的 CE 段为研究对象，求出 E、C 处的反力，然后再取整体为研究对象列方程求出 A、B 处的反力，请自行分析。

例 3 - 2 三铰拱如图 3 - 6(a)所示，已知每个半拱重 $W = 300$ kN，跨度 $l = 32$ m，高 $h = 10$ m。试求支座 A、B 的反力。

解：（1）首先取整体为研究对象。其受力如图 3 - 6(a)所示。可见此时 A、B 两处共有 4 个未知力，而独立的平衡方程只有 3 个，显然不能解出全部未知力。但其中的 3 个约束力的作用线通过 A 点或 B 点，可列出对 A 点或 B 点的力矩方程，求出部分未知力。

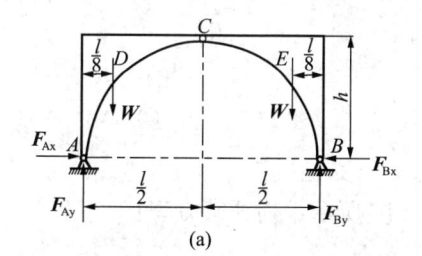

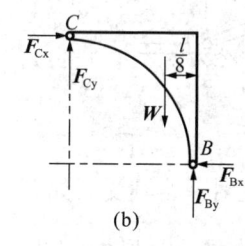

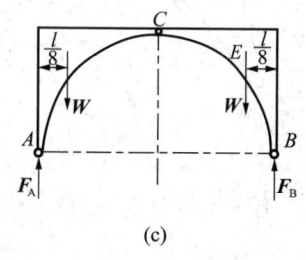

图 3 - 6

$$\sum M_A = 0, F_{By} \cdot l - W \cdot \frac{l}{8} - W \cdot \left(l - \frac{l}{8}\right) = 0$$

$$\sum Y = 0, F_{Ay} + F_{By} - W - W = 0$$

$$\sum X = 0, F_{Ax} - F_{Bx} = 0$$

解得： $F_{By} = W = 300$ kN, $F_{Ay} = W = 300$ kN, $F_{Ax} = F_{Bx}$

（2）再以右半拱（或左半拱）为研究对象，如取右半拱为研究对象，其受力如图 3 - 6(b)所示。列平衡方程：

$$\sum M_C = 0, -W \cdot \left(\frac{l}{2} - \frac{l}{8}\right) - F_{Bx} \cdot h + F_{By} \cdot \frac{l}{2} = 0$$

解得： $F_{Bx} = 120$ kN, $F_{Ax} = F_{Bx} = 120$ kN

（3）分析讨论。

工程中，经常遇到对称结构上作用对称载荷的情况，在这种情形下，结构的支反力也对称，有时可以根据这种对称性直接判断出某些约束力的大小，但这些结果及关系都包含在平衡方程中。例如，本题中，根据对称性，可得 $F_{Ax} = F_{Bx}$, $F_{Ay} = F_{By}$，再根据铅垂方向的平衡方程，容易得到 $F_{Ay} = F_{By} = W$。有了这个结果，再取右半拱或左半拱为研究对象，即可计算出 F_{Ax}、F_{Bx}。

从本题的讨论还可看出，所谓"某一方向的主动力只会引起该方向的约束力"的说法是完全错误的。本题中,在研究整体的平衡时,图 3-6(c)所示的受力图是错误的,根据这种受力分析,整体虽然是平衡的,但局部(左半拱、右半拱)却是不平衡的,读者可自行分析。

例 3-3 如图 3-7(a)所示曲柄连杆机构,由曲柄 *OA*、连杆 *AB* 和滑块 *B* 组成,已知作用在滑块上的力 $F=10$ kN,如不计各构件的自重和摩擦,求作用在曲柄上的力偶矩 *M* 多大时方可保持机构平衡。

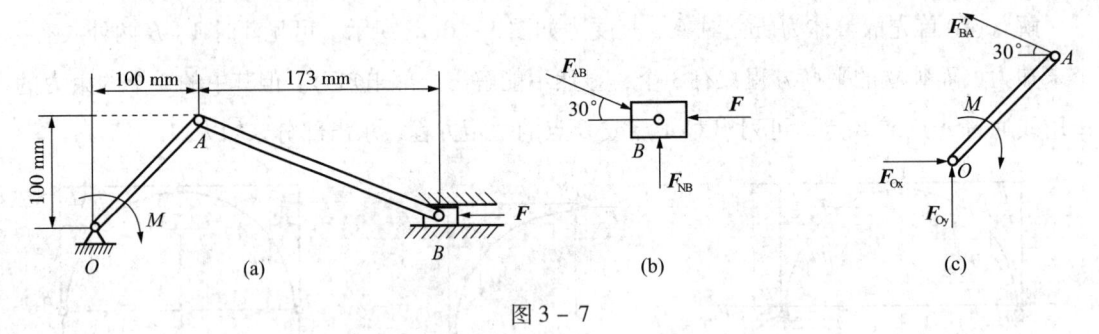

图 3-7

解:(1)首先取滑块 *B* 为研究对象,其受力如图 3-7(b)所示,列平衡方程:

$$\sum X = 0, F_{AB}\cos30° - F = 0$$

解得:
$$F_{AB} = 11.5 \text{ kN}$$

(2)再取曲柄 *OA* 为研究对象,其受力如图 3-7(c)所示,列平衡方程:

$$\sum M_O = 0, F'_{BA}\cos30° \times 10 + F'_{BA}\sin30° \times 10 - M = 0$$

解得:
$$M = 157.1 \text{ kN·cm}$$

例 3-4 平面构架如图 3-8(a)所示。已知物块重 *W*,$DC = CB = CE = AC = 2l$,$R = 2r = l$。*C*、*D*、*B* 处为铰链连接,试求支座 *A*、*E* 处的约束力及 *BD* 杆所受的力。

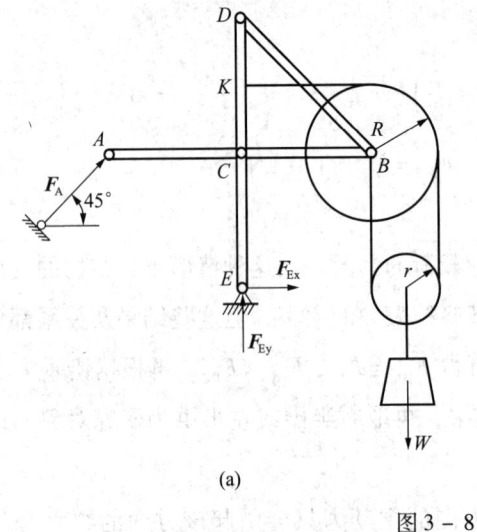

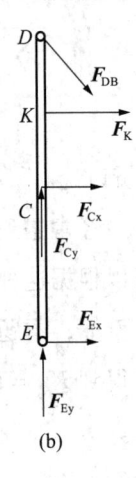

图 3-8

解：(1) 首先取整体为研究对象，其受力如图 3-8(a) 所示。列平衡方程：

$$\sum M_E = 0, -F_A \cdot 2\sqrt{2}l - W \cdot \frac{5}{2}l = 0$$

$$\sum X = 0, F_A \cos 45° + F_{Ex} = 0$$

$$\sum Y = 0, F_A \sin 45° + F_{Ey} - W = 0$$

解得：
$$F_A = -\frac{5\sqrt{2}}{8}W, F_{Ex} = \frac{5}{8}W, F_{Ey} = \frac{13}{8}W$$

(2) 为求 BD 杆所受的力，应取包含此力的物体或局部系统为研究对象，可取杆 DE 或杆 AB 连滑轮、重物为研究对象进行分析。为求解方便，在此取杆 DE 为研究对象，其受力如图 3-8(b) 所示，列平衡方程：

$$\sum M_C = 0, -F_{DB} \cos 45° \cdot 2l - F_K l + F_{Ex} \cdot 2l = 0$$

其中，$F_K = \frac{W}{2}, F_{Ex} = \frac{5W}{8}$，将其代入上式，解得

$$F_{DB} = \frac{3\sqrt{2}}{8}W$$

(3) 分析讨论。

本题也可以先取 AB 及滑轮和重物为研究对象，再取整体为研究对象进行求解，请自行分析。

例 3-5 如图 3-9(a) 所示，在支架上悬挂着重 P = 4 kN 的重物，B、E、D 为铰链连接，A 为固定端支座，滑轮直径为 300 mm，轴承 C 是光滑的。各杆和滑轮、绳子重量不计，求 A、B、C、D、E 各处的反力。

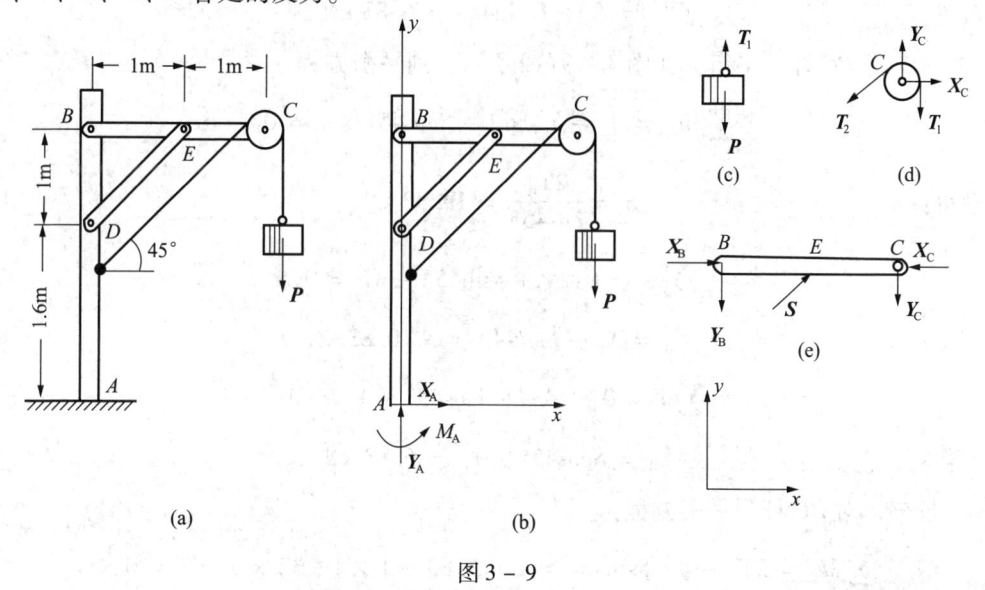

图 3-9

解： 本结构中，DE 为二力杆，因此 D、E 处铰链反力有 1 个未知量；A 为固定端约束有 3 个未知量；B、C 处铰链反力各有 2 个未知量；滑轮两边的绳子拉力各有 1 个未知量；共 10 个未知量。考虑到 AB、BC 和滑轮三个构件处于平衡，其可写 9 个平衡方程；再加上重物在二力作用下处于平衡，可有 1 个平衡方程。平衡方程的数目恰好等于未知量的数目。

(1) 取整个结构为研究对象，如图 3-9(b) 所示，列平衡方程：

$$\sum X = 0, X_A = 0$$

$$\sum Y = 0, Y_A - P = 0$$

$$\sum M_A = 0, M_A - P \times 2.15 = 0$$

解得：　　　　　　$Y_A = P = 4 \text{ kN}, M_A = 4 \times 2.15 = 8.6 \text{ kN} \cdot \text{m}$

(2) 考虑重物的平衡，如图 3-9(c) 所示，根据二力平衡公理知：

$$T_1 = P = 4 \text{ kN}$$

考虑滑轮的平衡，如图 3-9(d) 所示，列平衡方程：

$$\sum M_C = 0, T_2 \times 0.15 - T_1 \times 0.15 = 0$$

$$T_2 = T_1 = 4 \text{ kN}$$

可见，在不计轴承摩擦的情况下，滑轮处于平衡时，其两边绳子的拉力相等。

$$\sum X = 0, X_C - T_2 \cos 45° = 0$$

解得：　　　　　　$X_C = T_2 \cos 45° = 2.83 \text{ kN}$

$$\sum Y = 0, Y_C - T_1 - T_2 \sin 45° = 0$$

解得：　　　　　　$Y_C = T_1 + T_2 \sin 45° = 6.83 \text{ kN}$

(3) 再考虑 BC 杆的平衡，如图 3-9(e) 所示，列平衡方程：

$$\sum M_B = 0, -Y_C \times 2 + S \cos 45° \times 1 = 0$$

解得：　　　　　　$S = \dfrac{2Y_C}{\cos 45°} = 19.32 \text{ kN}$

$$\sum X = 0, X_B + S \sin 45° - X_C = 0$$

解得：　　　　　　$X_B = X_C - S \sin 45° = -10.83 \text{ kN}$

$$\sum Y = 0, -Y_B + S \cos 45° - Y_C = 0$$

解得：　　　　　　$Y_B = S \cos 45° - Y_C = 6.83 \text{ kN}$

(4) 校核，对 BC 杆列平衡方程：

$$\sum M_C = 2Y_B - 1 \cdot S \sin 45° = 2 \times 6.83 - 1 \times 19.32 \times 0.707 = 0$$

可见计算无误。

根据刚体系统的特点，分析和处理刚体系统平衡问题时，应注意以下几方面：

(1) 认真理解、掌握并能灵活运用"系统整体平衡，组成系统的每个局部必然平衡"的重要概念。

(2) 要灵活选择研究对象。所谓研究对象包括系统整体、单个刚体以及由两个或两个以上刚体组成的子系统。灵活选择其中之一或之二作为研究对象，一般应遵循的原则是：尽量使一个平衡方程中只包含一个未知约束力，不解或少解联立方程。

(3) 注意区分内约束力与外约束力、作用力与反作用力。

内约束力只有在系统拆开时才会出现，故而在考察整体平衡时，无须考虑内约束力，也无须画出内约束力。当同一约束处有两个或两个以上刚体相互连接时，为了区分作用在不同刚体上的约束力是否互为作用力与反作用力，必须对相关的刚体逐个分析，分清哪一个刚体是施力体，哪一个刚体是受力体。

(4) 注意对主动分布载荷进行等效简化。考察局部平衡时，分布载荷最好在拆开之后简化。

3.2.2 物系平衡在工程中的应用

图 3 - 10(a) 所示鲤鱼钳由钳夹 1、连杆 2、上钳头 3 与下钳头 4 等组成。若钳夹手握力为 F，不计各杆自重与摩擦，试求钳头的夹紧力 F_1 的大小。设图中的尺寸单位是毫米 (mm)，连杆 2 与水平线夹角 $\alpha = 20°$。

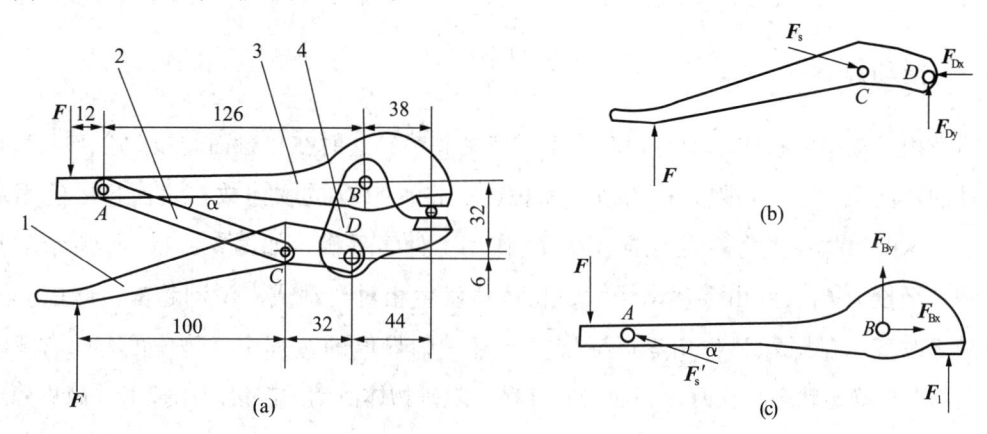

1—钳夹 2—连杆 3—上钳头 4—下钳头

图 3 - 10

先取钳夹 1 为研究对象，它所受的力有手握力 F，连杆 AC（二力杆）的作用力 F_s，下钳头与钳夹铰链 D 的约束反力 F_{Dx}、F_{Dy}。受力图如图 3 - 10(b) 所示。列出平衡方程：

$$\sum M_D = 0, \quad -F \times (100 + 32) + F_s \sin\alpha \times 32 - F_s \cos\alpha \times 6 = 0$$

解得：
$$F_s = \frac{132F}{32\sin\alpha - 6\cos\alpha} = \frac{132F}{32\sin20° - 6\cos20°} = 24.88F \qquad (3-1)$$

再取上钳头 3 为研究对象，它所受的力有手握力 F，连杆 AC 的作用力 F'_s，上、下钳夹头铰链 B 的约束反力 F_{Bx}、F_{By}，钳头夹紧力 F_1。受力图如图 3-10（c）所示。列出平衡方程：

$$\sum M_B = 0, \quad F \times (126 + 12) - F'_s \sin\alpha \times 126 + F_1 \times 38 = 0$$

得：
$$F_1 = \frac{126F'_s \sin\alpha - 138F}{38} \qquad (3-2)$$

考虑 $F_s = F'_s$，将式（3-1）代入式（3-2），得：

$$F_1 = \frac{126F'_s \sin\alpha - 138F}{38} = \frac{126 \times 24.88 \times \sin20° - 138}{38} \times F = 24.6F$$

由此可见：鲤鱼钳通过巧妙的设计，使剪切力为手握力的 24.6 倍，达到了省力的目的。

3.3 考虑摩擦时物体的平衡问题

摩擦是机械运动中的普遍现象，在大多数工程技术问题中，它是不可忽略的重要因素。摩擦通常表现为有利的和有害的两个方面。人靠摩擦行走，车靠摩擦制动，螺纹靠摩擦锁紧，带轮靠摩擦传动，但摩擦会引起机械发热、零件磨损、降低机械效率和减少使用寿命等。摩擦可分为滑动摩擦和滚动摩擦，滑动摩擦又可分为静滑动摩擦和动滑动摩擦。本节主要介绍无润滑的静滑动摩擦的性质，以及考虑滑动摩擦时力系平衡问题的分析方法。

3.3.1 滑动摩擦

两个相互接触的物体，如有相对滑动或滑动趋势，这时在接触面间彼此会产生阻碍相对滑动的切向阻力，这种阻力称为滑动摩擦力。将重为 G 的物体放在表面粗糙的固定水平面上，这时物体在重力 G 与法向反力 F_N 作用下处于平衡，如图 3-11（a）所示。若给物体一水平拉力 F_P，并由零逐渐增大，物体将发生相对滑动或有滑动趋势，摩擦力的性质也随之改变。在拉力 F_P 值由零逐渐增大至某一临界值的过程中，物体虽有向右滑动的趋势但仍保持静止状态，在两接触面之间存在一阻碍物体滑动的静滑动摩擦力，简称静摩擦力，如图 3-11（b）所示。静摩擦力 F 的大小随主动力 F_P 而改变，其方向与物体滑动趋势方向相反，由平衡条件确定。当拉力 F_P 达到某一临界值时，物体处于将要滑动而未滑动的临界状态，这时，静摩擦力达到最大值，称为最大静滑动摩擦力，简称最大静摩擦力，以 F_{max} 表示。

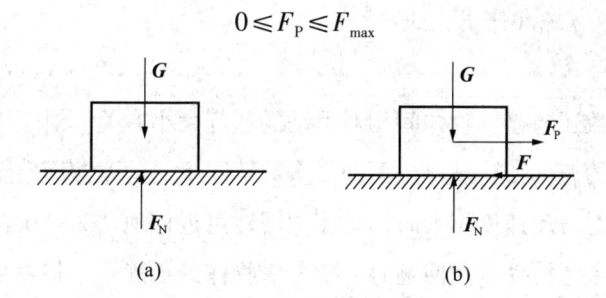

$$0 \leqslant F_P \leqslant F_{max}$$

图 3-11

$$F_{max} = f_s F_N \tag{3-3}$$

式（3-3）中，F_{max} 为最大静摩擦力；F_N 为两物体间的正压力（法向反力）；f_s 为静摩擦因数，它的大小与两接触物体的材料与表面情况有关，而与接触面的大小无关，一般可由实验测定，其数值可在机械工程手册中查到。

表 3-1 中列出了一部分常用材料的摩擦因数。但影响摩擦系数的因素很复杂，如果需用比较准确的数值时，必须在具体条件下进行实验测定。

表 3-1　　　　　　　　　常用材料的滑动摩擦因数

材料名称	静摩擦因数 无润滑	静摩擦因数 有润滑	动摩擦因数 无润滑	动摩擦因数 有润滑
钢—钢	0.5	0.1~0.2	0.15	0.05~0.1
钢—软钢			0.2	0.1~0.2
钢—铸铁	0.3		0.18	0.05~0.15
钢—青铜	0.15	0.1~0.15	0.15	0.1~0.15
软钢—铸铁			0.18	0.05~0.15
软钢—青铜	0.2		0.18	0.07~0.15
铸铁—铸铁		0.18	0.15	0.07~0.12
铸铁—青铜			0.15~0.2	0.07~0.15
青铜—青铜		0.1	0.2	0.07~0.1
皮革—铸铁	0.3~0.5	0.15	0.6	0.15
橡皮—铸铁			0.8	0.5
木材—木材	0.4~0.6	0.1	0.2~0.5	0.07~0.15

当 F_P 再增大，只要稍大于 F_{max}，物体就开始向右滑动，这时物体间的摩擦力称为动滑动摩擦力，简称动摩擦力，以 F' 表示。

$$F' = f F_N \tag{3-4}$$

这就是动摩擦定律。式（3-4）中 f 称为动摩擦因数。它主要取决于接触面材料的表面情况。在一般情况下 f 略小于 f_s，即：

$$f < f_s$$

实际上动摩擦因数还与接触物体间相对滑动的速度大小有关。对于不同材料的物体，动摩擦因数随相对滑动的速度变化规律也不同。多数情况下，动摩擦因数随相对滑动速度的增大而稍减小。但当相对滑动速度不大时，动摩擦因数可近似地认为是个常数，参阅表 3-1。

以上分析说明，考虑滑动摩擦问题时，要分清物体处于静止、临界平衡和滑动三种情况中的哪种状态，然后选用相应的方法进行计算。

滑动摩擦定律提供了利用摩擦和减小摩擦的途径。若要增大摩擦力，可以通过加大正压力和增大摩擦因数来实现。例如，在带传动中，要增加胶带和胶带轮之间的摩擦，可用张紧轮，也可采用 V 形胶带代替平胶带的方法。又如，火车在下雪后行驶时，要在铁轨上撒细沙，以增大摩擦因数，避免打滑等。另外，要减小摩擦时可以设法减小摩擦因数，在机器中常用降低接触表面的粗糙度或加润滑剂等方法，以减小摩擦和损耗。

3.3.2 摩擦角和自锁

物体受力 $\boldsymbol{F}_P$ 作用仍静止时，把它所受的法向反力 $\boldsymbol{F}_N$ 和切向摩擦力 $\boldsymbol{F}$ 合成为一个反力 $\boldsymbol{F}_R$，称为全约束反力，或全反力。它与接触面法线间的夹角为 φ，如图 3-12(a) 所示，由此得：

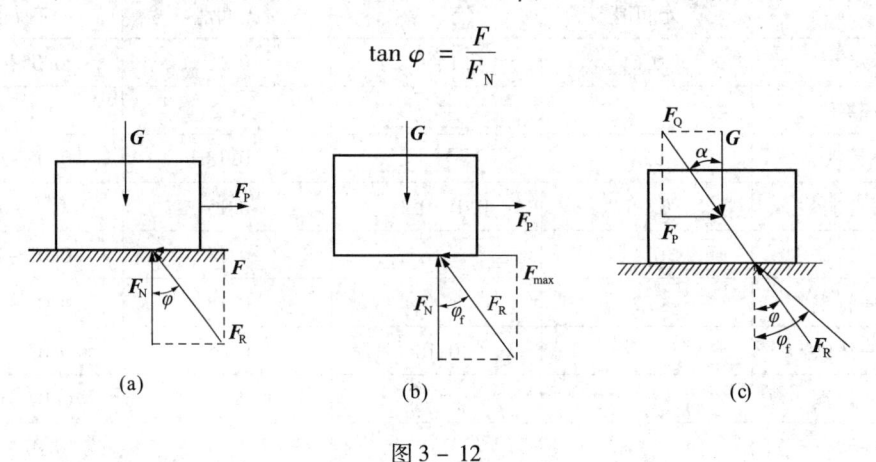

$$\tan\varphi = \frac{F}{F_N}$$

图 3-12

φ 角将随主动力的变化而变化，当物体处于平衡的临界状态时，静摩擦力达到最大静摩擦力 F_{max}，φ 角也将达到相应的最大值 φ_f，称为临界摩擦角，简称摩擦角。如图 3-12(b) 所示，此时有：

$$\tan\varphi_f = \frac{F_{max}}{F_N} = \frac{f_s F_N}{F_N} = f_s \tag{3-5}$$

式（3-5）表明，静摩擦因数等于摩擦角的正切。

由于静摩擦力不能超过其最大值 F_{max}，因此 φ 角总是小于等于摩擦角 φ_f：$0 \leq \varphi \leq \varphi_f$，即

全反力的作用线不可能超出摩擦角的范围。由此可得出以下结论。

(1) 当主动力的合力 F_Q 的作用线在摩擦角 φ_f 以内时，由二力平衡公理可知，全反力 F_R 与之平衡，如图 3 – 12(c) 所示。因此，只要主动力合力的作用线与接触面法线间的夹角 α 不超过 φ_f，即：

$$\alpha \leqslant \varphi_f \qquad (3-6)$$

则不论该合力的大小如何，物体总处于平衡状态，这种现象称为摩擦自锁。式(3 – 6)称为自锁条件。利用自锁原理可设计某些机构或夹具，如千斤顶、压榨机、圆锥销等，使之始终保持在平衡状态下工作。

(2) 当主动力合力的作用线与接触面法线间的夹角 $\alpha > \varphi_f$ 时，全反力不可能与之平衡，因此不论这个力多么小，物体一定会滑动。例如对于传动机构，利用这个原理，可避免自锁使机构不致卡死。

3.3.3 考虑摩擦时的平衡问题

考虑摩擦时的平衡问题与前面没有摩擦时的平衡问题分析方法基本相同，所不同的是：

(1) 分析物体受力时，除了一般约束反力外，还必须考虑摩擦力，其方向与滑动的趋势相反。

(2) 需分清物体是处于一般平衡状态还是临界状态。在一般平衡状态下，静摩擦力的大小由平衡条件确定，并满足 $F \leqslant F_{max}$ 关系式；在临界状态下，静摩擦力为一确定值，满足 $F = F_{max} = f_s F_N$ 关系式。

(3) 由于静摩擦力可在零与 F_{max} 之间变化，所以物体平衡时的解也有一个变化范围。为了避免解不等式，一般先假设物体处于临界状态，求得结果后再讨论解的范围。

例 3 – 6 如图 3 – 13(a) 所示一重为 200 N 的梯子 AB 一端靠在铅垂的墙壁上，另一端搁置在水平地面上，$\theta = \arctan \dfrac{4}{3}$。假设梯子与墙壁间为光滑约束，而与地面之间存在摩擦，静摩擦因数 $f_s = 0.5$。问梯子是处于静止还是会滑倒？此时，摩擦力的大小为多少？

解：解这类问题时，可先假定物体静止，求出此时物体所受的约束反力与静摩擦力 F，把所求得的 F 与可能达到的最大静摩擦力 F_{max} 进行比较，就可确定物体的真实情况。

取梯子为研究对象。其受力图及所取坐标轴如图 3 – 13(b) 所示。此时，设梯子 A 端有向左滑动的趋势。由平衡方程：

$$\sum X = 0, F_A + F_{NB} = 0$$

$$\sum Y = 0, F_{NA} - W = 0$$

(a)   (b)

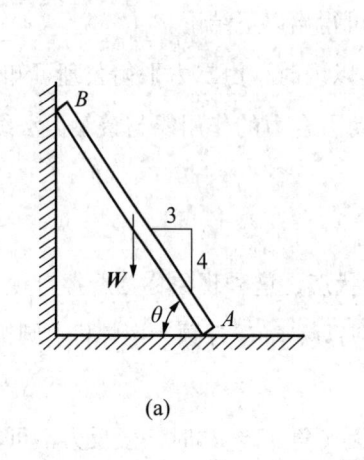

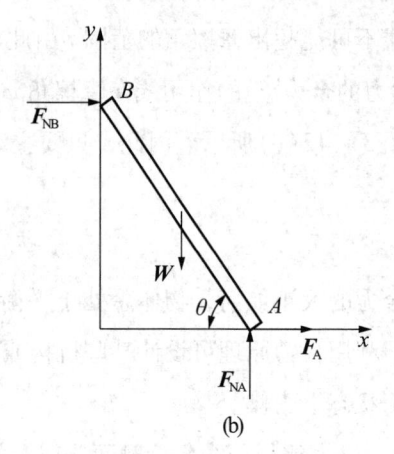

图 3 – 13

$$\sum M_A = 0, W \cdot \frac{l}{2}\cos\theta - F_{NB} \cdot l\sin\theta = 0$$

解得：$F_{NA} = W = 200 \text{ N}, F_A = -F_{NB} = -\frac{1}{2}W \cdot \cot\theta = -75 \text{ N}$

根据静摩擦定律，可能达到的最大静摩擦力：

$$F_{Amax} = f_s F_{NA} = 0.5 \times 200 = 100 \text{ N}$$

求得的静摩擦力为负值，说明它真实的指向与假设方向相反，即梯子应具有向右滑动的趋势，又因为 $|F_A| < F_{Amax}$，说明梯子处于静止状态。

对这种类型的摩擦平衡问题，即已知作用在物体上的主动力，需判断物体是否处于平衡状态，可将摩擦力作为一般约束反力来处理。然后用平衡方程求出所受的摩擦力，并通过与最大静摩擦力作比较，判断物体所处的状态。

例 3 – 7 如图 3 – 14(a)所示一重为 G 的物体放在倾角为 α 的固定斜面上。已知物块与斜面间的静摩擦因数 f_s (摩擦角为 $\varphi_f = \arctan f_s$)，试求维持物块平衡的水平推力 F 的取值范围。

解：根据经验，F 值过大，物块将上滑，F 值过小，物块将下滑，故 F 值只在一定范围内($F_{min} \leqslant F \leqslant F_{max}$)才能保持物块静止。$F_{min}$ 对应物块处于即将下滑的临界状态，F_{max} 对应物块处于即将上滑的临界状态。下面就两种情况进行分析。

(1) 求 F_{min}。

假设物块处于即将下滑的临界状态，则静摩擦力 $\boldsymbol{F}_1$ 的方向应沿斜面向上，故其受力图和坐标轴如图 3 – 14(b)所示。列平衡方程：

$$\sum X = 0, F_{min}\cos\alpha + F_1 - G\sin\alpha = 0$$

$$\sum Y = 0, -F_{min}\sin\alpha - G\cos\alpha + F_{N1} = 0$$

由静滑动摩擦定律，建立补充方程：

(a)　　　　　　　(b)　　　　　　　(c)

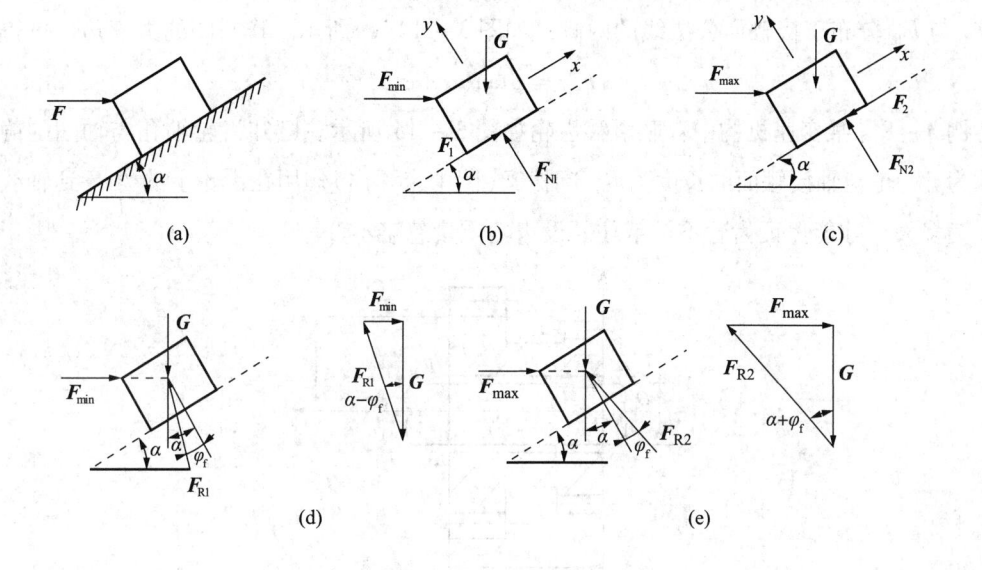

(d)　　　　　　　(e)

图 3 – 14

$$F_1 = f_s F_{N1} = F_{N1} \tan \varphi_f$$

解得：
$$F_{\min} = G\frac{\sin\alpha - f_s\cos\alpha}{\cos\alpha + f_s\sin\alpha} = G\tan(\alpha - \varphi_f)$$

（2）求 $F_{\max}$。

假设物块处于即将上滑的临界状态，则静摩擦力 F_2 的方向应沿斜面向下，故其受力图和坐标轴如图 3 – 14(c)所示。列平衡方程：

$$\sum X = 0, F_{\max}\cos\alpha - G\sin\alpha - F_2 = 0$$

$$\sum Y = 0, -F_{\max}\sin\alpha - G\cos\alpha + F_{N2} = 0$$

由静滑动摩擦定律，建立补充方程：

$$F_2 = f_s F_{N2} = F_{N2}\tan\varphi_f$$

解得：
$$F_{\max} = G\frac{\sin\alpha + f_s\cos\alpha}{\cos\alpha - f_s\sin\alpha} = G\tan(\alpha + \varphi_f)$$

由以上分析得知：欲使物块保持平衡，力 F 的取值范围为：

$$G\tan(\alpha - \varphi_f) \leq F \leq G\tan(\alpha + \varphi_f)$$

（3）分析讨论。

如果应用摩擦角的概念，采用几何法求解本题，将更为简便。

当 $F = F_{\min}$ 时，物块处于即将下滑的临界平衡状态，全反力 F_{R1} 与法线的夹角为摩擦角 φ_f，物块在 G、F、F_{R1} 三力作用下处于平衡，如图 3 – 14(d)所示。作封闭的力三角形，得：

$$F_{\min} = G\tan(\alpha - \varphi_f)$$

当 $F = F_{\max}$ 时，物块处于即将上滑的临界平衡状态，全反力 F_{R2} 与法线的夹角也是 φ_f，

但 F_{R1} 与 F_{R2} 分布于接触面公法线的两侧，如图 3-14(e)所示。作封闭的力三角形可得：

$$F_{\max} = G\tan(\alpha + \varphi_f)$$

例 3-8 某变速机构中双联滑移齿轮如图 3-15 所示。已知齿轮轴孔与轴间的静摩擦因数为 f_s，轮与轴接触面的长度为 b。问拨叉（图中未画出）作用在齿轮上的力 F 到轴线的距离 a 为多大，才能保证齿轮不被卡住。设齿轮重量忽略不计。

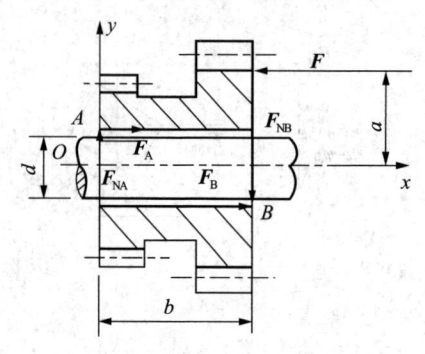

图 3-15

解：齿轮轴孔与轴间总有一定的间隙，齿轮在拨叉的推动下有倾倒趋势，此时齿轮与轴就在 A、B 两点处接触。取齿轮为研究对象，画出受力图，如图 3-15 所示，列出平衡方程：

$$\sum X = 0, F_A + F_B - F = 0 \tag{3-7}$$

$$\sum Y = 0, F_{NA} - F_{NB} = 0 \tag{3-8}$$

$$\sum M_O = 0, Fa - F_{NB}b - F_A \times \frac{d}{2} + F_B \times \frac{d}{2} = 0 \tag{3-9}$$

考虑平衡的临界情况，由静滑动摩擦定律有：

$$F_A = f_s F_{NA}, \quad F_B = f_s F_{NB} \tag{3-10}$$

联立式(3-7)、式(3-8)、式(3-9)、式(3-10)可解得：$a = \dfrac{b}{2f_s}$

这是临界情况所要求的条件。

要保证齿轮不发生自锁现象（即不被卡住），其条件是：

$$F > F_A + F_B = f_s(F_{NA} + F_{NB}) = 2f_s F_{NB} \tag{3-11}$$

将式(3-9)所得力矩方程 $Fa = F_{NB}b$ 代入式(3-11)，得最终不被卡住的条件是：

$$a < \frac{b}{2f_s}$$

例 3-9 制动器的构造和主要尺寸如图 3-16(a)所示。制动块与鼓轮表面间的静摩擦因数为 f_s，试求制动鼓轮转动所必需的力 F_1。

解：这是一个带摩擦的物体系统平衡问题。

(1) 先取鼓轮为研究对象，受力图如图 3-16(b)所示。轴心受有轴承反力 F_{O_1x}、F_{O_1y} 作

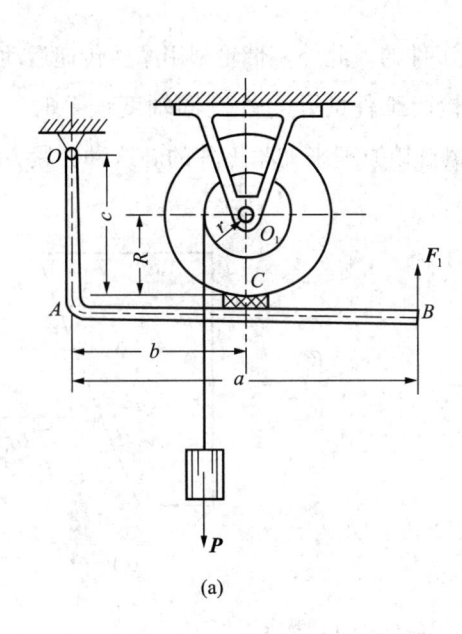

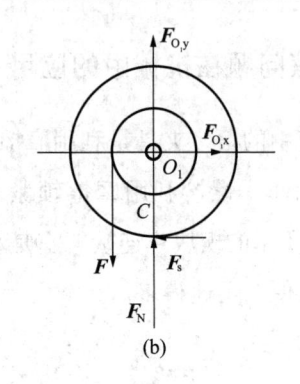

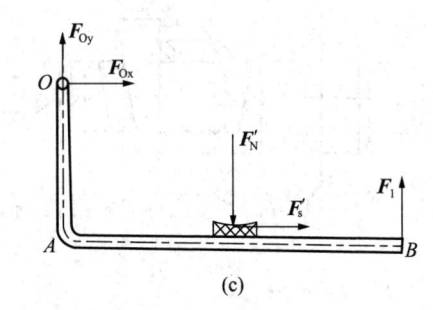

图 3 – 16

用。鼓轮在绳拉力 $F(F=P)$ 作用下，有逆时针方向转动的趋势；因此，闸块除给鼓轮正压力 F_N 外，还有一个向左的摩擦力 F_s。为了保持鼓轮平衡，摩擦力 F_s 应满足方程：

$$\sum M_{O_1} = 0, \quad Fr - F_s R = 0 \tag{3-12}$$

解得：

$$F_s = \frac{r}{R}F = \frac{r}{R}P \tag{3-13}$$

(2) 再取杠杆 OAB 为研究对象，其受力图如图 3 – 16(c) 所示。为了建立 F_1 与 F_N 间的关系，可列力矩方程：

$$\sum M_O = 0, \quad F_1 a + F'_s c - F'_N b = 0 \tag{3-14}$$

将不等式 $F'_s \leq f_s F'_N$ 代入式 (3 – 14)，得：

$$F'_N b - F_1 a = F'_s c \leq f_s F'_N c \text{ 或 } F'_N (b - f_s c) \leq F_1 a$$

得

$$F'_N \leq \frac{F_1 a}{b - f_s c} \tag{3-15}$$

将式(3 – 15)代入不等式 $F'_s \leq f_s F'_N$，得：

$$F'_s \leq \frac{f_s a F_1}{b - f_s c} \tag{3-16}$$

注意 $F'_s = F_s$，将式(3 – 13)代入式(3 – 16)，有：

$$F_1 \geq \frac{r(b - f_s c)}{a R f_s} \cdot P$$

3.3.4 摩擦问题在机械中的应用

机械加工中的很多夹具是利用摩擦来夹紧工件的。此外，带轮利用摩擦传递运动，制动器利用摩擦刹车，螺栓利用摩擦锁紧等。在检验工件的孔与外圆同轴度误差时，可采用图 3-17(a)所示的楔块 4 连接，它是利用摩擦自锁原理来夹紧工件的。这种夹紧方法比使用螺纹连接方便、迅速得多。

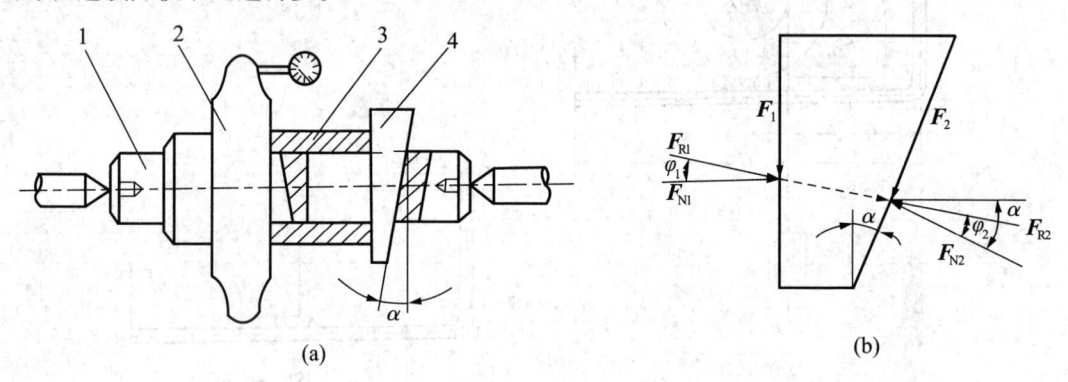

1—芯轴　2—工件　3—套圈　4—楔块

图 3-17　斜楔夹紧芯轴

取楔块 4 为研究对象，受力分析如图 3-17(b)所示。楔块有向上滑出的趋势，故有法向反力 F_{N1}、F_{N2} 及相应的摩擦力 F_1、F_2；全约束反力 F_{R1}、F_{R2} 的方向如图所示。由二力平衡条件，F_{R1} 与 F_{R2} 应等值、反向、共线，它们与水平轴线的夹角应相等，故有：

$$\alpha - \varphi_2 = \varphi_1 \text{ 或 } \alpha = \varphi_1 + \varphi_2$$

但 φ_1 与 φ_2 都不能大于摩擦角 φ_f，即：

$$\varphi_1 \leqslant \varphi_f,\ \varphi_2 \leqslant \varphi_f$$

故

$$\alpha \leqslant 2\varphi_f$$

这就是楔块能自锁的条件。

知识拓展

平面静定桁架的内力计算

由若干直杆在两端相互连接而构成的一类几何形状不变的结构称为桁架，如图 3-18 所示。图 3-19(a)、(b)分别为工程中常见的屋架和桥梁结构。桁架是常见的工程结构，在房屋建筑、桥梁、飞机、起重机械中都有广泛的应用。桁架的构成具有不同的形式。最简单的桁架是由一些细直杆连接而成，各构件组成一些三角形，其连接点称为节点。各杆件位于同一平面内的桁架称为平面桁架。

(a)

(b)

图 3 – 18

(a)

(b)

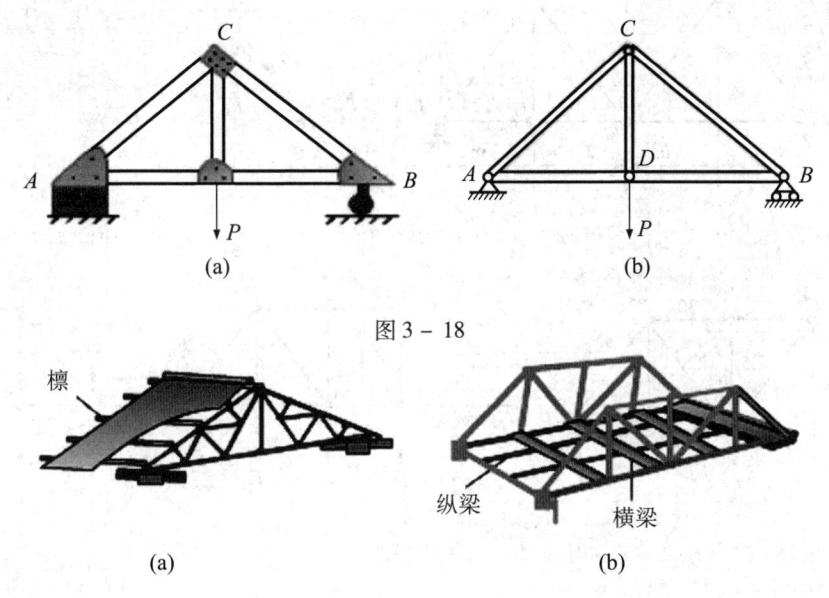

图 3 – 19

在设计桁架时，需计算在载荷作用下桁架各杆件所受的力(杆件的内力)。为了简化计算，工程上一般作如下假定：

(1) 各杆件都是直杆，并用光滑铰链连接；

(2) 杆件所受的外载荷都作用在各节点上，并且各力的作用线都在桁架平面内；

(3) 各杆件本身的重量忽略不计，或者被作为外载荷平均分配在杆件两端节点上。

载荷都作用在节点上，各杆自重略去不计，或平均分配在杆件两端的节点上，故各杆均为二力杆。平面静定桁架的内力计算常采用节点法和截面法，节点法一般应用于结构的设计计算，以求桁架中所有杆件的内力；截面法一般应用于结构的校核计算，以求桁架中指定杆件的内力。

例 3 – 10 平面静定桁架如图 3 – 20(a)所示，已知 $F = 20 \text{ kN}$，试求各杆的内力。

解：本题用节点法进行求解。节点法是以节点为研究对象，逐个研究其受力和平衡，从而求得全部未知力(杆件的内力)的方法。

(1) 先求桁架的支座反力，为此，取桁架整体为研究对象。其受力如图 3 – 20(a)所示，桁架结构及载荷关于 DE 对称，因此，可直接判断出 A、H 处反力的大小：

$$F_{Ax} = 0$$

$$F_{Ay} = F_H = 1.5F = 30 \text{ kN}$$

(2) 然后，依次取各个节点为研究对象，计算各杆的内力。假定各杆均受拉力，A、B、C、D 各节点的受力如图 3 – 20(b)所示，为计算方便，最好逐次列出只含两个未知力的节点的平衡方程。

(a)

(b)

(c)

(d)

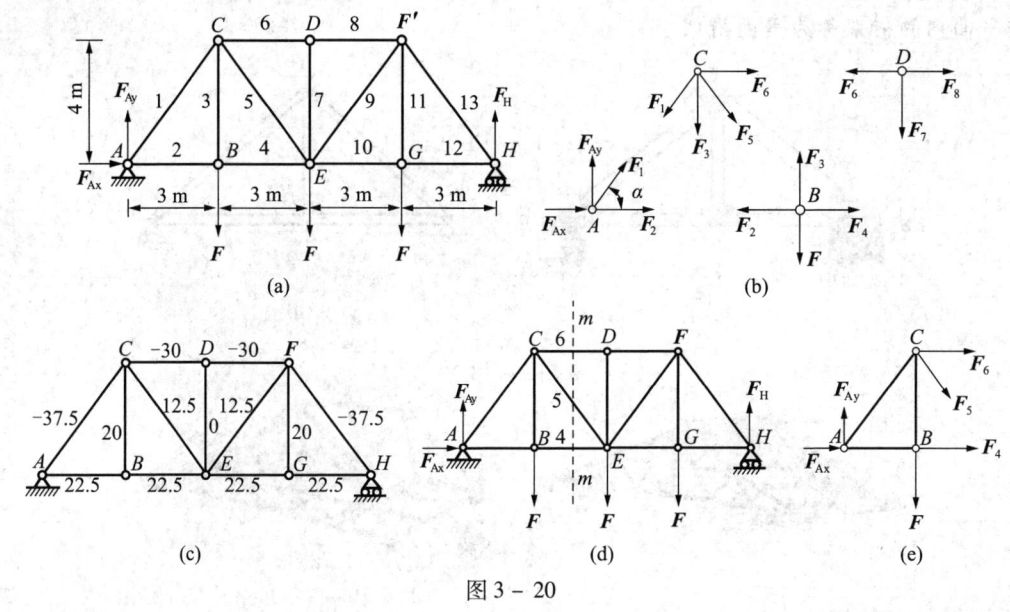

(e)

图 3 - 20

节点 A：

$$\sum X = 0, F_1\cos\alpha + F_2 + F_{Ax} = 0$$

$$\sum Y = 0, F_{Ay} + F_1\sin\alpha = 0$$

解得： $F_1 = -37.5$ kN, $F_2 = 22.5$ kN

节点 B：

$$\sum X = 0, F_4 - F_2 = 0$$

$$\sum Y = 0, F_3 - F = 0$$

解得： $F_3 = 20$ kN, $F_4 = 22.5$ kN

同样列出节点 C 的平衡方程，解得 $F_5 = 12.5$ kN, $F_6 = -30$ kN；列出节点 D 的平衡方程，解得 $F_7 = 0$。

（3）求出左半部分各杆件的内力后，可根据对称性得到右半部分各杆件的内力，即：$F_8 = -30$ kN, $F_9 = 12.5$ kN, $F_{10} = 22.5$ kN, $F_{11} = 20$ kN, $F_{12} = 22.5$ kN, $F_{13} = -37.5$ kN。

（4）最后判断各杆件受拉或受压。由于原来假设各杆均受拉力，因此，由计算结果可见，杆件内力为正值时受拉，杆件内力为负值时受压。

桁架结构中，内力为零的杆件称为零杆，本题中，杆件 7 为零杆。

工程上，计算出各杆件的内力后，常将内力值写在杆件旁边，如图 3 - 20(c) 所示，便于直观地判断哪些杆件受拉或受压，以及内力的变化情况，为结构的最终设计提供计算依据。

（5）对于本题中的桁架，如果只需要求杆件 4、5、6 的内力，则可采用截面法进行计算。截面法是用一假想截面将桁架截开，考虑其中任一部分的平衡，从而求出被截杆件内力的方法。

为求杆件 4、5、6 的内力，可先取桁架整体为研究对象，求出桁架的支座反力（同节点法），然后作一截面 $m-m$，将三杆截断，如图 3-20(d) 所示。选取桁架左半部分为研究对象。假定所截断的三杆都受拉力，受力如图 3-20(e) 所示，为一平面一般力系。列平衡方程，并求解：

$$\sum M_C = 0, F_{Ax} \times 4 + F_4 \times 4 - F_{Ay} \times 3 = 0$$

$$\sum Y = 0, F_{Ay} - F - F_5 \sin\alpha = 0$$

$$\sum X = 0, F_4 + F_5 \cos\alpha + F_6 + F_{Ax} = 0$$

解得：　　　　$F_4 = 22.5 \text{ kN}$，$F_5 = 12.5 \text{ kN}$，$F_6 = -30 \text{ kN}$

由本题的讨论可见，采用截面法时，选择适当的力矩方程，常可较快地求得某些指定杆件的内力。当然，应注意到，平面一般力系只有三个独立的平衡方程，因此，一般情况下，作截面时每次最多只能截断三根内力未知的杆件。

要点总结

（1）当物体系统处于平衡时，组成该系统的每一个物体都处于平衡状态，可以取每一个物体为分离体，则作用于其上的力系的独立平衡方程数目是一定的，可求解的未知量的个数也是一定的。在静力平衡问题中，若未知量的数目等于独立平衡方程的数目，则全部未知量都能由静力平衡方程求出，这类问题称为静定问题。而当未知量的数目多于独立平衡方程的数目时，此时未知力不能或不全能由平衡方程唯一确定，这类问题称为静不定问题。

（2）研究物体系统的平衡问题时，必须综合考察整体与局部的平衡。当物体系统平衡时，组成该系统的任何一个局部系统以至任何一个物体也必然处于平衡状态，因此求解物系平衡问题时，应当根据问题的特点和待求未知量，可以选取整个系统为研究对象，也可以选取每个物体或其中部分物体为研究对象，有目的地列出平衡方程，适当地选取矩心和投影轴，并使每一个平衡程中的未知量个数尽可能少，最好是只含有一个未知量，以避免解联立方程。但必须指出，求解物体系统的平衡问题时，由于研究对象的选择存在多样性和灵活性，因此问题的解法一般不是唯一的。

（3）滑动摩擦力。

① 静滑动摩擦力的作用线沿两物体接触面公切线，其方向与相对滑动趋势相反，其大小一般由平衡条件确定，其数值在零与最大值之间。最大静滑动摩擦力的大小与物体在接触

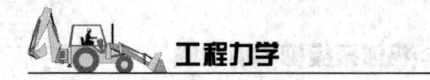

面处所受到的法向反力成正比,即:

$$F_{max} = f_s F_N$$

② 动滑动摩擦力的方向与相对滑动速度方向相反,其大小可近似看作定值,它也与物体在接触面处所受到的法向反力成正比,即:

$$F' = fF_N$$

(4) 全反力、摩擦角与自锁。

① 物体受力 F_P 作用仍静止时,把它所受的法向反力 F_N 和切向摩擦力 F 合成为一个反力 F_R,称为全反力。

② 当物体处于将动而未动的临界状态时,静滑动摩擦力达到最大静滑动摩擦力 F_{max},此时全反力与接触处公法线的夹角 φ_f 称为摩擦角。

③ 自锁:如果作用在物体上的主动力的合力作用线在摩擦角 φ_f 以内时,则不论这个合力有多大,物体总处于平衡状态,这种现象称为摩擦自锁。

(5) 分析考虑摩擦时的平衡问题注意以下几点。

① 分析物体受力时,除了一般约束反力外,还必须考虑滑动摩擦力,其方向与滑动的趋势相反。

② 需分清物体是处于一般平衡状态还是临界状态。在一般平衡状态下,静滑动摩擦力的大小由平衡条件确定,并满足 $F \leqslant F_{max}$,在临界状态下,静滑动摩擦力为一确定值,满足 $F = F_{max} = f_s F_N$。

③ 由于静滑动摩擦力可在零与 F_{max} 之间变化,所以物体平衡时的解也有一个变化范围。为了避免解不等式,一般先假设物体处于临界状态,求得结果后再讨论解的范围。

本章习题

3-1 选择题

(1) 重量为 W 的小物块,放在粗糙的水平面上,已知物块与水平面间的摩擦角 $\varphi_f = 20°$,当物块上作用一大小 $F = W$ 的斜向推力(见图 3-21),且力 F 与水平面法线间夹角 $\varphi = 30°$ 时,则该块处于何种状态(　　)。

A. 静止　　　　　　　　　　B. 滑动

C. 临界平衡　　　　　　　　D. $\varphi_f = \varphi$,临界平衡

(2) 小物块 A 重 $W = 10$ N,用 $F = 40$ N 的力把物块压在铅直墙面上(见图 3-22)。力 F 与水平线成 30°夹角,物块与墙面之间的静摩擦因数 $f_s = \dfrac{\sqrt{3}}{3}$,则作用在物块上的摩

擦力大小等于(　　)。

A. 20 N　　　　B. 10 N　　　　C. 15 N　　　　D. 30 N

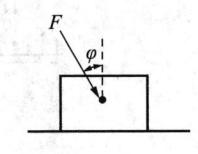

图 3 - 21 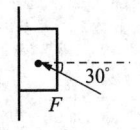　　　　　　　　　　　图 3 - 22

(3) 物块重 W，与水平面间静摩擦因数为 f_s，欲使物块向右滑动，图 3 - 23(a)和图 3 - 23(b)所示两种施力方式，哪一种省力(　　)。

A. 两种一样费力　　　　　　　B. 图(a)情况省力

C. 图(b)情况省力　　　　　　　D. 不能确定

(4) 如图 3 - 24 所示，四本相同的书，每本重 G，设书与书之间的静摩擦因数为 0.1，书与手间的静摩擦因数为 0.25，欲将四本书一起提起，则两侧应加之 P 力应至少大于(　　)。

A. 10G　　　　B. 8G　　　　C. 4G　　　　D. 12.5G

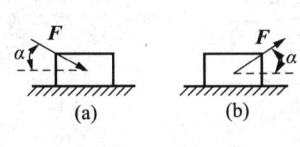

图 3 - 23 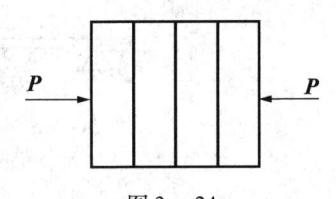　　　　　　　　　　　图 3 - 24

3 - 2　判断题

(1) 只要两物体接触面之间不光滑，并有正压力作用，则接触面一定存在有滑动摩擦力。　　　　　　　　　　　　　　　　　　　　　　　　　　　(　　)

(2) 物体受到的支承面的总反力与支承面法线间的夹角称为摩擦角。　　(　　)

(3) 物体平衡时，支承面总反力的作用线不可能越出摩擦锥，因而只要作用在物体上的主动力系的合力 F 作用线不在摩擦锥之内，则不论 F 多小该物体一定运动。　(　　)

(4) 重 W 的物块放在倾角为 α 的斜面上(见图 3 - 25)，因摩擦而静止。为使该物块下滑，只需在其上再加足够大的与重力共线的铅直力 F 即可。　　　　　(　　)

(5) 摩擦力是未知约束反力，其大小和方向完全可以由平衡方程来确定。　(　　)

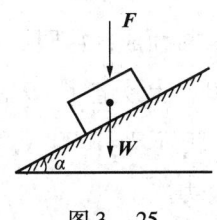

图 3 - 25

3-3 判断图 3-26 所示各问题是静定的,还是静不定的,并确定静不定的次数。

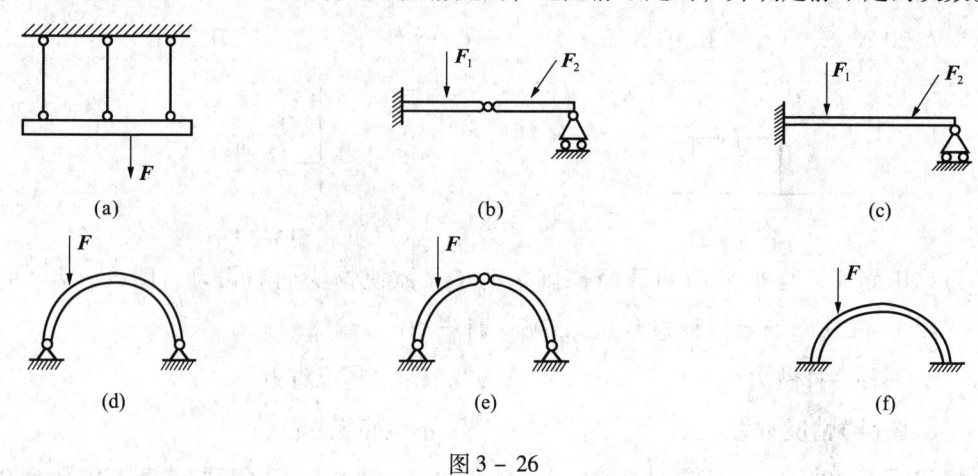

图 3-26

3-4 组合梁由 AC 和 CE 用铰链 C 连接而成,结构的尺寸和载荷如图 3-27 所示,已知 $F=10$ kN,$q=8$ kN/m,$M=40$ N·m,试求梁的支座反力。

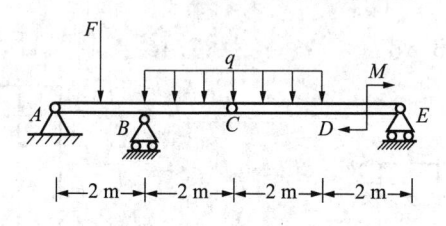

图 3-27

3-5 三铰拱 ABC 的支承及荷载情况如图 3-28 所示,已知 $F=20$ kN,均布荷载 $q=4$ kN/m,求铰链支座 A 和 B 的约束反力。

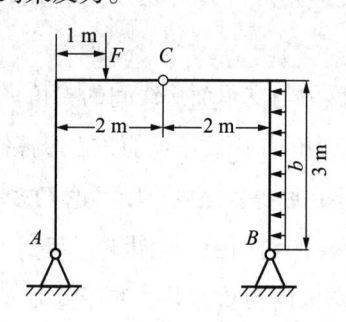

图 3-28

3-6 构架由杆 AB、AC 和 DF 铰接而成,如图 3-29 所示,在 DEF 杆上作用一力偶矩为 M 的力偶。不计杆的重量,求 AB 杆上铰链 A、D 和 B 的约束反力。

3-7 在图 3-30 所示构架中,载荷 $F=1000$ N,A 处为固定端,B、C、D 处为铰链。求固定端 A 处及 B、C 铰链处的约束反力。

图 3-29　　　　　　　　　图 3-30

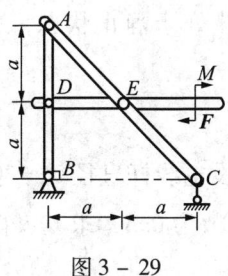

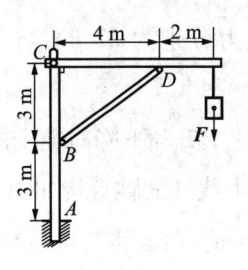

3-8　一气动夹具如图 3-31 所示。压缩空气推动活塞 E 向上，通过连杆 BC 推动曲臂 AOB，使其绕点 O 转动，以便在点 A 处将工件压紧。在图示位置，$\beta = 20°$，$F = 3$ kN。若所有构件重量不计，试求工件受到的压力。

3-9　平面桁架的支座和载荷如图 3-32 所示。ABC 为等边三角形，E、F 为两腰中点，且 $AD = DB$。求杆 CD 的内力。

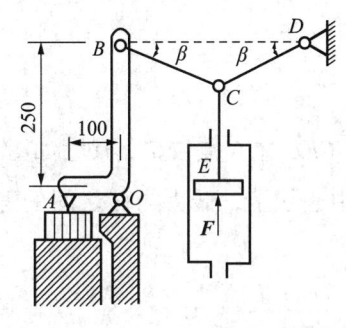

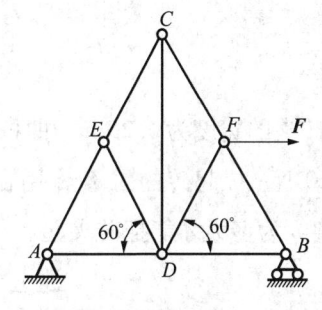

图 3-31　　　　　　　　　图 3-32

3-10　一端有绳子拉住的重 100 N 的物体 A 置于重 200 N 的物体 B 上，如图 3-33 所示，B 置于水平面上并作用一水平力 F。若各接触面的静摩擦因数均为 0.35，试求 B 即将向右运动时 F 的大小。

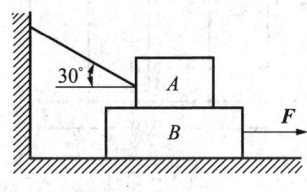

图 3-33

3-11　简易升降混凝土料斗装置如图 3-34 所示，混凝土和料斗共重 25 kN，料斗与滑道间的静滑动摩擦因数均为 0.3。

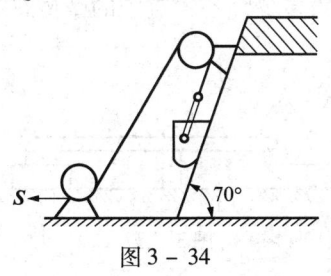

图 3-34

(1) 若绳子拉力分别为 22 kN 与 25 kN 时，料斗处于静止状态，求料斗与滑道间的摩擦力；

(2) 求料斗匀速上升和下降时绳子的拉力。

3-12 攀登电线杆的脚套钩如图 3-35 所示。设电线杆直径 $d = 300$ mm，A、B 间的铅直距离 $b = 100$ mm。若套钩与电线杆之间静摩擦因数为 0.5，求工人操作时，为了安全，站在套钩上的最小距离 l 应为多大。

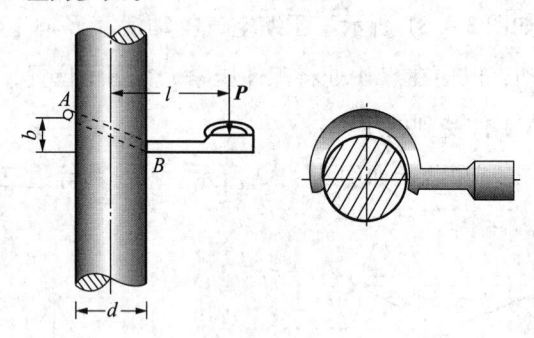

图 3-35

3-13 砖夹的宽度为 0.25 m，曲杆 AGB 与 $GCED$ 在 G 点铰接，尺寸如图 3-36 所示。设砖重 $W = 120$ N，提起砖的力 F 作用在砖夹的中心线上，砖夹与砖之间的静摩擦因数为 0.5，试求距离 b 为多大才能把砖夹起。

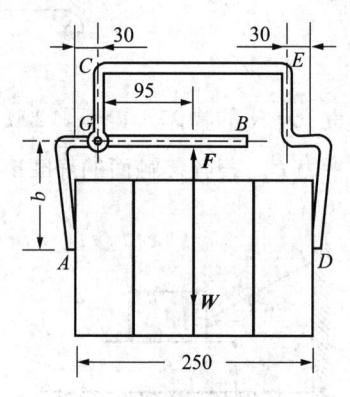

图 3-36

3-14 机床上为了迅速装卸工件，常采用如图 3-37 所示的偏心轮夹具。已知偏心轮直径为 D，偏心轮与台面之间的静摩擦因数为 f_s。今欲使偏心轮手柄上的外力去掉后，偏心轮不会自动脱落，求偏心距 e 应为多少？各铰链中的摩擦忽略不计。

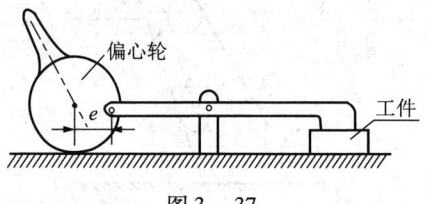

图 3-37

第4章
材料力学基本概念

教学提示

内容提要

材料力学是变形体力学，为设计构件提供有关强度、刚度和稳定性计算的基本原理和方法，是材料力学所要研究的主要内容。本章主要介绍材料力学的任务，基本假设，应力与应变的概念，以及杆件变形的基本形式。

学习目标

通过本章的学习，了解构件进行强度、刚度设计的一些基本概念、方法，使学生明确材料力学的任务和基本假设，掌握应力与应变的概念，了解杆件变形的基本形式，为后续的各种变形设计奠定基础。

组成机械的零部件或工程结构中的构件统称为构件。如图 4-1 所示桥式起重机的主梁、吊钩、钢丝绳；图 4-2 所示悬臂吊车架的横梁 AB，斜杆 CD 都是构件。这些构件都是变形体，在工程实际中怎样进行设计计算、如何选择材料是经常会遇到的问题，这些都属于材料力学问题。

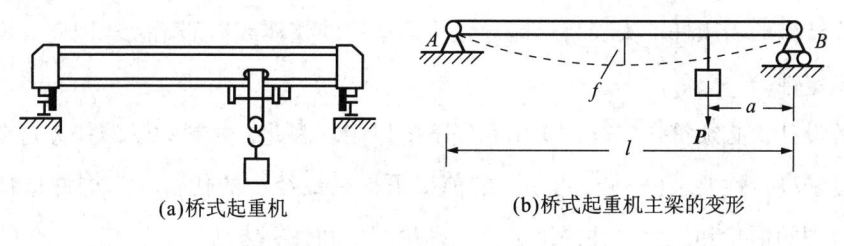

(a) 桥式起重机　　　(b) 桥式起重机主梁的变形

图 4-1

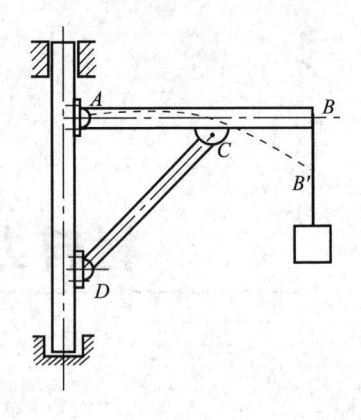

图 4 - 2

4.1　材料力学的任务

各种机械和工程结构都是由若干构件构成的,如机械的轴,房屋的梁、柱子等。构件工作时受到力的作用,因而产生变形。若这种变形在外力撤除后能完全消除,则称为弹性变形;若这种变形在外力撤除后不能消除,则称为塑性变形(或永久变形)。为了保证机械或工程结构能正常工作,要求每一个构件都具有足够的承载能力。

(1)强度。构件抵抗破坏(断裂或产生显著塑性变形)的能力称为强度。构件具有足够的强度是保证其正常工作最基本的要求。例如,构件工作时发生意外断裂或产生显著塑性变形是不允许的。

(2)刚度。构件抵抗弹性变形的能力称为刚度。为了保证构件在载荷作用下所产生的变形不超过许可的限度,必须要求构件具有足够的刚度。例如,如果机床主轴或床身的变形过大,将影响加工精度;齿轮轴的变形过大,将影响齿与齿间的正常啮合等。

(3)稳定性。构件保持原有平衡形式的能力称为稳定性。在一定外力作用下,构件突然发生不能保持其原有平衡形式的现象,称为失稳。构件工作时产生失稳一般也是不容许的。例如,桥梁结构的受压杆件失稳将可能导致桥梁结构的整体或局部塌毁。因此,构件必须具有足够的稳定性。

构件的设计,必须符合安全、实用和经济的原则。因此,材料力学的任务是在保证满足强度、刚度和稳定性要求(安全、实用)的前提下,以最经济的代价,为构件选择适宜的材料,确定合理的形状和尺寸,并提供必要的理论基础和计算方法。

一般说来,强度要求是基本的,只是在某些情况下才提出刚度要求。至于稳定性问题,只是在特定受力情况下的某些构件中才会出现。

材料的强度、刚度和稳定性与所用材料的力学性能有关,而材料的力学性能主要由实验来测定；材料力学的理论分析结果也应由实验来检验；还有一些尚无理论分析结果的问题，也必须借助于实验的手段来解决。所以，实验研究和理论分析同样是材料力学解决问题的重要手段。

4.2　材料力学的基本假设

在材料力学中，为了研究构件的强度、刚度和稳定性问题，把构件看作变形固体。变形固体在外力作用下所产生的物理现象是各种各样的，为了简化性质复杂的变形固体，通常作出如下基本假设：

(1) 连续性假设。即认为材料无间隙地分布于物体所占的整个空间中。根据这一假设，物体内因受力和变形而产生的内力和位移都将是连续的，因而可以表示为各点坐标的连续函数，从而有利于建立相应的数学模型。

(2) 均匀性假设。即认为物体内各点处的力学性能都是一样的，不随点的位置而变化。按此假设，从构件内部任何部位所切取的微元体，都具有与构件完全相同的力学性能。同样，通过试样所测得的材料性能，也可用于构件内的任何部位。

(3) 各向同性假设。即认为材料沿各个方向上的力学性能都是相同的。把具有这种属性的材料称为各向同性材料，如低碳钢、铸铁等。在各个方向上具有不同力学性能的材料则称为各向异性材料，如由增强纤维(如碳纤维、玻璃纤维等)与基体材料(如环氧树脂、陶瓷等)制成的复合材料。本书仅研究各向同性材料的构件。

(4) 小变形假设。假设构件在外力作用下所产生的变形与构件本身的几何尺寸相比是很小的。根据这一假设，当考虑构件的平衡问题时，一般可略去变形。

从微观来看，以上的假设是不存在的，但从宏观来看，按统计学的规则，材料的力学性能是所有组成材料的晶粒与晶间物质的统计平均值，故上述假设是成立的。实验的结果表明，按这种理想化的材料模型研究问题，所得的结论能够很好地符合实际情况。即使对某些均匀性较差的材料(如铸铁、混凝土等)，在工程上也可得到比较满意的结果。

4.3　外力与内力

4.3.1　外力

作用于构件上的载荷和约束反力统称为外力。按外力的作用方式可分为表面力和体积力。表面力是作用于构件表面的力，又可分为分布力和集中力。分布力是连续作用于构件表面的力,如作用于船体上的水压力。有些分布力是沿杆件的轴线作用的,如楼板对屋梁的作用力。如果分布力的作用面积远小于构件的表面面积,或沿杆件轴线的分布范围远小于杆件长度,则可将分布力简化为作用于一点的力,称为集中力,如列车车轮对钢轨的压力。体积力是连续分布于构件内部各质点上的力,如重力和惯性力等。

按载荷随时间变化的情况可分为静载荷与动载荷。随时间变化极缓慢或不变化的载荷,称为静载荷。其特征是在加载过程中,构件不产生加速度或产生的加速度极小,可以忽略不计。随时间显著变化或使构件各质点产生明显加速度的载荷,称为动载荷。动载荷又可分为交变载荷和冲击载荷。随时间作周期性变化的载荷称为交变载荷,如齿轮转动时轮齿的受力即为交变载荷。物体的运动在瞬时内发生突变所引起的载荷称为冲击载荷,如急刹车时飞轮的轮轴、锻压时汽锤杆所受的载荷、地震载荷、物体撞击构件时的作用力等都是冲击载荷。

构件在静载荷和动载荷作用下的力学性能颇不相同,分析方法也不完全相同,但前者是后者的基础。

4.3.2 内力

构件在未受外力作用时,其内部各质点之间存在着相互的力作用,正是由于这种"固有的内力"作用,才能使构件保持一定的形状。当构件受到外力作用而变形时,其内部各质点的相对位置发生了改变,同时内力也发生了变化,这种引起内部质点产生相对位移的内力,即由于外力作用使构件产生变形时所引起的"附加内力",就是材料力学所研究的内力。这种内力的大小以及它在构件内部的分布方式随外力和变形的改变而变化,并与构件的强度、刚度和稳定性密切相关,内力分析是材料力学的基础。

4.3.3 截面法

为了研究构件内力的分布及大小,通常采用截面法。可假想用一平面将构件截分为 A、B 两部分,如图 4-3(a) 所示,任取其中一部分为研究对象(例如 A 部分),并将另一部分(例如 B 部分)对该部分的作用以截面上的内力代替。由于假设构件是均匀连续的变形体,故内力在截面上是连续分布的,如图 4-3(b) 所示。应用力系简化理论,这一连续分布的内力系可以向截面形心 C 简化为一主矢 F_R 和一主矩 M,若将它们沿三个选定的坐标轴(沿构件轴线建立 x 轴,在所截横截面内建立 y 轴与 z 轴)分解,便可得到该截面上的 3 个内力分量 F_N、F_{sy} 与 F_{sz},以及 3 个内力偶矩分量 M_x、M_y 与 M_z,如图 4-3(c) 所示。

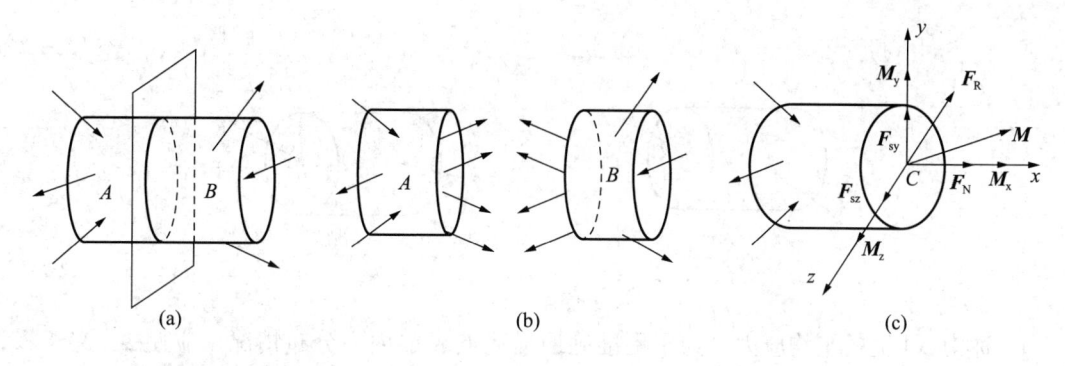

图 4 - 3

由于整个构件处于平衡状态，其任一部分也必然处于平衡状态，故只需考虑 A 部分的平衡，根据静力学的静力平衡条件，即可由已知的外力求得截面上各个内力分量的大小和方向。同样，也可取 B 部分作为研究对象，并求得其内力分量。显然，B 部分在截开面上的内力与 A 部分在截开面上的内力是作用力与反作用力，它们是等值反向的。

上述这种假想用一平面将构件截分为两部分，任取其中一部分为研究对象，根据静力平衡条件求得截面上内力的方法，称为截面法。其全部过程可以归纳为如下 3 个步骤。

(1) 在需要求内力的截面处，假想用一截面把构件分成两个部分，保留其中任一部分作为研究对象，称为分离体；

(2) 在选取的研究对象上，除保留作用于该部分上的外力外，将弃去的另一部分对保留部分的作用力用截面上的内力代替；

(3) 根据静力平衡条件，建立保留部分（分离体）的平衡方程式，由已知外力求出截面上内力的大小和方向。

必须指出，在计算构件内力时，用假想的平面把构件截开之前，静力学中的力系等效代换及力的可传性是不适用的。这是由于外力移动之后，内力及变形也会随之发生变化。

4.4 应力与应变

4.4.1 应力

截面法可以求得构件截面上的内力，但是，一般情况下，内力在截面上并不是均匀分布的。为了描述内力系在截面上各点处分布的强弱程度，引入内力集度（分布内力集中的程度），即应力的概念。

如图 4 - 4(a) 所示，在受力构件截面上任意一点 K 的周围取一微小面积 ΔA，并设作用于该面积上的内力为 ΔF，则 ΔA 上分布内力的平均集度为：

$$p_m = \frac{\Delta F}{\Delta A} \tag{4-1}$$

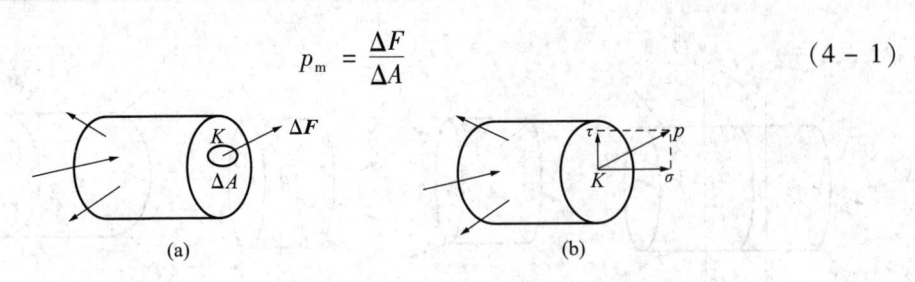

图 4-4

p_m 称为 ΔA 上的平均应力，为了更准确地描述点 K 的内力分布情况，应使 ΔA 趋于零，由此所得平均应力 p_m 的极限值，称为点 K 处的总应力（或称全应力），并用 p 表示，即：

$$p = \lim_{\Delta A \to 0} \frac{\Delta F}{\Delta A} = \frac{dF}{dA} \tag{4-2}$$

显然，总应力 p 的方向即 ΔF 的极限方向。为了分析方便，通常将总应力 p 分解为垂直于截面的法向分量 σ 和与截面相切的切向分量 τ，如图 4-4(b)所示。法向分量 σ 称为正应力，切向分量 τ 称为切应力。显然，总应力 p 与正应力 σ 和切应力 τ 三者之间有如下关系：

$$p^2 = \sigma^2 + \tau^2 \tag{4-3}$$

在国际单位制中，应力单位是"帕斯卡"（Pascal）或简称帕（Pa），$1 \text{ Pa} = 1 \text{ N/m}^2$。由于这个单位太小，使用不便，故也常采用千帕（kPa）（$1 \text{ kPa} = 10^3 \text{ Pa}$）、兆帕（MPa）（$1 \text{ MPa} = 10^6 \text{ Pa}$）或吉帕（GPa）（$1 \text{ GPa} = 10^9 \text{ Pa}$）。

4.4.2 应变

在外力作用下，构件内各点的应力一般是不同的，同样，构件内各点的变形程度也不相同。为了研究构件的变形，可设想将构件分割成许多微小的正六面体（当六面体的边长趋于无限小时称为单元体），构件的变形可以看作是这些单元体变形累积的结果。而单元体的变形只表现为边长的改变与直角的改变两种。为了度量单元体的变形程度，人们定义了线应变与切应变两个物理量。

线应变是指单元体棱边长度的相对变化量，通常用 ε 表示。

从受力构件内任一点 K 处取出一个单元体如图 4-5(a)所示，设其沿 x 轴的棱边 KB 原长为 Δx，变形后长度为 $\Delta x + \Delta u$ [见图 4-5(b)]，Δu 称为棱边 KB 的伸长量，而 Δu 与 Δx 的比值，则称为棱边 KB 的平均线应变，用 ε_{mx} 表示，即：

$$\varepsilon_{mx} = \frac{\Delta u}{\Delta x} \tag{4-4}$$

其极限值：

$$\varepsilon_x = \lim_{\Delta x \to 0} \frac{\Delta u}{\Delta x} = \frac{du}{dx} \tag{4-5}$$

ε_x 则称为点 K 处沿 x 轴方向的线应变。同样，我们也可以定义点 K 处沿 y、z 轴方向的线应变 ε_y、ε_z。线应变是一个无量纲的量。

切应变是指单元体两条互相垂直的棱边所夹直角的改变量，也称为剪应变或角应变，用 γ 表示。例如，图 4-5(c) 所示的直角 BKC 变形以后的改变量 γ_{xy} 就是点 K 在 xy 平面内的切应变。类似地，也可定义点 K 在 yz 平面及 zx 平面内的切应变 γ_{yz} 和 γ_{zx}。切应变也是一个无量纲的量，通常用弧度来度量。

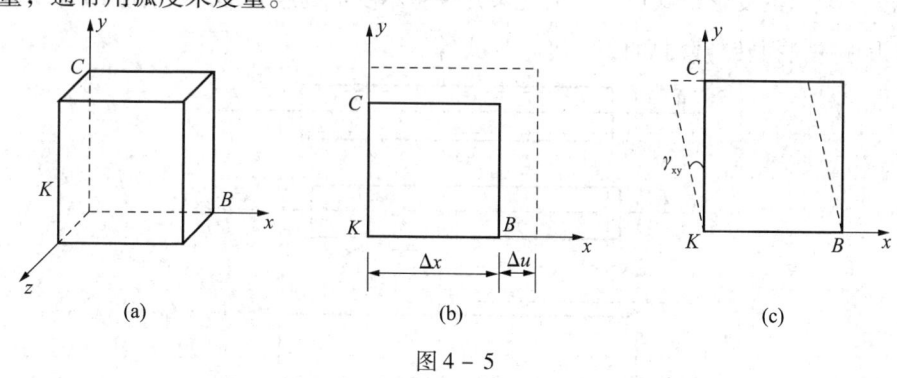

图 4-5

4.5 杆件的基本受力与变形形式

工程实际中的构件是各种各样的，但按其几何特征大致可以简化为杆、板、壳和块体等。实际的工程结构中，许多承力构件如桥梁、汽车传动轴、房屋的梁、柱等，其长度方向的尺寸远远大于横截面尺寸，这一类的构件在材料力学的研究中，通常称作杆件，杆的所有横截面形心的连线，称为杆的轴线，若轴线为直线，则称为直杆；轴线为曲线，则称为曲杆。所有横截面的形状和尺寸都相同的杆称为等截面杆；不同者称为变截面杆。材料力学主要研究等截面直杆。

杆件在不同的外力作用下，其产生的变形形式各不相同，但通常可以归结为以下 4 种基本变形形式以及它们的组合变形形式。

(1) 轴向拉伸或压缩。杆件受到与杆轴线重合的外力作用时，杆件的长度发生伸长或缩短，这种变形形式称为轴向拉伸[见图 4-6(a)]或轴向压缩[见图 4-6(b)]。如简单桁架中的杆件通常发生轴向拉伸或压缩变形。

(2) 剪切。在垂直于杆件轴线方向受到一对大小相等、方向相反、作用线相距很近的力作用时，杆件横截面将沿外力作用方向发生错动(或错动趋势)，这种变形形式称为剪切[见图 4-6(c)]。机械中常用的连接件，如键、销钉、螺栓等都产生剪切变形。

(3) 扭转。在一对大小相等、转向相反、作用面垂直于直杆轴线的外力偶作用下，直杆的任意两个横截面将发生绕杆件轴线的相对转动，这种变形形式称为扭转[见图 4-6(d)]。工程中常将发生扭转变形的杆件称为轴。如汽车的传动轴、电动机的主轴等的主要变形，都包含扭转变形在内。

(4) 弯曲。在垂直于杆件轴线的横向力，或在作用于包含杆轴的纵向平面内的力偶作用下，直杆的相邻横截面将绕垂直于杆轴线的轴发生相对转动，杆件轴线由直线变为曲线，这种变形形式称为弯曲[见图4-6(e)]。如桥式起重机大梁、列车轮轴、车刀等的变形，都属于弯曲变形。凡是以弯曲为主要变形的杆件，称为梁。

其他更为复杂的变形形式可以看成是某几种基本变形的组合形式，称为组合变形。如传动轴的变形往往是扭转与弯曲的组合变形形式等。

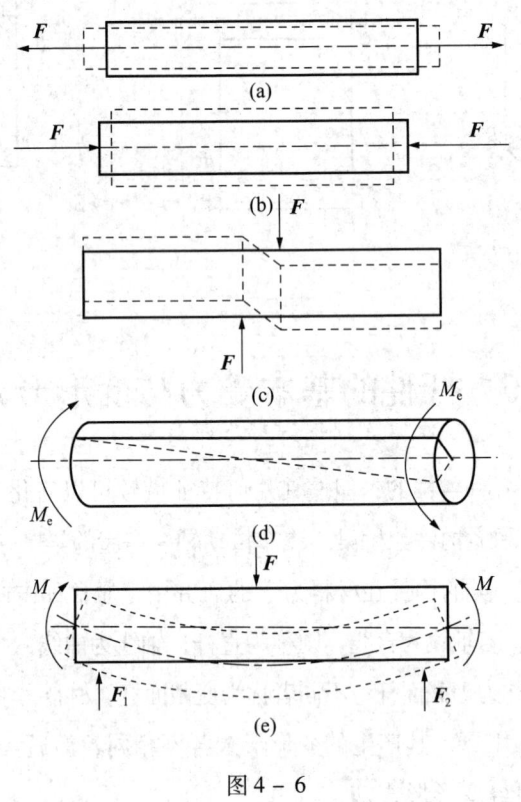

图 4-6

要 点 总 结

(1) 材料力学的任务是在保证满足强度、刚度和稳定性要求的前提下，以最经济的代价，为构件选择适宜的材料，确定合理的形状和尺寸，并提供必要的理论基础和计算方法。

(2) 变形固体的基本假设包括：连续性假设、均匀性假设、各向同性假设、小变形假设。

(3) 材料力学中的内力，是指外力作用使构件产生变形时所引起的"附加内力"。为了计算构件在外力作用下所产生的内力的大小和方向，通常采用截面法。

(4) 构件的强度不仅与截面上内力的大小有关，还取决于截面上内力分布的强弱程度，即应力；总应力分解为正应力 σ 和切应力 τ。

(5) 一般情况下，受力构件各部分的变形是不同的，为了全面了解受力构件的变形情况，通常需要研究构件中任一点处的变形。构件受力后，单元体棱边长度的相对变化量，称为线应变 ε；单元体两条互相垂直的棱边所夹直角的改变量，称为切应变或角应变 γ。

(6) 杆件变形的基本形式包括：拉伸和压缩、剪切、扭转、弯曲。

本章习题

4-1 填空题

(1) 杆件变形的基本形式有_____，_____，_____和_____。

(2) 材料力学主要研究任务是构件的_____，_____和_____。

(3) 旗杆由于风力过大而产生不可恢复的永久变形属于_____问题。

(4) 自行车链条拉长量超过允许值而打滑属于_____问题。

(5) 桥梁路面由于汽车超载而开裂属于_____问题。

(6) 细长的千斤顶螺杆因压力过大而弯曲属于_____问题。

(7) 变形固体的基本假设有_____，_____，_____和_____。

(8) 杆件截面上的应力可分为_____和_____。

4-2 选择题

(1) 材料力学中的内力是指（　　）。

　A. 物体内部的力

　B. 物体内部各质点间的相互作用力

　C. 由外力作用引起的各质点间相互作用力

　D. 由外力作用引起的某一截面两侧各质点间相互作用力的合力的改变量

(2) 在图 4-7 所示受力构件中，由力的可传性原理，将力 P 由位置 B 移到 C，则（　　）。

(a)　　　　　　　　　　　(b)

图 4-7

　A. 固定端 A 的约束反力改变　　　　B. 杆件的内力不变，但变形不同

　C. 杆件的变形不变，但内力不同　　D. 杆件 AC 段的内力和变形均保持不变

4–3 试求图4–8所示结构 $m-m$ 和 $n-n$ 两截面上的内力，并指出 AB 和 BC 两杆属何种基本变形。

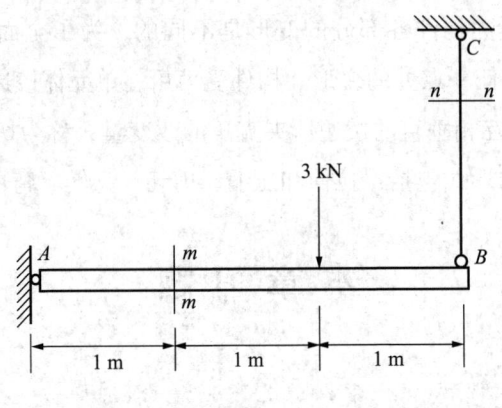

图4–8

4–4 图4–9所示拉伸试件 A、B 两点的距离 l 称为标距，在拉力作用下，用引伸仪量出两点距离的增量为 $\Delta l = 5 \times 10^{-2}$ mm。若 l 的原长为 $l = 10$ cm，试求 A、B 两点间的平均应变。

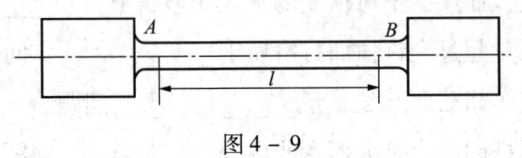

图4–9

第5章
轴向拉伸或压缩

☞ **教学提示**

内容提要

在本章中介绍承受轴向载荷的杆件的材料力学问题，包括杆件横截面上的内力、应力和变形分析与计算；材料的力学性能、强度及刚度计算。

学习目标

通过本章的学习，掌握轴向拉伸、轴向压缩、轴力、许用应力、应力集中等概念。能熟练掌握轴力图的绘制，能熟练地运用拉压强度条件进行强度计算。了解一般常用材料的力学机械性质，了解抗拉（压）刚度、泊松比等概念，能运用胡克定律进行刚度计算，了解简单静不定问题的计算。

工程结构中的连杆、活塞杆，悬索桥、斜拉桥、网架式结构中的杆件或缆索，以及桥梁结构中的杆件大都承受沿着杆件轴线方向的载荷，虽然杆件的外形各有差异，加载方式也不同，但它们都是一种最基本的形式——轴向拉伸或压缩。轴向拉伸是在轴向力作用下，杆件产生伸长变形，也简称拉伸；轴向压缩是在轴向力作用下，杆件产生缩短变形，也简称压缩。如图5-1中旋臂式吊车中的 *AB* 杆、图5-2中的固定螺栓都是受拉伸的杆件，而图5-3所示油缸活塞杆、图5-4所示建筑物中的支柱等则是受压缩的杆件。工程中要求进行这些杆件的强度、刚度设计。

图 5 - 1

图 5 - 2

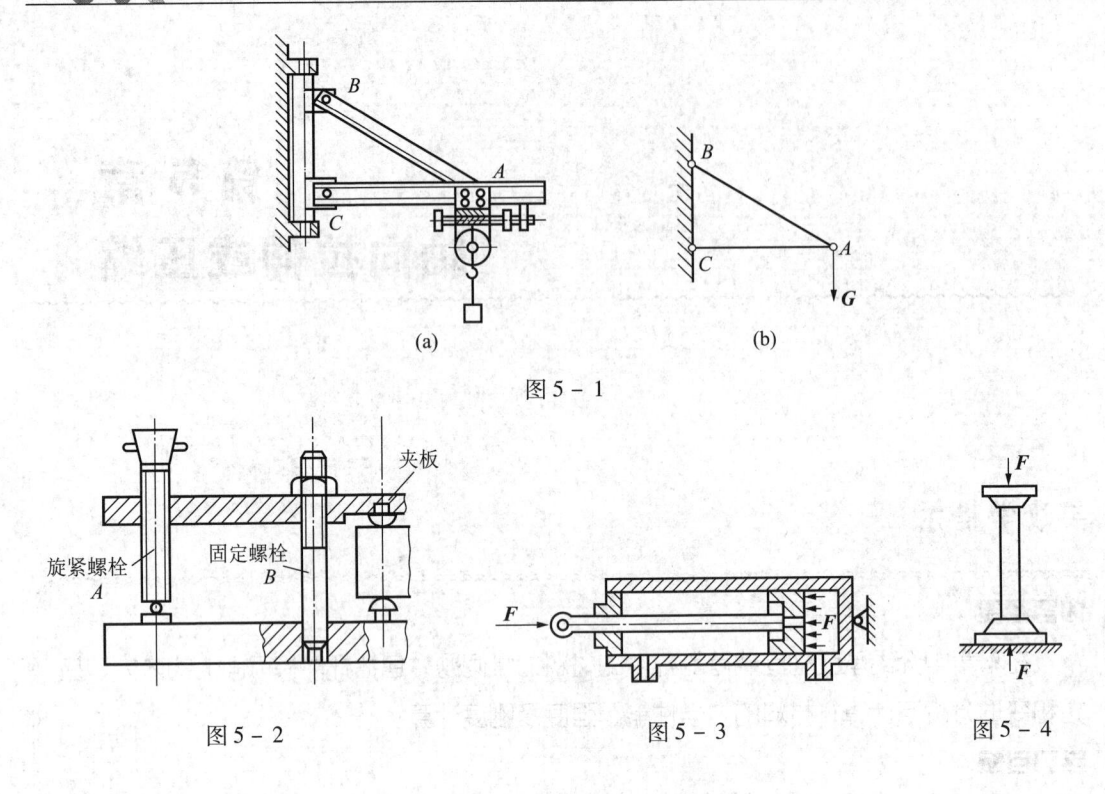

图 5 - 3

图 5 - 4

5.1 轴向拉伸或压缩时的内力分析

一般对受轴向拉伸与压缩杆件的形状和受力情况进行简化，计算简图如图 5 - 5 所示。其受力特点为作用于杆件的外力合力的作用线与杆件的轴线相重合，其变形特点为变形为沿杆轴线方向的伸长或缩短。

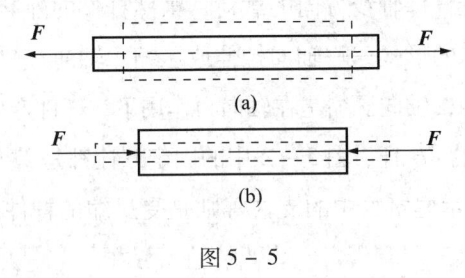

图 5 - 5

5.1.1 轴力

轴向拉伸与压缩杆件的内力随外力增减而变化，当内力增大到某一极限时，构件就会发生破坏，所以内力与强度和刚度密切相关。可见，研究强度就必须求出内力。

欲求某一截面 $m-m$ 处的内力时，就沿该截面假想地把杆件切开使其分为两部分，如

图 5-6(a)所示，任取其中一段为研究对象，弃去另一段，另一段对该段的作用用在截面 $m-m$ 上的内力 F_N 来代替。因为杆件原来在外力的作用下处于平衡状态，则选取部分仍应保持平衡，最后截面上内力的大小可由平衡条件求出。

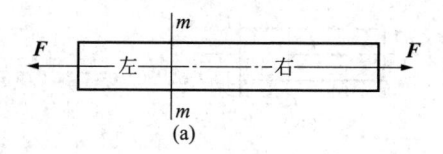

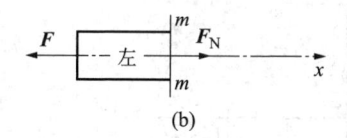

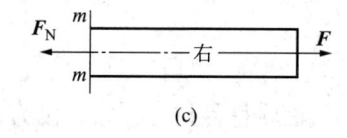

图 5-6

选取左段为研究对象，其受力图如图 5-6(b)所示，由平衡条件：

$$\sum X = 0, \quad F - F_N = 0$$

求得：
$$F_N = F$$

如果选取右段为研究对象，可得同样结果，如图 5-6(c)所示。对于受轴向拉伸或压缩的构件，因其内力垂直于横截面并与轴线重合，所以把轴向拉伸和压缩时横截面上的内力称为轴力，用 F_N 表示。轴力的正、负由构件的变形确定，当轴力的方向与横截面的外法线方向一致时(即离开截面)，构件受拉伸长，轴力为正；反之，构件受压缩短，轴力为负。

用截面法确定杆件横截面上内力的过程可归纳为以下几步。

(1)截：沿所求截面假想地将杆件切开；
(2)取：取出其中任意一段作为研究对象；
(3)代：以内力代替弃去部分对所取部分的作用；
(4)平：列平衡方程求出内力。

例 5-1 等截面直杆在 A、B、C、D 各截面作用外力如图 5-7 所示，求 1-1，2-2，3-3 各截面处的轴力。

图 5 - 7

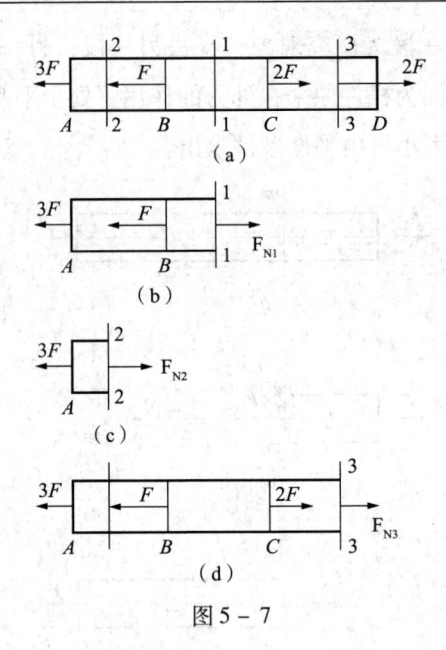

解：由截面法，沿各所求截面将杆件切开，取左段为研究对象，假设各段的轴力均为拉力，在相应截面分别画上轴力 F_{N1}、F_{N2}、F_{N3}，分段列平衡方程计算内力。

(1) BC 段：
$$\sum X = 0, \ F_{N1} - 3F - F = 0$$

得：
$$F_{N1} = 3F + F = 4F \tag{5-1}$$

(2) AB 段：
$$\sum X = 0, \ F_{N2} - 3F = 0$$

得：
$$F_{N2} = 3F \tag{5-2}$$

(3) CD 段：
$$\sum X = 0, \ F_{N3} + 2F - 3F - F = 0$$

得：
$$F_{N3} = 3F + F - 2F = 2F \tag{5-3}$$

由式 (5-1)、式 (5-2)、式 (5-3) 不难得到以下结论：

拉（压）杆各截面上的轴力在数值上等于该截面一侧（研究段）所有外力的代数和。外力背离该截面时取为正，指向该截面时取为负。即：

$$F_N = \sum_{i=1}^{n} F_i \tag{5-4}$$

现再以此法计算本例中各段轴力。

$F_{N1} = 3F + F = 4F$（取左段为研究对象）

$F_{N2} = 3F$（取左段为研究对象）

$F_{N3} = 2F$［取右段为研究对象，见图 5 - 7 (e)］

以上为计算指定截面上轴力的简捷方法。

5.1.2 轴力图

当杆件上有多个轴向外力作用在不同位置时，杆件各段的轴力是不同的，为了表明横截面上的轴力沿轴线变化的情况，可用平行于杆轴线的坐标表示横截面所在的位置，以垂直于杆轴线的坐标按选定的比例尺表示横截面上轴力的正负及大小，这种用图线表示轴力沿轴线变化的图形称为轴力图。

例 5 - 2 杆件受力如图 5 - 8(a)所示，$F_1 = 10$ kN，$F_2 = 50$ kN，$F_3 = 30$ kN，试绘出杆件的轴力图。

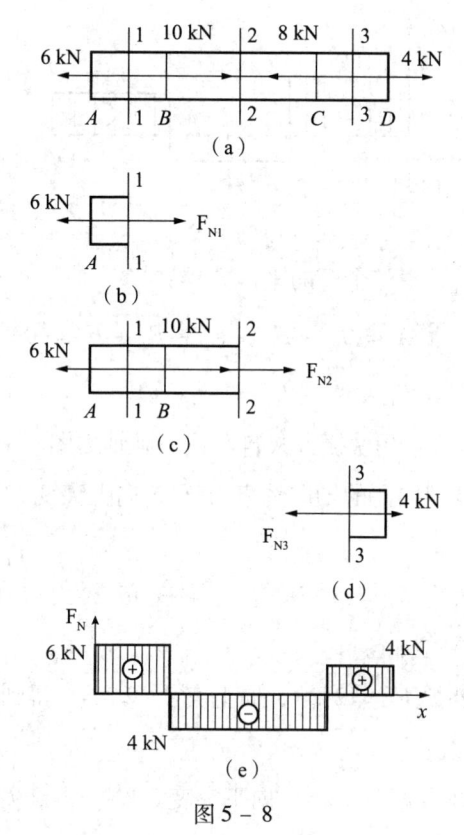

图 5 - 8

解：计算轴力可用截面法，也可直接应用结论式(5 - 4)，因而不必再逐段截开及作研究段的分离体图。在计算时，取截面左侧或右侧均可，一般取外力较少的轴段为好。

AB 段：$F_{N1} = F_A = 6$ kN ［考虑左侧，如图 5 - 8(b)所示］

BC 段：$F_{N2} = 6$ kN $-$ 10 kN $= -4$ kN ［考虑左侧，如图 5 - 8(c)所示］

CD 段：$F_{N3} = 4$ kN ［考虑右侧，如图 5 - 8(d)所示］

由以上计算结果可知，杆件在 BC 段受压，其他各段均受拉。最大轴力 F_{Nmax} 在 AB 段，其轴力图如图 5 - 8(e)所示。由轴力图可注意到在轴向外力作用处的截面上，轴力发生突变，且突变量等于轴向外力。

根据该特点，可快捷地直接作出轴力图而不必先分段求出各段内的轴力，具体做法是：当自左往右画轴力图时，从 0 开始，遇向左的轴向外力向上突变，遇向右的轴向外力向下突变，不受力的地方画水平线，最后回到 0。当杆上轴向外力愈多时，愈显示出这种方法快捷简单的优点。

例 5-3 直杆受力如图 5-9(a)所示。已知：$F_1 = 15$ kN，$F_2 = 12$ kN，$F_3 = 8$ kN。试计算杆各段的轴力，并作轴力图。

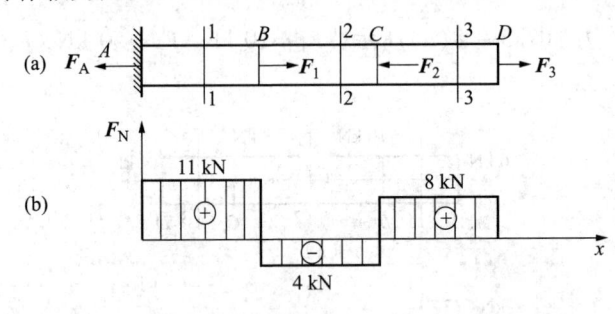

图 5-9

解：(1) 计算约束力 F_A，由整个杆的平衡方程：

$$\sum X = 0, \quad -F_A + F_1 - F_2 + F_3 = 0$$

得：
$$F_A = F_1 - F_2 + F_3 = 15 - 12 + 8 = 11 \text{ kN}$$

(2) 如图 5-9(b)所示，采用快捷方式自左往右画轴力图。

从 0 开始，首先在 A 点遇向左的轴向约束力 F_A，向上突变 11 kN，得到 A 点之右 F_{N1} = 11 kN，AB 段不受力为水平线；

在 B 点遇向右的轴向外力 $F_1 = 15$ kN，向下突变 15 kN，得到 B 点之右 F_{N2} = 11 − 15 = −4 kN，BC 段不受力为水平线；

在 C 点遇向左的轴向外力 $F_2 = 12$ kN，向上突变 12 kN，得到 C 点之右 F_{N3} = −4 + 12 = 8 kN，CD 段不受力为水平线；

在 D 点遇向右的轴向外力 $F_3 = 8$ kN，向下突变 8 kN，得到 D 点之右 F_{N4} = 8 − 8 = 0，回到 0，完成轴力图。

5.2 轴向拉伸或压缩时的应力分析

5.2.1 应力的概念

两根相同材料做成的粗细不同的直杆在相同拉力作用下，用截面法求得的两杆横截面上的轴力是相同的。若逐渐将拉力增大，则细杆先被拉断。这说明杆的强度不仅与内力有关，还与内力在截面上各点的分布集度有关。当粗细二杆轴力相同时,细杆内力分布的密集程度较粗杆要大一些,可见,内力的密集程度才是影响强度的主要原因。为此下面引入应力的概念。

5.2.2 轴向拉压杆横截面上的应力

为了确定拉压杆横截面上的应力,首先必须知道横截面上应力的分布规律。为此,如图 5 – 10(a)所示,取一根易变形的等直杆,先在杆的表面画上两条垂直于轴线的横向线 ab 和 cd。然后,在杆两端施加一对大小相等、方向相反的轴向载荷 F。从试验中观察到:横线 ab 和 cd 仍为直线,且仍垂直于杆件轴线,只是间距增大,分别平移至 $a'b'$ 和 $c'd'$ 位置。根据这种现象,可以假设杆件变形后横截面仍保持为平面,且仍然垂直于杆的轴线。这就是平面假设。由此可以推断拉杆所有纵向纤维的伸长是相等的。又由于材料是均匀连续的,可以推知,横截面上的轴力是均匀分布的,由此可得,拉压杆横截面上各点的应力也必然是均匀分布的,其方向与轴力一致,如图 5 – 10(b)所示。

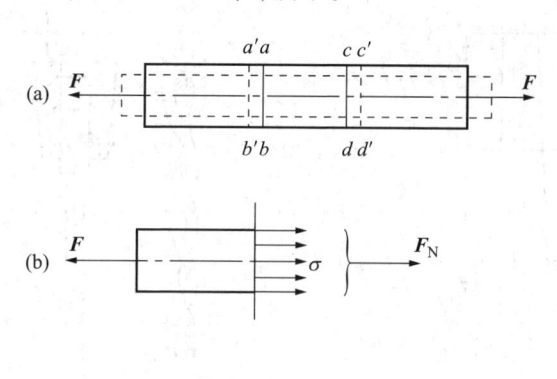

图 5 – 10

因此,横截面上的应力的方向垂直于横截面,称为"正应力"并以"σ"表示。于是得:

$$\sigma = \frac{F_N}{A} \tag{5-5}$$

式(5 – 5)中,σ 指正应力,F_N 指横截面上的内力(轴力),A 指横截面的面积。

式(5 – 5)同样可用于 F_N 为压力时的压应力计算。不过,细长压杆受压时容易被压弯,属于稳定性问题,将在第 10 章中讨论。这里所指的是受压杆未被压弯的情况。正应力的符号由轴力决定,拉应力为正,压应力为负。

导出式(5 – 5)时,要求外力合力与杆件轴线重合,这样才能保证各纵向纤维变形相等,横截面上正应力均匀分布。若轴力沿轴线变化,可作出轴力图,再由式(5 – 5)求出不同横截面上的应力。当横截面的尺寸也沿轴线变化时(见图 5 – 11),只要变化缓慢,外力合力与

轴线重合，式(5-5)仍适用。这时把它写成

$$\sigma(x) = \frac{F_N(x)}{A(x)} \tag{5-6}$$

式(5-6)中 $A(x)$、$F_N(x)$ 和 $\sigma(x)$ 表示这些量都是横截面位置(坐标 x)的函数。

当端点处外力为集中力时，则集中力作用点附近区域内的应力分布比较复杂，式(5-5)只能计算这个区域横截面上的平均应力，不能描述作用点附近应力的真实情况。例如，图5-12(a)、(b)所示的钢索和拉伸试件上拉力的作用方式不同，对应力将有什么影响？圣维南原理指出：如果用与外力系静力等效的合力来代替原力系，则除在原力系作用区域内有明显差别外，在离外力作用区域略远处(距离约等于横截面尺寸处)，上述替代的影响就非常微小，可以不计。该原理已被实验证实。图5-12(a)、(b)所示的钢索和拉伸试件上端外力的作用方式虽然不同，但可以用其合力代替，这就简化成相同的计算简图[见图5-12(c)]，在距端截面略远处都可用式(5-5)计算应力。

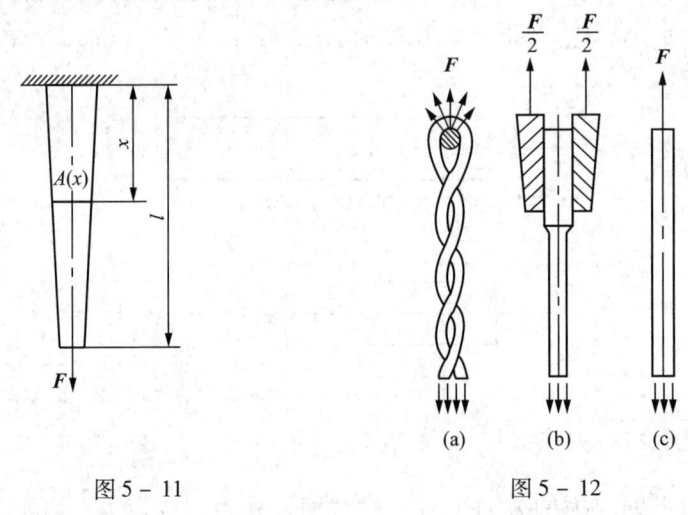

图 5-11

图 5-12

例 5-4 在例 5-2 中，设等直杆的横截面面积 $A = 200 \text{ mm}^2$，试求此杆各段截面上的应力，并指出此杆危险截面所在的位置。

解：根据前面已求得的各段轴力，各段截面上的应力为：

AB 段：
$$\sigma_1 = \frac{F_{N1}}{A} = \frac{6 \times 10^3}{200 \times 10^{-6}} = 30 \text{ MPa}$$

BC 段：
$$\sigma_2 = \frac{F_{N2}}{A} = \frac{-4 \times 10^3}{200 \times 10^{-6}} = -20 \text{ MPa}$$

CD 段：
$$\sigma_3 = \frac{F_{N3}}{A} = \frac{4 \times 10^3}{200 \times 10^{-6}} = 20 \text{ MPa}$$

由以上计算可知，在 AB 段应力最大为 30 MPa，故 AB 段各截面为危险截面。

例 5-5 一阶梯杆如图5-13(a)所示，AB 段横截面面积为 100 mm^2，BC 段横截面面

积为 180 mm², 试求各段杆横截面上的正应力。

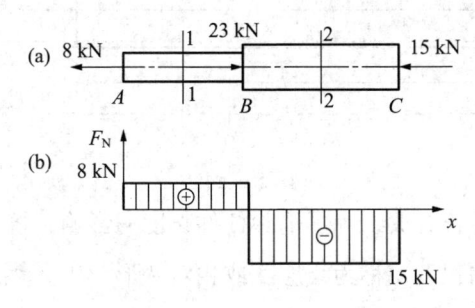

图 5 – 13

解: (1) 计算各段内轴力。

根据式(5 – 4)得

AB 段: $F_{N1} = 8$ kN(拉力)

BC 段: $F_{N2} = 8$ kN $- 23$ kN $= -15$ kN(压力)

(2) 作轴力图。

由各横截面上的轴力值,作出轴力图,如图 5 – 13(b)所示。

(3) 确定应力。

根据式(5 – 5),各段杆的正应力为:

$$\sigma_1 = \frac{F_{N1}}{A_1} = \frac{8 \times 10^3}{100 \times 10^{-6}} = 80 \text{ MPa}(拉应力)$$

$$\sigma_2 = \frac{F_{N2}}{A_2} = \frac{-15 \times 10^3}{180 \times 10^{-6}} = -83.3 \text{ MPa}(压应力)$$

由计算可知,杆的最大应力为压应力,在 BC 段内,其值为 -83.3 MPa。

5.3　轴向拉伸或压缩时的变形·胡克定律

轴向拉伸或压缩时,直杆在轴向拉力或压力作用下,杆件产生的变形是轴向伸长或缩短,由实验可知,当杆沿轴向伸长或缩短时,其横向尺寸也会相应缩小或增大,即产生垂直于轴线方向的横向变形。下面分别讨论这两种变形。

5.3.1　纵向变形

设一等截面直杆原长为 l,横截面面积为 A。在轴向拉力 F 的作用下,长度由 l 变为 l_1,如图 5 – 14 所示。杆件沿轴线方向的伸长量为:

$$\Delta l = l_1 - l$$

Δl 称为杆的纵向变形或绝对变形。拉伸时 Δl 为正,压缩时 Δl 为负。

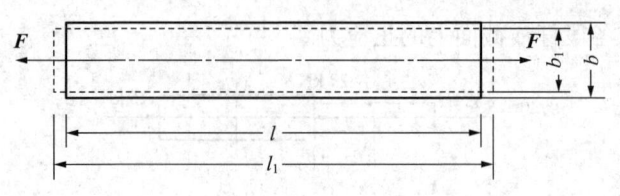

图 5 – 14

杆件的伸长量与杆的原长有关，为了消除杆件长度的影响，将 Δl 除以 l，即以单位长度的伸长量来表征杆件变形的程度，称为线应变或相对变形，用 ε 表示。

$$\varepsilon = \frac{\Delta l}{l} \tag{5-7}$$

ε 是无量纲的量，其符号与 Δl 的符号一致。轴向拉伸时为正值，称为拉应变；在压缩时为负值，称为压应变。

5.3.2 胡克定律

实验表明，当轴向拉(压)杆件横截面上的正应力不大于某一极限值时，杆件的伸长量 Δl 与轴力 F_N 及杆原长 l 成正比，与横截面面积 A 成反比。即：

$$\Delta l \propto \frac{F_N l}{A}$$

引入比例常数 E，则上式可写为：

$$\Delta l = \frac{F_N l}{EA} \tag{5-8}$$

式（5-8）称为胡克定律。

将式(5-5)和式(5-7)代入式(5-8)，可得：

$$\sigma = E \cdot \varepsilon \tag{5-9}$$

这是胡克定律的另一表达形式。它表明当应力不超过比例极限时，正应力与纵向线应变成正比。

式中的 E 为材料的弹性模量，与材料的性质有关，其单位与应力相同，常用单位为吉帕（GPa）。材料的弹性模量由实验测定。工程中常用材料的弹性模量如表 5-1 所示。弹性模量表示在受拉(压)时，材料抵抗弹性变形的能力。由式(5-8)可看出，EA 越大，杆件的变形 Δl 就越小，故称 EA 为杆件抗拉(压)刚度。

应用胡克定律的条件。

(1) 等截面直杆，即 A 为常量。

(2) 各截面上的轴力 F_N 都相等，即 F_N 为常量。

(3) 材料相同，即 E 为常量。

5.3.3 横向变形

在轴向力作用下，杆件沿轴向伸长或缩短的同时，横向尺寸也将缩小或增大。设横向尺寸由 b 变为 b_1，如图 5 - 14 所示，有：

$$\Delta b = b_1 - b$$

则横向线应变为：

$$\varepsilon' = \frac{\Delta b}{b} \tag{5-10}$$

ε' 也是无量纲的量。

5.3.4 泊松比

实验表明，对于同一种材料，当应力不超过比例极限时，横向线应变与纵向线应变之比的绝对值为常数，即：

$$\mu = \left|\frac{\varepsilon'}{\varepsilon}\right| \tag{5-11}$$

μ 称为泊松比或横向变形系数，与弹性模量 E 一样，泊松比也是无量纲量，其值因材料而异，由实验确定。一般情况下，横向应变与纵向应变符号相反，在常规材料和各向同性假设下成立。但某些特殊材料（如蜂窝结构、拉胀材料）具有负泊松比（$\mu < 0$），此时横向应变与纵向应变符号相同。但这属于特例，非常见情况。

由于对于一般情况这两个应变的符号相反，故有：

$$\varepsilon' = -\mu\varepsilon \tag{5-12}$$

工程上常用材料的泊松比如表 5 - 1 所示。

表 5 - 1　　　　　　　　常用材料的 E 和 μ

材料	E/GPa	μ
碳素钢	196 ~ 216	0.24 ~ 0.30
合金钢	186 ~ 206	0.25 ~ 0.30
灰口铸铁	80 ~ 160	0.23 ~ 0.27
铜及其合金	72.5 ~ 128	0.31 ~ 0.42
铝合金	70 ~ 72	0.25 ~ 0.33

例 5 - 6　如图 5 - 15(a)所示的阶梯形钢杆，AB 段横截面面积为 $A_1 = 500 \text{ mm}^2$，BC 段横截面面积 $A_2 = 200 \text{ mm}^2$，材料的弹性模量 $E = 200 \text{ GPa}$，试求钢杆的变形。

解：(1) 计算 A 端的约束反力。

选取阶梯形钢杆为研究对象，进行受力分析，如图 5-15(b)所示。

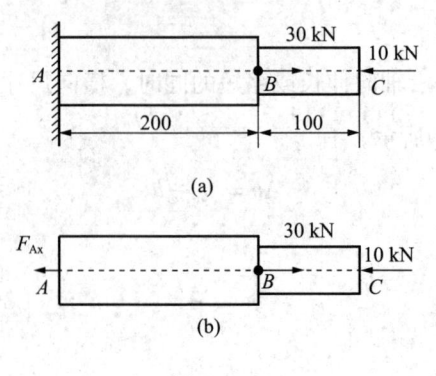

图 5-15

由 $\sum F_x = 0$ 可得：$F_{Ax} + 10 - 30 = 0$，得：$F_{Ax} = 20$ kN

(2)计算 AB 和 BC 段的轴力。

$$F_{NAB} = F_{Ax} = 20 \text{ kN}$$

$$F_{NBC} = -10 \text{ kN}$$

(3)由于不同时满足胡克定律的 3 个应用条件，所以应分别计算 AB 段和 BC 段的变形 l_{AB}、l_{AC}，然后叠加。

$$\Delta l = \Delta l_{AB} + \Delta l_{BC} = \frac{F_{NAB} l_{AB}}{EA_1} + \frac{F_{NAC} l_{BC}}{EA_2}$$

$$= \frac{20 \times 10^3 \times 200}{200 \times 10^3 \times 500} - \frac{10 \times 10^3 \times 100}{200 \times 10^3 \times 200} = 0.015 \text{ mm}$$

计算结果为正值，说明钢杆的总长度伸长 0.015 mm。

5.4 材料在轴向拉伸或压缩时的力学性能

构件的强度、刚度与稳定性，不仅与构件的形状、尺寸及所受的外力有关，而且与材料的力学性能有关。所谓材料的力学性能是指材料受外力作用后，在强度和变形方面所表现出来的特性，也称为机械性质。材料的力学性能不仅与材料内部的成分和组织结构有关，还受到加载速度、温度、受力状态及周围介质的影响。本节主要介绍常用材料在常温(指室温)、静载(加载速度缓慢平稳)情况下受轴向拉伸和压缩时的力学性能，这是材料最基本的力学性能。

5.4.1 低碳钢在拉伸时的力学性能

材料在拉伸时的力学性能主要通过拉伸试验得到。为了便于对试验结果进行比较，国家标准《金属材料 拉伸试验第 1 部分：室温试验方法》(GB/T 228.1—2021)规定：试件必须做成标准尺寸，称为比例试件。一般金属材料采用圆截面或矩形截面比例试件，如图 5-16

所示。试验时在试件等直部分的中部取长度为 l 的一段作为测量变形的工作段,其长度 l 称为标距。对于圆截面试件,通常将标距 l 与横截面直径 d 的比例规定为 $l=10d$ 或 $l=5d$,前者称为长试件,后者称为短试件。对矩形截面试件,规定其标距 l 与横截面面积 A 的关系分别为 $l=11.3\sqrt{A}$ 或 $l=5.65\sqrt{A}$。

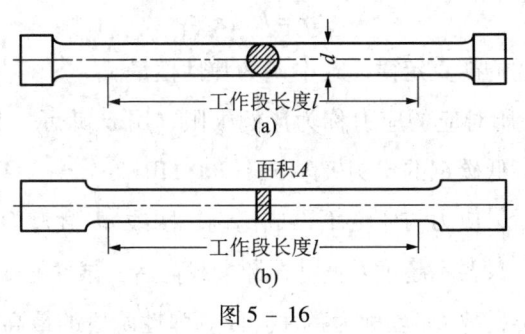

图 5 – 16

1. 低碳钢拉伸过程的四个阶段

低碳钢是工程上应用最广泛的材料。同时,低碳钢试件在拉伸试验中所表现出来的力学性能最为典型。因此,先研究这种材料在拉伸时的力学性能。

将低碳钢试件装上试验机后,缓慢加载,直至拉断。试验机的绘图系统可自动绘出试件在试验过程中载荷 F 与工作段的变形 Δl 之间的关系曲线图。常以横坐标代表试件工作段的伸长 Δl,纵坐标代表试验机上的载荷读数,即试件的拉力 F,此曲线称为拉伸图或 $F-\Delta l$ 曲线,如图 5 – 17(a)所示。

试件的拉伸图不仅与试件的材料有关,而且与试件的几何尺寸有关。用同一种材料做成粗细不同的试件,由试验所得的拉伸图差别很大。所以,不宜用试件的拉伸图表示材料的拉伸性能。为了消除试件尺寸的影响,将拉力 F 除以试件横截面原面积 A,得到试件横截面上的应力 σ。将伸长 Δl 除以试件的标距 l,得到试件的应变 ε。以 ε 和 σ 分别为横坐标与纵坐标,这样得到的曲线则与试件的尺寸无关,称为应力—应变图或 $\sigma-\varepsilon$ 曲线。

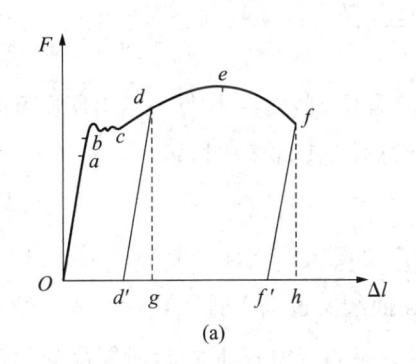

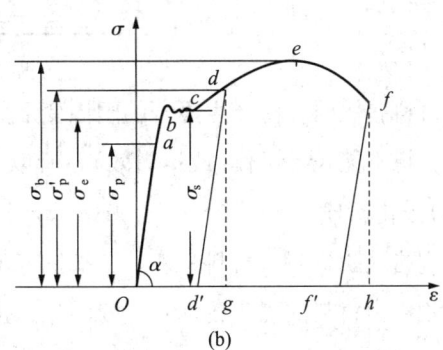

图 5 – 17

低碳钢的 $\sigma-\varepsilon$ 曲线如图 5 – 17(b)所示,整个拉伸过程可分为 4 个阶段。

(1)弹性阶段。

弹性阶段可分为两段:直线段 Oa 和微弯段 ab。在试件拉伸的初始阶段,σ 与 ε 的关系表现为直线，即 σ 与 ε 成正比，$\sigma \propto \varepsilon$。

直线 Oa 的斜率为：

$$\tan\alpha = \frac{\sigma}{\varepsilon} = E$$

所以有：

$$\sigma = E \cdot \varepsilon$$

这就是在上节中所述的胡克定律，式中 E 为弹性模量。

直线 Oa 的最高点 a 所对应的应力称为比例极限，用 σ_p 表示。即只有应力低于比例极限，胡克定律才能适用。低碳钢的比例极限 $\sigma_p \approx 200$ MPa。

应力超过比例极限后，应力与应变不再成比例，图线 ab 微弯而偏离直线 Oa，将 ab 曲线段称为非线弹性阶段。只要不超过 b 点，在卸去载荷后，试件的变形能够完全消除，这说明试件的变形是弹性变形，故 Ob 段称为弹性阶段。弹性阶段的最高点 b 所对应的应力是材料保持弹性变形的极限点，称为弹性极限，用 σ_e 表示。由于 a、b 两点非常接近，所以工程上对弹性极限和比例极限并不严格区分。常认为在弹性范围内，胡克定律成立。

(2) 屈服阶段。

当应力超过弹性极限时，$\sigma - \varepsilon$ 曲线上 bc 段为一个近似水平的小锯齿形线段，这表明，应力在此阶段基本保持不变，而应变却明显增加，材料暂时失去了抵抗变形的能力，这种现象称为屈服或流动，如图 5 - 18 所示。此阶段称为屈服阶段或流动阶段，若试件表面光滑，可看到其表面有与轴线大约呈 45°的条纹，称为滑移线。在屈服阶段中，对应于曲线最高点与最低点的应力分别称为上屈服点应力和下屈服点应力。通常，下屈服点应力值较稳定，故一般将下屈服点应力作为材料的屈服极限，用 σ_s 表示。低碳钢的屈服极限 $\sigma_s \approx 240$ MPa。

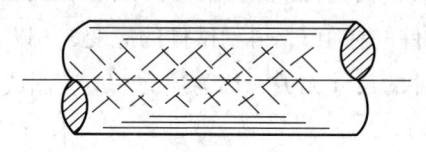

图 5 - 18

当材料屈服时，将产生显著的塑性变形。通常，工程中的大多数构件一旦出现显著的塑性变形，将不能正常工作(或称失效)，所以 σ_s 是衡量材料强度的重要指标。

(3) 强化阶段。

经过屈服阶段后，材料又恢复了抵抗变形的能力，要使试件继续变形必须再增加载荷。这种现象称为材料的强化或称为应变硬化。这时 $\sigma - \varepsilon$ 曲线又逐渐上升，直到曲线的最高点 e。所以 ce 段称为材料的强化阶段或硬化阶段。e 点所对应的应力 σ_b 是材料所能承受的最大应力，称为强度极限或抗拉强度，它是衡量材料强度的另一个重要指标。低碳钢的强度极限 $\sigma_b \approx 400$ MPa。在强化阶段中，试件的变形绝大部分是塑性变形，此时试件的横向尺寸有明显的缩小。

(4) 局部变形阶段。

在强化阶段，试件的变形基本是均匀的。过 e 点后，在试件的某一局部范围内，横向尺寸突然急剧缩小，形成颈缩现象，如图 5-19 所示。由于在缩颈部分横截面面积明显减少，使试件继续伸长所需要的拉力也相应减少，故在 $\sigma-\varepsilon$ 曲线中，应力由最高点下降到 f 点，最后试件在缩颈段被拉断，这一阶段称为局部变形阶段。

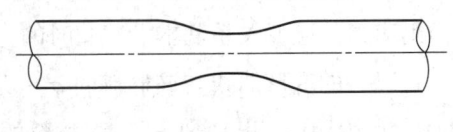

图 5-19

上述拉伸过程中，材料经历了弹性变形、屈服、强化和局部变形四个阶段。对应前三个阶段的三个特征点，其相应的应力值依次为比例极限 σ_p、屈服极限 σ_s 和强度极限 σ_b。对低碳钢来说，屈服极限和强度极限是衡量材料强度的主要指标。

应当注意的是，这里的应力（尤其是 σ_s）实质上是名义应力，因为超过屈服阶段以后试样横截面面积显著减小，用原面积计算的应力并不能表示试样横截面上的真实应力，这也说明了应力-应变曲线在破坏阶段出现下降现象的原因。同样，所测应变实质上也是名义应变，因为超过屈服阶段以后试样的长度也有了显著增加。

2. 延伸率和断面收缩率

试件拉断后，材料的弹性变形消失，塑性变形则保留下来，试件长度由原长 l 变为 l_1。试件拉断后的塑性变形量与原长之比以百分比表示，即：

$$\delta = \frac{l_1 - l}{l} \times 100\% \tag{5-13}$$

式(5-13)中 δ 称为断后伸长率。

断后伸长率是衡量材料塑性变形程度的重要指标之一，低碳钢的断后伸长率 $\delta \approx 20\% \sim 30\%$。断后伸长率越大，表示材料的塑性性能越好。工程上将 $\delta \geq 5\%$ 的材料称为塑性材料，如低碳钢、铝合金、青铜等均为常见的塑性材料；$\delta < 5\%$ 的材料称为脆性材料，如铸铁、高碳钢、混凝土等均为脆性材料。

衡量材料塑性变形程度的另一个重要指标是断面收缩率 ψ。设试件拉伸前的横截面面积为 A，拉断后断口横截面面积为 A_1，以百分比表示的比值，即：

$$\psi = \frac{A - A_1}{A} \times 100\% \tag{5-14}$$

式(5-14)中 ψ 称为断面收缩率，断面收缩率越大，材料的塑性越好，低碳钢的断面收缩率约为 60%。应当指出，材料的塑性和脆性会因制造工艺、变形速度、温度等条件的变化而变化，例如某些脆性材料在高温下会呈现塑性，而某些塑性材料在低温下呈现脆性，又如在铸铁中加入球化剂可使其变为塑性较好的球墨铸铁。

3. 卸载定律及冷作硬化现象

当应力超过屈服极限后，在强化阶段某一点 d 处卸载直至载荷为零。试验结果表明，卸载时的 $\sigma-\varepsilon$ 曲线将沿着平行于 Oa 直线回到零应力点 d'。这说明在卸载过程中，应力和应变按直线规律变化，这就是卸载定律。由图 5-17（b）可见，与 d 点对应的总应变应包括 Od' 和 $d'g$ 两部分，其中 $d'g$ 在卸载时完全消失，即为弹性变形，而 Od' 则为卸载后遗留下的塑性变形。

如果在卸载后重新加载，则应力—应变关系基本沿卸载时的直线 $d'd$ 上升直至回到卸载点 d 后才开始出现塑性变形，且以后的变形曲线与该材料的 $\sigma-\varepsilon$ 曲线大致相同。观察再加载的 $\sigma-\varepsilon$ 曲线，发现材料的比例极限由 σ_p 提高到 σ'_p，而材料的塑性降低，这种现象称为冷作硬化。

由于冷作硬化提高了材料的比例极限，从而提高了材料在弹性范围内的承载能力，故工程中常利用冷作硬化来提高杆件的承载能力，如起重机械中的钢索和建筑钢筋，常用冷拔工艺来提高强度。

5.4.2 其他材料在拉伸时的力学性能

其他材料拉伸时的力学性能，也可用拉伸时的 $\sigma-\varepsilon$ 曲线来表示。图 5-20 中给出了另外几种典型的金属材料在拉伸时的 $\sigma-\varepsilon$ 曲线。可以看出，其中 16Mn 钢与低碳钢的 $\sigma-\varepsilon$ 曲线相似，有完整的弹性阶段、屈服阶段、强化阶段和局部变形阶段。但工程中大部分金属材料都没有明显的屈服阶段，如黄铜、铝合金等。这些材料的共同特点是伸长率均较大，它们和低碳钢一样都是塑性材料。对于这类没有明显屈服阶段的塑性材料，工程上通常以产生 0.2% 塑性应变时所对应的应力值作为衡量材料强度的指标，此应力称为材料的条件屈服极限，用 $\sigma_{0.2}$ 表示，如图 5-21 所示。

对于脆性材料，如铸铁、陶瓷、混凝土等，材料从受拉到断裂，变形都很小，没有屈服阶段和颈缩现象，延伸率很小。例如，灰口铸铁，从图 5-22 所示的 $\sigma-\varepsilon$ 曲线可以看出，从

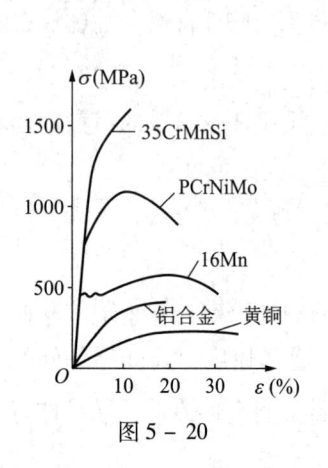

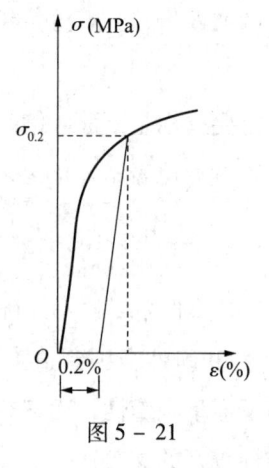

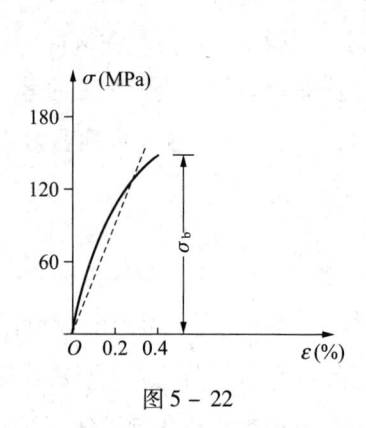

图 5-20

图 5-21

图 5-22

开始受拉到断裂，没有明显的直线部分。图中也无屈服阶段和局部变形阶段，断裂是突然发生的，断口齐平，断后伸长率约为 0.4% ~ 0.5%，故为典型的脆性材料。强度极限 σ_b 是衡量铸铁强度的唯一指标。因此，在工程计算中，通常规定某一总应变时 $\sigma - \varepsilon$ 曲线的割线来代替此曲线在开始部分的直线，从而确定其弹性模量，并称为割线弹性模量。同时，认为材料在这范围内近似地服从胡克定律。

5.4.3 低碳钢在压缩时的力学性能

材料压缩时的力学性能由压缩试验测定。压缩试件常采用圆柱体和立方体两种。金属材料一般采用粗短圆柱体试件，其高度为直径的 1.5 ~ 3.0 倍，以防止试件试验时被压弯。非金属材料（如混凝土、石料等）的试件则常做成立方块。

图 5 - 23 中实线表示低碳钢压缩时的 $\sigma - \varepsilon$ 曲线。将其与拉伸时的 $\sigma - \varepsilon$ 曲线（图中虚线）比较，可以看出，在弹性阶段和屈服阶段，拉、压的 $\sigma - \varepsilon$ 曲线基本重合。这表明，拉伸和压缩时，低碳钢的比例极限、屈服极限及弹性模量大致相同。与拉伸试验不同的是，当试件上压力不断增大，试件的横截面积也不断增大，试件的抗压能力也不断增大，曲线不断上升，试件愈压愈扁而不破裂，故不能测出它的抗压强度极限。

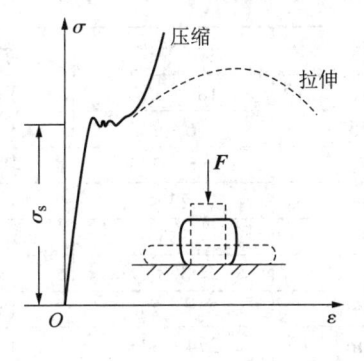

图 5 - 23

其他塑性材料在压缩时的情况也都和低碳钢的相似。因此，工程中常认为塑性材料在拉伸与压缩时的力学性能是相同的，一般以拉伸试验所测得的力学性能为依据。

5.4.4 铸铁在压缩时的力学性能

铸铁压缩时的曲线 $\sigma - \varepsilon$ 如图 5 - 24 实线所示。与其拉伸时的 $\sigma - \varepsilon$ 曲线（图中虚线）相比，抗压强度极限 σ_{bc} 远高于抗拉强度极限 σ_{bt}（3 ~ 4 倍），所以，脆性材料宜作受压构件。铸铁试件压缩时的破裂断口与轴线约成 45°倾角，这是因为受压试件在 45°方向的截面上存在最大切应力，铸铁材料的抗剪能力比抗压能力差，当达到剪切极限应力时首先在 45°截面上被剪断。

其他脆性材料，如混凝土、石料等，压缩时的强度极限也远大于拉伸时的强度极限。所以工程上常用脆性材料制成受压构件。

图 5 - 24

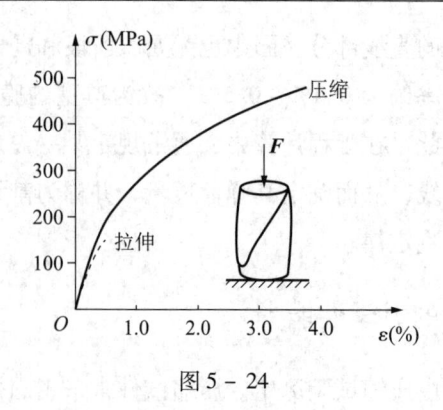

通过拉伸和压缩试验，可以获得材料力学性能的下述 3 类指标。

(1) 刚度指标：弹性模量 E；

(2) 强度指标：屈服极限 $\sigma_s(\sigma_{0.2})$ 和强度极限 $\sigma_{bt}(\sigma_{bc})$；

(3) 塑性指标：断后伸长率 δ 和断面收缩率 ψ。

几种常用金属材料的力学性能见表 5 - 2，表中所列数据是在常温和静载的条件下测得的，其他材料的力学性能可查阅机械设计手册等有关资料。

表 5 - 2　　　　　　　　　常用材料的主要力学性能

材料名称	牌号	σ_s/MPa	σ_b/MPa	δ/%
普通碳素钢	Q216	186~216	333~412	31
	Q235	216~235	373~461	25~27
	Q275	255~275	490~608	19~21
优质碳素结构钢	15	225	373	27
	40	333	569	19
	45	353	598	16
普通低合金结构钢	12Mn	274~294	432~441	19~21
	16Mn	274~343	471~510	19~21
	15MnV	333~412	490~549	17~19
	18MnMoNb	441~510	588~637	16~17
合金结构钢	40Cr	785	981	9
	50Mn2	784	932	9
碳素铸钢	ZG200-400	200	400	25
	ZG270-500	270	500	18
可锻铸铁	KTZ450-06	270	450	6
	KZT550-04	340	550	4
球墨铸铁	QT400-15	250	400	15
	QT450-10	310	450	10
	QT600-3	370	600	3
灰铸铁	HT150		120~175	
	HT200		160~220	
铝合金	LY12	274	412	19

综上所述，塑性材料与脆性材料的力学性能主要有以下区别。

(1)塑性材料在断裂前有较大的塑性变形，其塑性指标(δ 和 ψ)较高；而脆性材料的变形较小，塑性指标较低。这是它们的基本区别。

(2)脆性材料的抗压能力远比抗拉能力强，且其价格便宜，适宜于制作受压构件；塑性材料的抗压与抗拉能力相近，适宜于制作受拉构件。

(3)塑性材料和脆性材料对应力集中的敏感程度是不相同的。

上面关于塑性材料和脆性材料的划分只是指常温、静载时的情况。实际上，同一种材料在不同的外界因素影响下，可能表现为塑性，也可能表现为脆性。例如，低碳钢在低温时也会变得很脆。因此，如果说材料处于塑性或脆性状态，就更确切些。最后还应指出，处于高温下的构件，当承受的应力超过某一定值(低于材料的 σ_s)时，其变形随着时间的增加而不断增大，这种现象称为蠕变。例如，用低碳钢制成的高温(300℃以上)高压蒸汽管道，由于蠕变的作用管径不断增加，管壁逐渐变薄，有时可能导致管壁破裂。蠕变变形是塑性变形。高温下工作的构件，在发生弹性变形后，如保持其变形总量不变，则构件内将保持一定的预紧力。随着时间的增长，因蠕变而逐渐发展的塑性变形将逐步地代替原有的弹性变形，从而使构件内的预紧力逐渐降低，这种现象称为松弛。例如拧紧的螺栓隔段时间后需重新拧紧，就是由于发生了松弛的缘故。对于处于高温高压下工作的构件，应当注意其发生的蠕变和松弛现象，以免造成不良后果。

5.5 轴向拉伸或压缩时的强度计算

5.5.1 极限应力·许用应力·安全因数

从强度方面考虑，断裂是构件破坏或失效的一种形式，屈服或出现显著塑性变形也是构件失效的一种形式，工程上将使材料丧失正常工作能力的应力称为极限应力或危险应力，用 σ_u 表示。对于塑性材料，当应力达到屈服极限 σ_s(或 $\sigma_{0.2}$)时，构件将发生明显的塑性变形而影响其正常工作。此时，一般认为材料已经破坏。故对塑性材料规定用屈服极限为其极限应力或危险应力，所以：

$$\sigma_u = \sigma_s (或 \sigma_{0.2})$$

脆性材料其破坏表现为断裂，故用材料的强度极限 σ_{bt}(或 σ_{bc})作为极限应力或危险应力，即：

$$\sigma_u = \sigma_{bt} (或 \sigma_{bc})$$

构件在载荷作用下产生的最大应力称为工作应力。等直杆最大轴力处的横截面称为危险截面。危险截面上的应力称为最大工作应力。

为使构件正常工作,最大工作应力应小于材料的极限应力,并使构件留有必要的强度储备。因此,一般将极限应力除以一个大于1的系数,即安全因数n,作为强度设计时的最大许可值,称为许用应力,用$[\sigma]$表示,即:

$$[\sigma] = \frac{\sigma_u}{n} \qquad (5-15)$$

对于塑性材料:

$$[\sigma] = \frac{\sigma_s}{n_s} \text{ 或 } [\sigma] = \frac{\sigma_{0.2}}{n_s} \qquad (5-16)$$

对于脆性材料:

$$[\sigma_c] = \frac{\sigma_{bc}}{n_b} \text{ 或 } [\sigma_t] = \frac{\sigma_{bt}}{n_b} \qquad (5-17)$$

其中,n_s、n_b分别为对应屈服极限和强度极限的安全因数。

安全因数是表示构件安全储备大小的一个系数。正确地选择安全因数是十分重要而又非常复杂的问题。安全因数取得偏大,将会造成材料的浪费;安全因数取得过小,又可能使构件不能正常工作甚至发生破坏性事故。因此,安全因数的选取必须体现既安全又经济实用的设计思想。

工程中必须考虑安全因素是出于以下诸多原因,例如,材料的极限应力是在标准试件上获得的,而构件所处的工作环境和受载情况不可能与试验条件完全相同;构件与试件的材料虽然相同,但很难保证材质完全一致;由于对外载荷的估算可能带来误差;对结构、尺寸的简化可能造成计算偏差;构件的重要性及其工作条件不同等等。各种材料在不同工作条件下的安全因数和许用应力值,可从有关规定或设计手册中查到。在静载荷作用下,一般杆件的安全因数为:$n_s = 1.5 \sim 2.5$,$n_b = 2.0 \sim 5.0$。

还需指出,由于脆性材料的抗压能力比抗拉能力强,故其许用压应力(用$[\sigma_c]$表示)比许用拉应力(用$[\sigma_t]$表示)大;而塑性材料的抗拉与抗压能力相同,故其只有一个许用应力$[\sigma]$。

5.5.2 强度计算

为保证轴向拉(压)杆件在外力作用下具有足够的强度,应使杆件的最大工作应力不超过材料的许用应力,由此,建立强度条件:

$$\sigma_{max} = \left(\frac{F_N}{A}\right)_{max} \leqslant [\sigma] \qquad (5-18)$$

上述强度条件,可以解决三种类型的强度计算问题。

(1)强度校核。

若已知杆件尺寸 A、载荷 F 和材料的许用应力 $[\sigma]$，则可应用式(5-18)验算杆件是否满足强度要求，即：

$$\sigma_{\max} \leqslant [\sigma] \qquad (5-19)$$

(2)设计截面尺寸。

若已知杆件的工作载荷及材料的许用应力 $[\sigma]$，则由式(5-18)可得：

$$A \geqslant \frac{F_N}{[\sigma]} \qquad (5-20)$$

由此确定满足强度条件的杆件所需的横截面面积，从而得到相应的截面尺寸。

(3)确定许可载荷。

若已知杆件尺寸和材料的许用应力 $[\sigma]$，由式(5-18)可确定许可载荷，即：

$$F_{N\max} \leqslant [\sigma] \cdot A \qquad (5-21)$$

由上式可计算出已知杆件所能承担的最大轴力，然后根据杆件的静力平衡条件，求出轴力与外力间的关系，就可以确定出杆件或结构所能承担的最大安全载荷，即许可载荷。

必须指出，对受压直杆进行强度计算时，式(5-18)仅适用较粗短的直杆。对细长的受压杆，应进行稳定性计算，关于稳定性问题，将在第10章讨论。

例 5-7 一钢制直杆受力如图 5-25(a)所示。已知 $[\sigma] = 160$ MPa，$A_1 = 300$ mm²，$A_2 = 150$ mm²，试校核此杆的强度。

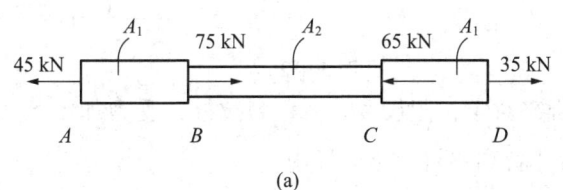

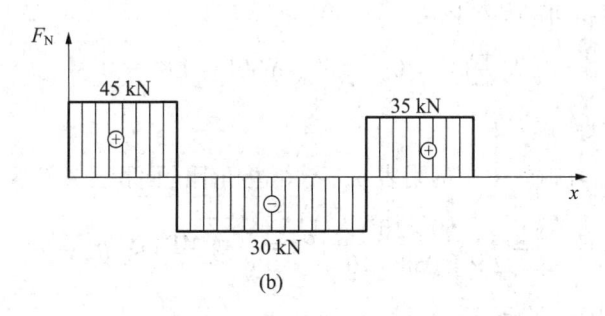

图 5-25

解：(1)求各截面内力。

AB 段：$F_{AB} = 45$ kN(拉力)

BC 段：$F_{BC} = -30$ kN(压力)

CD 段：$F_{CD} = 35$ kN(拉力)

(2) 画轴力图，如图 5 - 25(b)所示。

(3) 计算最大应力。

AB 段：$\sigma_{AB} = \dfrac{F_{AB}}{A_1} = \dfrac{45 \times 10^3}{300 \times 10^{-6}} = 150$ MPa $< [\sigma]$

BC 段：$\sigma_{BC} = \dfrac{F_{BC}}{A_2} = -\dfrac{30 \times 10^3}{150 \times 10^{-6}} = -200$ MPa，其压应力的数值 $> [\sigma]$

可见，AB 段满足强度要求，而 BC 段不满足强度要求。

一般来说，当校核了结构中某一杆件或某一杆件截面不满足强度要求时，该结构的强度便是不安全的了。

例 5 - 8 图 5 - 26 所示三角支架中，杆 AB 由两根不等边角钢∠63×40×4 组成，材料的许用应力为 $[\sigma] = 160$ MPa，当 $W = 15$ kN 时，试校核杆 AB 的强度。

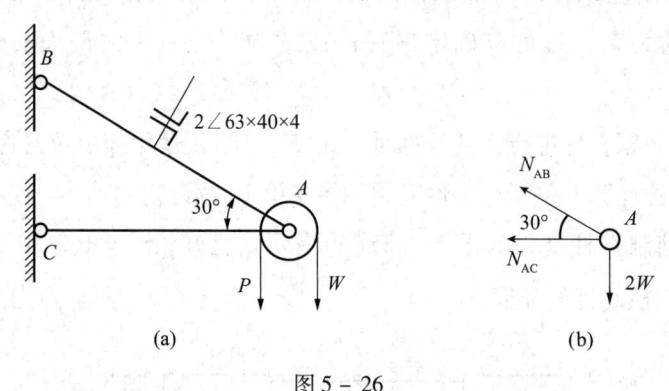

图 5 - 26

解：(1) 取销钉为研究对象，假设 AB、AC 为拉杆，受力如图 5 - 26(b)所示，注意：拉杆施与销钉的拉力是沿"背离销钉，指向杆内"。

(2) 列平衡方程，求 AB 杆内力：

$$\sum Y = 0 \qquad N_{AB}\sin 30° - 2W = 0$$

解得 $N_{AB} = 60$ kN（拉力）

(3) 强度校核：查附录 I 中的附表 4，不等边角钢的面积为 4.058 cm²，有：

$$\sigma_{AB} = \dfrac{N_{AB}}{A} = \dfrac{60 \times 10^3}{2 \times 4.058 \times 10^{-4}} \text{Pa} = 73.9 \text{ MPa} \leq [\sigma] = 160 \text{ MPa}$$

故 AB 杆的拉压强度足够。

例 5 - 9 如图 5 - 27(a)所示，三脚架受载荷 $F = 50$ kN 作用，AC 杆是钢杆，其许用应力 $[\sigma_1] = 160$ MPa；BC 杆的材料是木材，其许用应力 $[\sigma_2] = 8$ MPa，试设计两杆的横截面面积。

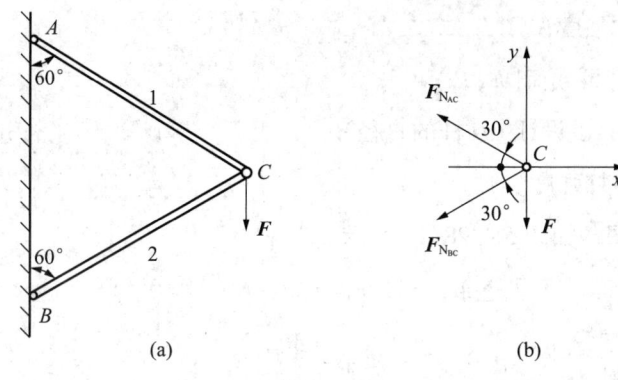

(a)   (b)

图 5 – 27

解：由于$[\sigma_1]$、$[\sigma_2]$已知，故只要求出 AC 杆和 BC 杆的轴力 $F_{N_{AC}}$ 和 $F_{N_{BC}}$，即可由 $A \geqslant \dfrac{F_N}{[\sigma]}$ 求解。

（1）求两杆的轴力。取节点 C 为研究对象，受力分析如图 5 – 27(b) 所示，列平衡方程：

$$\sum X = 0, -F_{N_{AC}}\cos30° - F_{N_{BC}}\cos30° = 0$$

$$\sum Y = 0, F_{N_{AC}}\sin30° - F_{N_{BC}}\sin30° - F = 0$$

解得：
$$F_{N_{AC}} = -F_{N_{BC}}$$
$$F_{N_{AC}} = F = 50 \text{ kN}, F_{N_{BC}} = -F_{N_{AC}} = -50 \text{ kN}$$

（2）设计截面。分别求得两杆的横截面面积为：

$$A_{AC} \geqslant \frac{F_{N_{AC}}}{[\sigma_1]} = \frac{50 \times 10^3}{160 \times 10^6} = 3.13 \times 10^{-4} \text{ m}^2 = 3.13 \text{ cm}^2$$

$$A_{BC} \geqslant \frac{F_{N_{BC}}}{[\sigma_2]} = \frac{50 \times 10^3}{8 \times 10^6} = 62.5 \times 10^{-4} \text{ m}^2 = 62.5 \text{ cm}^2$$

例 5 – 10 如图 5 – 28(a) 所示为一刚性梁 ACB 由圆杆 CD 在 C 点悬挂连接，B 端作用有集中载荷 $F = 25$ kN。已知 CD 杆的直径 $d = 20$ mm，许用应力 $[\sigma] = 160$ MPa。

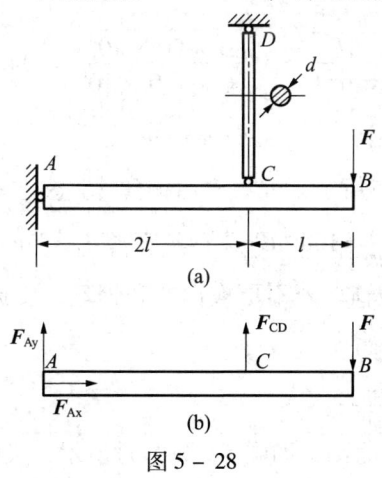

图 5 – 28

(1)校核 CD 杆的强度；

(2)试求结构的许可载荷[F]；

(3)若 F = 50 kN，试设计 CD 杆的直径 d。

解：(1)校核 CD 杆强度。

作 AB 杆的受力图，如图 5 – 28(b)所示。

由平衡条件： $\sum M_A = 0, \quad F_{CD} \cdot 2l - F \cdot 3l = 0$

得： $F_{CD} = \frac{3}{2}F$

求 CD 杆的应力，杆上的轴力：

$$F_N = F_{CD}$$

故： $\sigma_{CD} = \frac{F_{CD}}{A} = \frac{\frac{3F}{2}}{\frac{\pi d^2}{4}} = \frac{6 \times 25 \times 10^3}{20^2 \pi \times 10^{-6}} = 119.4 \text{ MPa} < [\sigma]$

所以 CD 杆安全。

(2)求结构的许可载荷[F]。

根据： $\sigma_{CD} = \frac{F_{CD}}{A} = \frac{6F}{\pi d^2} \leq [\sigma]$

有： $F \leq \frac{\pi d^2 [\sigma]}{6} = \frac{\pi \times 20^2 \times 160}{6} = 33.5 \times 10^3 \text{ N} = 33.5 \text{ kN}$

由此得结构的许可载荷： $[F] = 33.5 \text{ kN}$

(3)若 F = 50 kN，设计圆柱直径为 d。

根据： $\sigma_{CD} = \frac{F_{CD}}{A} = \frac{6F}{\pi d^2} \leq [\sigma]$

有： $d \geq \sqrt{\frac{6F}{\pi [\sigma]}} = \sqrt{\frac{6 \times 50 \times 10^3}{\pi \times 160 \times 10^6}} = 24.4 \text{ mm}$

取： $d = 25 \text{ mm}$

例 5 – 11 如图 5 – 29(a)所示，重物 P 由铜丝 CD 悬挂在钢丝 AB 之中点 C。已知铜丝直径 $d_1 = 2$ mm，许用应力$[\sigma_1] = 100$ MPa，钢丝直径 $d_2 = 1$ mm，许用应力$[\sigma_2] = 240$ MPa，且 $\alpha = 30°$，试求结构的许可载荷。若不更换铜丝和钢丝，要提高许可载荷，钢丝绳相应的夹角为多少(结构仍然保持对称)？

解：(1)求结构的许可载荷。

以点 C 为研究对象，作受力图，如图 5 – 29(b)所示，设铜丝和钢丝的拉力分别为 F_{N1}

和 F_{N2}。考虑点 C 的平衡，考虑对称性，由平衡条件：

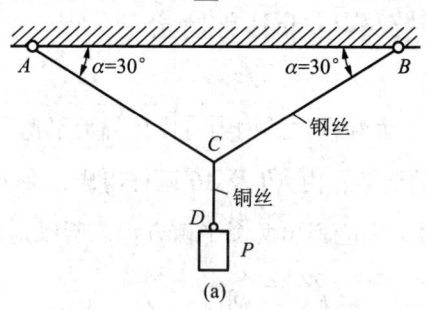

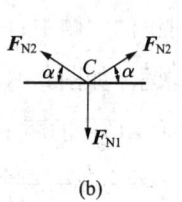

$$\sum Y = 0, \quad 2F_{N2}\sin\alpha - F_{N1} = 0$$

图 5 - 29

其中 $\qquad F_{N1} = P$

得： $\qquad F_{N2} = \dfrac{P}{2\sin\alpha}$

对铜丝要求满足：

$$\sigma_1 = \frac{F_{N1}}{A_1} = \frac{P}{\dfrac{\pi}{4}d_1^2} \leqslant [\sigma_1]$$

故： $\qquad [P_1] \leqslant \dfrac{\pi d_1^2 [\sigma_1]}{4} = \dfrac{\pi \times 2^2 \times 100}{4} = 314 \text{ N}$

对钢丝要求满足： $\qquad \sigma_2 = \dfrac{F_{N2}}{A_2} = \dfrac{P}{\dfrac{\pi}{4}d_2^2 \cdot 2\sin\alpha} \leqslant [\sigma_2]$

故： $\qquad [P_2] \leqslant \dfrac{\pi d_2^2 \times \sin\alpha [\sigma_2]}{2} = \dfrac{\pi \times \sin 30° \times 240}{2} = 188 \text{ N}$ （5 - 22）

为保证安全，结构的许可载荷应取较小值，即 $[P] = 188$ N。

（2）求钢丝绳的夹角。

若铜丝和钢丝都不更换，要提高结构的承载能力，由式（5 - 22）可知，只有调整钢丝绳的角度。在 $0 \leqslant \alpha \leqslant \dfrac{\pi}{2}$ 之间，钢丝的许可载荷随 α 角的增加而增加，当钢丝的许可载荷与铜丝的相等时，即 $[P_1] = [P_2] = 314$ N，则该结构的承载能力为最大，设此时对应的钢丝绳角度为 α^*。

当 $[P_2] = \dfrac{\pi d_2^2 [\sigma_2]\sin\alpha^*}{2} = 314$ N 时，则有：

$$\alpha^* = \arcsin\left(\frac{2 \times 314}{\pi d_2^2 [\sigma_2]}\right) = \arcsin\left(\frac{2 \times 314}{\pi \times 240}\right) = 56.4°$$

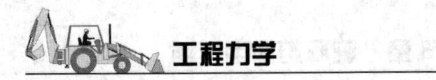

因此，当 $\alpha = \alpha^* = 56.4°$ 时，结构的许用载荷可提高为 $[P_2] = [P_1] = 314 \text{ N}$。

5.6 拉压静不定问题简介

在前面所讨论的问题中，杆件的约束反力和杆件的内力可以用静力平衡方程求出。这类问题称为静定问题。如图 5-30(a) 所示的构架，由 AB 及 AC 两杆组成，在 A 点受到载荷 G 的作用，求 AB 和 AC 杆的两个未知内力时，因能列出两个平衡方程，所以是静定问题。

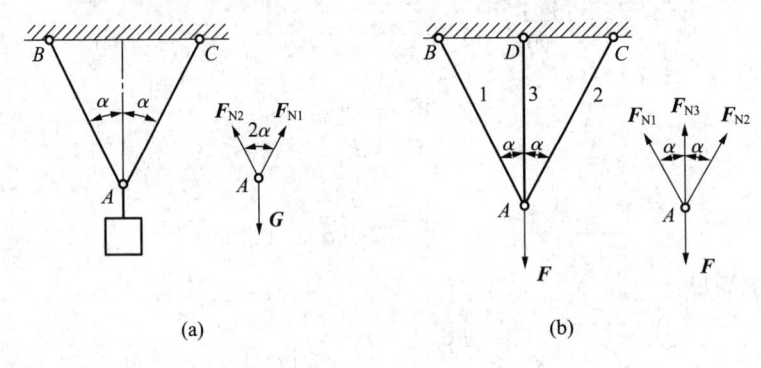

图 5-30

在工程实际中，有时为了增加构件和结构的强度和刚度，或者由于构造上的需要，往往要给构件增加一些约束，或在结构中增加一些杆件，这时构件的约束反力或杆件的数目多于静力平衡方程的数目，因而仅用静力平衡方程不能求解。这类问题称为静不定问题。未知力个数与独立的平衡方程数之差称为静不定次数。

如图 5-30(b) 所示的构架，由 AB、AC、AD 三杆组成，若取节点 A 研究，其受力组成平面汇交力系，可列出 2 个静力平衡方程，但未知力有 3 个，属于一次静不定问题。显然仅由静力平衡方程不能求出全部未知内力。

求解静不定问题，除了根据静力平衡条件列出平衡方程外，还必须根据杆件变形之间的相互关系，即变形协调条件，列出变形的几何方程，再由力和变形之间的物理条件（胡克定律）建立所需的补充方程。

下面通过例题说明静不定问题的解法。

例 5-12 图 5-31(a) 所示为两端固定的杆。在 C、D 两截面处有一对力 F 作用，杆的横截面面积为 A，弹性模量为 E，求 A、B 处支座反力。

解：假设 A、B 处的约束反力如图 5-31(b) 所示，据此列出平衡方程：

$$\sum X = 0, \quad F_A - F + F - F_B = 0$$

$$F_A = F_B \tag{5-23}$$

(a)

(b)

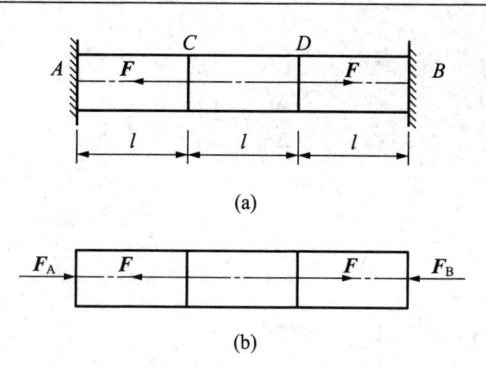

图 5 - 31

式中含有两个未知量,不能解出,还需列一个补充方程。显然,杆件各段变形后,由于约束的限制,总长度保持不变,故变形协调条件为:

$$\Delta l_{AC} + \Delta l_{CD} + \Delta l_{DB} = 0$$

由此,根据胡克定律,得到变形的几何方程为:

$$\frac{-F_A l}{EA} + \frac{(F - F_A)l}{EA} + \frac{-F_B l}{EA} = 0$$

整理后得: $\qquad 2F_A + F_B = F \qquad$ (5 - 24)

将式 (5 - 23) 代入式 (5 - 24),可解得:

$$F_A = F_B = \frac{F}{3}$$

例 5 - 13 如图 5 - 32(a)所示杆系结构中 AB 杆为刚性杆,1 杆和 2 杆刚度为 EA,外加载荷为 P,求 1 杆和 2 杆的轴力。

(a)   (b)

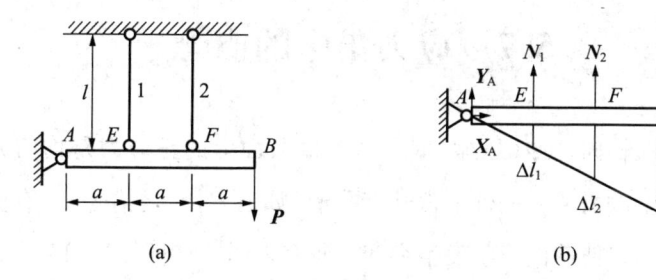

图 5 - 32

解：如图 5 - 32(b)所示,N_1、N_2 为 1 杆和 2 杆的内力;X_A、Y_A 为 A 处的约束力,未知力个数为 4,静力平衡方程个数为 3(平面力系),故为一次静不定问题。

(1) 静力平衡方程：

$$\sum M_A = 0, N_1 a + 2a N_2 - 3Pa = 0$$

即： $\qquad N_1 + 2N_2 = 3P \qquad$ (5 - 25)

(2)变形协调方程：

$$\frac{\Delta l_1}{\Delta l_2} = \frac{1}{2} \tag{5-26}$$

(3)物理方程：

$$\Delta l_1 = \frac{N_1 l}{EA}, \ \Delta l_2 = \frac{N_2 l}{EA} \tag{5-27}$$

由式(5-26)、式(5-27)得补充方程：

$$N_2 = 2N_1 \tag{5-28}$$

(4)联立式(5-25)、式(5-28)得：

$$N_1 = \frac{3}{5}P(拉力), N_2 = \frac{6}{5}P(拉力)$$

总结例题计算过程，一般静不定问题的解法如下。

(1)解除"多余"约束，使静不定结构变为静定结构(此相应静定结构称静定基)，建立静力平衡方程；

(2)根据"多余"约束性质，建立变形协调方程；

(3)建立物理方程(如胡克定律,热膨胀规律等)；

(4)联解静力平衡方程以及根据变形协调方程和物理方程所建立的补充方程，求出未知力(约束力或内力)。

注意变形协调条件应使静定变形与原静不定结构相一致。

5.7　应力集中的概念

分析等截面直杆在轴向拉伸(压缩)时，认为横截面上的正应力是均匀分布的。但工程中，由于结构或工艺上的需要，构件上常开有孔槽(如退刀槽、键槽等)，有些则需要制成阶梯轴，表面切割螺纹等，使截面形状发生突变。研究表明，在杆件截面突变处附近的小范围内，应力的数值急剧增大，而离开这个区域稍远处，应力就大为降低，并趋于均匀分布，这种由于截面的突变而导致的局部应力增大的现象，称为应力集中。

图5-33中所示的拉杆在靠近孔边的小范围内应力很大，而离开孔边较远处的应力降低许多，且分布较均匀。应力集中的程度，通常以最大局部应力 σ_{max} 与被削弱截面上的平均应力 σ_m 之比来衡量，称为理论应力集中系数，以 K_T 表示，即：

$$K_T = \frac{\sigma_{max}}{\sigma_m} \tag{5-29}$$

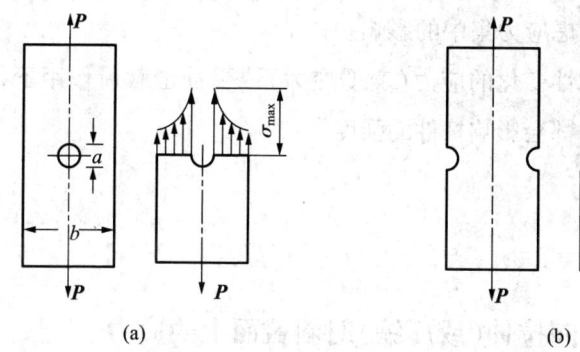

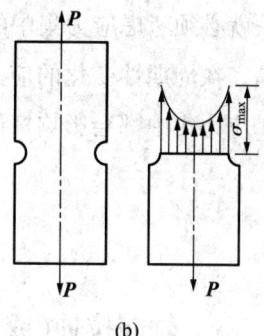

图 5 – 33

应力集中系数值取决于截面的几何形状与尺寸,截面尺寸改变越急剧,应力集中的程度就越严重。因此,杆件上应尽量避免带尖角、槽或小孔,在阶梯轴肩处,过渡圆弧的半径以尽可能大些为好。

在静载荷下,应力集中对塑性材料和脆性材料产生的影响是不同的。如图 5 – 34(a)所示的带有小圆孔的杆件,拉伸时孔边缘将产生应力集中。塑性材料具有明显的屈服阶段,当 σ_{max} 达到屈服极限 σ_s 时,杆件在此局部产生塑性变形,该处的变形可以继续增大,而应力数值不增加。若载荷继续加大,尚未屈服的区域的应力随之增加而相继达到 σ_s,由于塑性材料的屈服阶段较长,因此,这种情况是可以实现的,如图 5 – 34(b)所示,直到整个截面上的应力都达到 σ_s 时,应力分布趋于均匀,如图 5 – 34(c)所示。

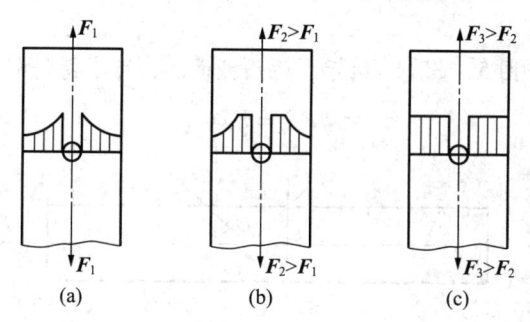

图 5 – 34

这个过程对杆件的应力起到了一定的缓和作用,所以,材料的塑性性质具有缓和应力集中的作用;塑性材料对应力集中不敏感,实际工程计算中可按应力均匀分布计算。脆性材料则不同,由于脆性材料无屈服阶段,局部最大应力随载荷的增加而增加,一直领先直至到达材料的强度极限 σ_b 时,孔边缘处就出现裂纹,很快断裂。因此,应力集中会严重降低脆性材料杆件的强度。

由于应力集中现象对于脆性材料的危害要比塑性材料严重得多。对于一般的塑性材料,在静载荷作用下可以不考虑应力集中的影响。至于灰铸铁,其内部的不均匀性和缺陷往往是产生应力集中的主要因素,而构件外形和尺寸改变所引起的应力集中就可能成为次要因素,因此，对于灰铸铁就必须考虑应力集中的影响。

需要指出的是，在周期性变化的应力（交变应力）或受冲击载荷作用下，无论是塑性材料还是脆性材料，应力集中都会影响杆件的强度。

☞ 知识拓展

轴向拉伸（或压缩）时斜截面上的应力

实验证明，拉伸或压缩杆件的破坏，不一定都是沿横截面，有时会沿斜截面发生。为全面分析杆件的强度，了解各种破坏发生的原因，需研究轴向拉伸（或压缩）时斜截面上的应力。

图 5-35(a)表示一等截面直杆，受轴向拉力 F 的作用。由截面法知 $F_N = F$，若杆的横截面面积为 A，显然，横截面的正应力 σ 为：

$$\sigma = \frac{F_N}{A} \tag{5-30}$$

用一个与横截面成 α 角的斜截面 $m-m$ 假想地将杆截分为两段，该斜截面的方位以其外法线 On 与 x 轴的夹角 α 表示，且规定：从 x 轴逆时针旋转到外法线 On 时，角 α 为正，反之为负。

研究左段的平衡，如图 5-35(b)所示，运用截面法，可求得斜截面 $m-m$ 上的内力为：

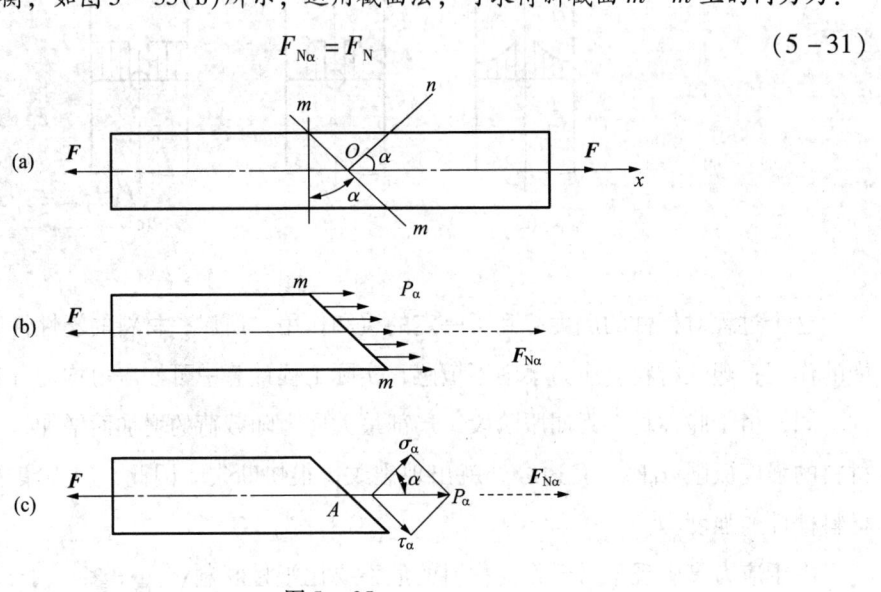

$$F_{N\alpha} = F_N \tag{5-31}$$

图 5-35

由图 5-35(a)的几何关系可知，斜截面 $m-m$ 的面积为 $A_\alpha = \dfrac{A}{\cos\alpha}$，仿照横截面上正

应力均匀分布的讨论,可知斜截面 $m-m$ 上的总应力 p_α 亦为均匀分布,于是,可得斜截面上各点的应力为:

$$p_\alpha = \frac{F_{N\alpha}}{A_\alpha} = \frac{F_N}{A}\cos\alpha = \sigma\cos\alpha \tag{5-32}$$

将 p_α 分解为垂直于截面的正应力 σ_α 和沿斜截面的切应力 τ_α,如图 5-35(c)所示,则有:

$$\sigma_\alpha = p_\alpha\cos\alpha = \sigma\cos^2\alpha \tag{5-33}$$

$$\tau_\alpha = p_\alpha\sin\alpha = \sigma\cos\alpha \cdot \sin\alpha = \frac{\sigma}{2}\sin2\alpha \tag{5-34}$$

由上两式可知,σ_α、τ_α 都是角 α 的函数,即截面上的应力随截面方位的改变而改变。

(1) $\alpha = 0°$。

$$\sigma_{0°} = \sigma\cos^2 0° = \sigma = \sigma_{\max}$$

$$\tau_{0°} = \frac{\sigma}{2}\sin(2\times 0°) = 0$$

上式说明,轴向拉(压)时,横截面上的正应力具有最大值,切应力为零。

(2) $\alpha = 45°$。

$$\sigma_{45°} = \sigma\cos^2 45° = \frac{\sigma}{2}$$

$$\tau_{45°} = \frac{\sigma}{2}\sin(2\times 45°) = \frac{\sigma}{2} = \tau_{\max}$$

上式说明,在 45°的斜截面上,切应力为最大,此时正应力和切应力相等,其值为横截面上正应力的一半。

(3) $\alpha = 90°$。

$$\sigma_{90°} = \sigma\cos^2 90° = 0$$

$$\tau_{90°} = \frac{\sigma}{2}\sin(2\times 90°) = 0$$

上式说明,杆件轴向拉伸和压缩时,平行于轴线的纵向截面上无应力。

应力符号规定如下:σ_α 仍以拉应力为正,压应力为负;τ_α 对杆内任意点的矩为顺时针转向时为正,反之为负。

由式 (5-34) 可知,必有 $\tau_\alpha = -\tau_{(\alpha+90°)}$,说明杆件内部相互垂直的截面上,切应力必然成对出现,两者等值且都垂直于两平面的交线,其方向则同时指向或背离交线,即切应力互等定理。这是一个普遍成立的定理,在任何受力情况下都是成立的。

例 5-14 阶梯形圆截面直杆受力如图 5-36(a)所示,已知载荷 $F_1 = 20$ kN,$F_2 = 50$ kN,杆 AB 段与 BC 段的直径分别为 $d_1 = 30$ mm,$d_2 = 20$ mm。试求各段杆横截面上的正应力及 AB 段上斜截面 $m-m$ 上的正应力和切应力。

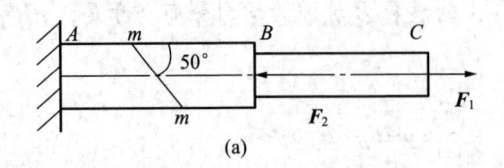

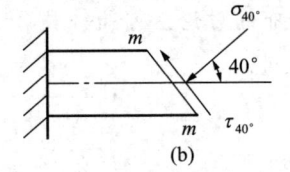

图 5 - 36

解：由截面法求得杆件 AB、BC 段的轴力分别为：

$$F_{N1} = -30 \text{ kN}(压力), \quad F_{N2} = 20 \text{ kN}(拉力)$$

由式(5 - 5)得，杆件 AB、BC 段的正应力分别为：

$$\sigma_1 = \frac{F_{N1}}{A_1} = \frac{4F_{N1}}{\pi d_1^2} = \frac{4 \times (-30 \times 10^3)}{\pi \times 0.03^2} = -42.4 \text{ MPa}(压应力)$$

$$\sigma_2 = \frac{F_{N2}}{A_2} = \frac{4F_{N2}}{\pi d_2^2} = \frac{4 \times 20 \times 10^3}{\pi \times 0.02^2} = 63.7 \text{ MPa}(拉应力)$$

斜截面 $m-m$ 的方位角为 $\alpha = 40°$，于是由式（5 - 33）和式（5 - 34）得，斜截面 $m-m$ 上的正应力与切应力分别为：

$$\sigma_{40°} = \sigma_1 \cos^2\alpha = -42.4\cos^2 40° = -24.9 \text{ MPa}$$

$$\tau_{40°} = \frac{\sigma_1}{2}\sin 2\alpha = -\frac{42.4}{2}\sin 80° = -20.9 \text{ MPa}$$

其方向如图 5 - 36(b)所示。

要 点 总 结

（1）轴向拉伸和压缩时杆件横截面上的内力称为轴力，当轴力的方向与横截面的外法线方向一致时，轴力为正；反之，轴力为负。轴力图能够形象地表示轴力沿轴线的变化。

（2）在杆件横截面上作用有均匀分布的正应力，为：

$$\sigma = \frac{F_N}{A}$$

（3）拉压杆的强度条件为：

$$\sigma_{\max} = \left(\frac{F_N}{A}\right)_{\max} \leq [\sigma]$$

（4）根据强度条件主要解决工程中拉压杆的三类问题：一是强度校核；二是截面尺寸的设计；三是确定许用载荷。

（5）当应力低于材料的比例极限时，应力与应变成正比，即 $\sigma = E\varepsilon$，这就是胡克定律。承受轴向拉压的杆件沿其轴线方向伸长或缩短，其变形可以用 $\Delta l = \dfrac{F_N l}{EA}$ 计算。

（6）低碳钢拉伸时分为弹性阶段、屈服阶段、强化阶段、局部变形阶段。屈服极限 σ_s 是衡量材料强度的重要指标。铸铁拉伸时，没有屈服和颈缩现象，拉断时延伸率很小，故强度极限 σ_b 是衡量强度的唯一指标。掌握塑性材料、脆性材料的区别。

（7）构件中未知力的数目超过平衡方程的数目时仅用静力平衡方程不能求解，这类问题称为拉压静不定问题。求解静不定问题的一般步骤如下：

① 根据平衡关系，列出静力平衡方程。

② 根据变形协调条件，写出变形后的几何关系。

③ 考虑物理关系，利用胡克定律由变形协调条件列出补充方程。

④ 联立求解平衡方程和补充方程。

本 章 习 题

5−1 选择题

（1）在下列关于轴向拉压杆轴力的说法中，错误的是（　　）。

　　A. 拉压杆的内力只有轴力　　　　B. 轴力的作用线与杆轴线重合

　　C. 轴力是沿杆轴作用的外力　　　D. 轴力与杆的横截面积和材料无关

（2）如图 5−37 所示阶梯杆，AB 段为钢，BD 段为铸铁，在力 F 作用下（　　）。

　　A. AB 段轴力最大　　　　　　B. BC 段轴力最大

　　C. CD 段轴力最大　　　　　　D. 三段轴力一样大

（3）现有钢、铸铁两种棒材，其直径相同，从承载能力和经济效益两方面考虑，图 5−38 所示结构中两杆的合理选材方案是（　　）。

　　A. 1 杆为钢，2 杆为铸铁　　　　B. 1 杆为铸铁，2 杆为钢

　　C. 两杆均为钢　　　　　　　　D. 两杆均为铸铁

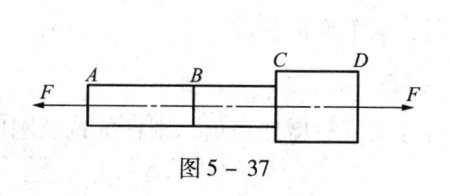

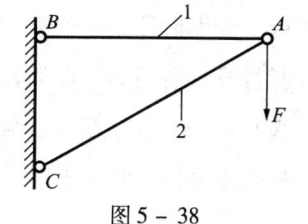

图 5−37

图 5−38

（4）有两杆，一个为圆截面，另一个为正方形截面，若两杆材料，横截面积及所受载荷相同，长度不同，则两杆的（　　）不同。

　　A. 轴向正应力 σ　　　　　　　B. 轴向线应变 ε

　　C. 轴向伸长 Δl　　　　　　　D. 横向线应变

(5) 下列命题正确的是( )。

    A. 同种材料的弹性模量 E 是随外力不同而变化的

    B. 反映材料塑性的力学性能指标是弹性模量 E 和泊松比 μ

    C. 无论是纵向变形还是横向变形都可用 $\sigma = E\varepsilon$ 计算

    D. 轴向线应变的正负号与 Δl 一致

(6) 设一阶梯形杆的轴力沿杆轴是变化的,则在发生破坏的截面上( )。

    A. 外力一定最大,且面积一定最小

    B. 轴力一定最大,且面积一定最大

    C. 轴力不一定最大,但面积一定最小

    D. 轴力与面积之比一定最大

(7) 三种不同材料拉伸时的 $\sigma - \varepsilon$ 曲线如图 5 - 39 所示。其中强度最高、刚度最大和塑性最好的材料分别是( )。

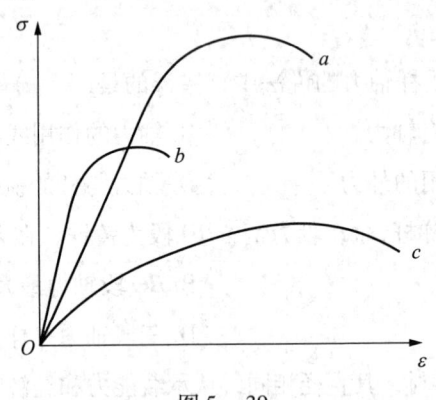

图 5 - 39

    A. a、b 和 c B. a、c 和 b C. b、c 和 a D. b、a 和 c

(8) 低碳钢拉伸试件的 $\sigma - \varepsilon$ 曲线大致可分为四个阶段,这四个阶段是( )。

    A. 弹性变形阶段,塑性变形阶段,屈服阶段,断裂阶段

    B. 弹性变形阶段,塑性变形阶段,强化阶段,局部变形阶段

    C. 弹性变形阶段,屈服阶段,强化阶段,局部变形阶段

    D. 变形阶段,屈服阶段,强化阶段,断裂阶段

(9) 一圆截面直杆,两端承受拉力作用,若将其直径增加一倍,则杆的抗拉刚度将是原来的( )倍。

    A. 8   B. 6   C. 4   D. 2

5 - 2 判断题

(1) 作用于杆件上的两个外力等值、反向、共线,则杆件受轴向拉伸或压缩。( )

(2) 变截面杆 AD 受集中力作用,如图 5 - 40 所示。用 N_{AB}、N_{BC}、N_{CD} 分别表示该杆

AB 段、BC 段、CD 段的轴力的大小，则 $N_{AB} > N_{BC} > N_{CD}$。 （　　）

（3）如图 5－41 所示的两杆的轴力图相同。 （　　）

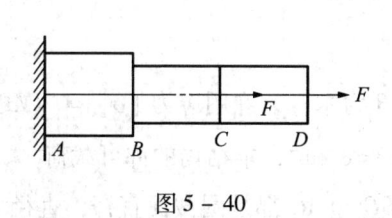

图 5－40

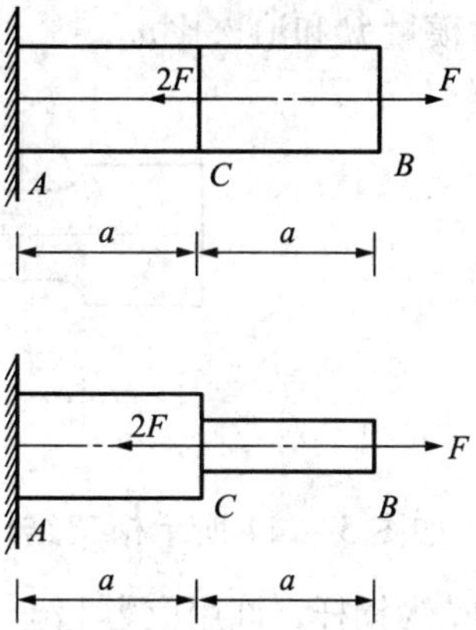

图 5－41

（4）由平面假设可知，受轴向拉压杆件，横截面上的应力是均匀分布的。 （　　）

（5）杆件所受到轴力 F_N 越大，横截面上的正应力 σ 越大。 （　　）

（6）若整个杆件的变形量为零，则杆内的应力必为零。 （　　）

（7）极限应力、屈服强度和许用应力三者是不相等的。 （　　）

（8）在静载作用下，对于塑性材料一般不考虑应力集中的影响，而对组织均匀的脆性材料则应以考虑。 （　　）

（9）轴向拉伸或压缩的低碳钢杆件的轴向线应变和横向线应变符号一定相反。 （　　）

（10）求解静不定结构必须建立变形协调方程，即各杆变形间的几何关系。 （　　）

5－3　求图 5－42 所示各杆 1－1、2－2、3－3 截面的轴力，并作出各杆轴力图。

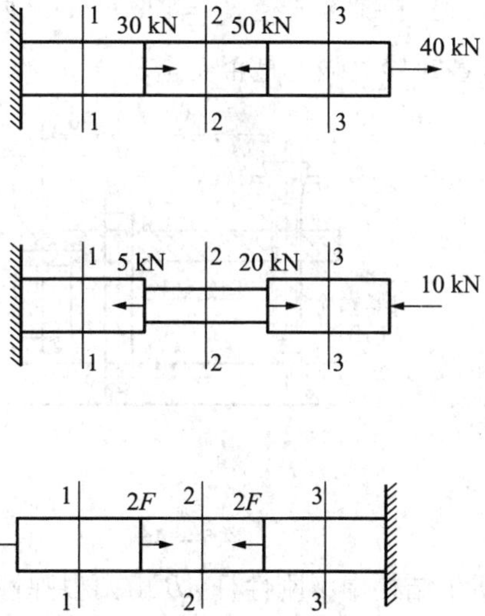

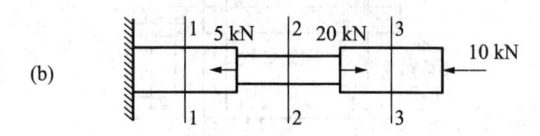

图 5－42

5-4　如图 5-43 所示硬铝试件，$h=2$ mm，$b=20$ mm，试验段长 $L_0=70$ mm，在轴向拉力 $F=6$ kN 作用下，测得试验段伸长 $\Delta L_0=0.15$ mm，板宽缩短 $\Delta b=0.014$ mm，试计算硬铝的弹性模量 E 和泊松比 μ。

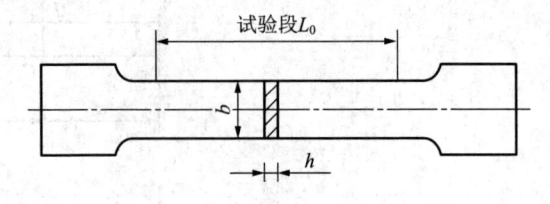

图 5-43

5-5　如图 5-44 所示桁架结构中，已知：AB 为木杆，许用应力 $[\sigma_1]=7$ MPa，$A_1=100$ cm²，BC 为钢杆，许用应力 $[\sigma_2]=160$ MPa，$A_2=8$ cm²，求结构的许可载荷。

5-6　如图 5-45 所示结构受力 $F=50$ kN。BC 和 AC 都是圆截面直杆，直径均为 $d=20$ mm，材料都是 Q235 钢，其许用应力 $[\sigma]=157$ MPa。试求该结构的强度。

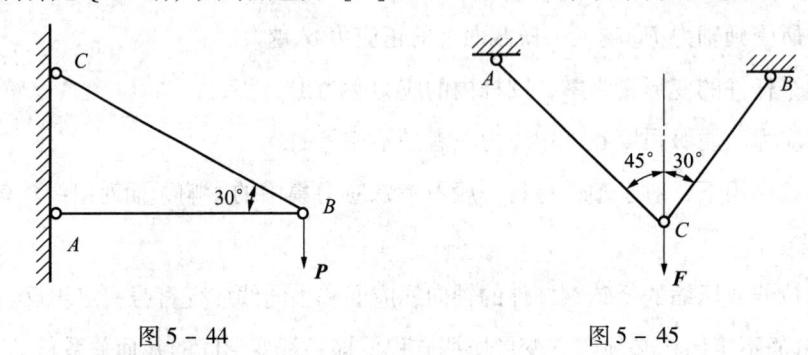

图 5-44　　　　图 5-45

5-7　螺旋压紧装置如图 5-46 所示。现已知工件所受的压紧力为 $F=4$ kN，旋紧螺栓螺纹的内径 $d_1=13.8$ mm，固定螺栓内径 $d_2=17.3$ mm。两根螺栓材料相同，其许用应力 $[\sigma]=53.0$ MPa。试校核各螺栓之强度是否安全。

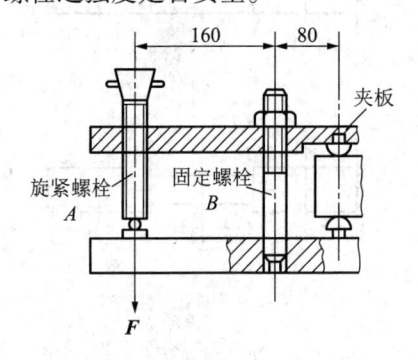

图 5-46

5-8　如图 5-47 所示结构中，刚性杆 AB 由两根弹性杆 AC 和 BD 悬吊。已知：P、l、E_1A_1 和 E_2A_2，试求 x 等于多少时可使 AB 杆保持水平？

5-9 一木柱受力如图5-48所示。柱的横截面为边长200 mm的正方形，材料可认为符合胡克定律，其弹性模量 $E=10$ GPa。如不计柱的自重，试求：

（1）作轴力图。

（2）各段柱横截面上的应力。

（3）各段柱的纵向线应变。

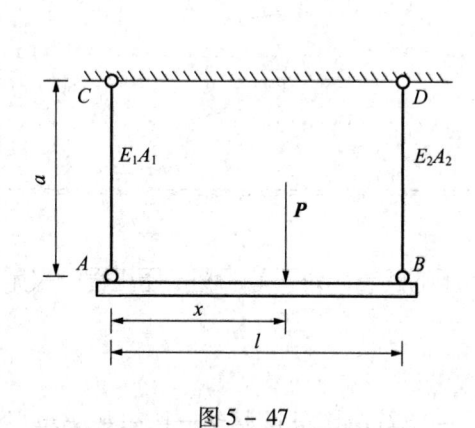

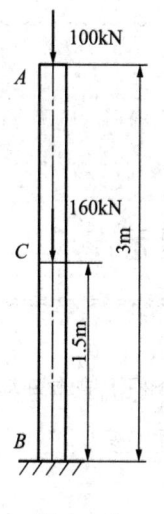

图 5-47

图 5-48

5-10 图5-49所示 AB 为刚性杆，杆1、2横截面积 A、弹性模量 E 完全相同，试求此两杆轴力。若 $A=600$ mm^2，许用应力 $[\sigma]=160$ MPa，载荷 $F=80$ kN，试校核强度。

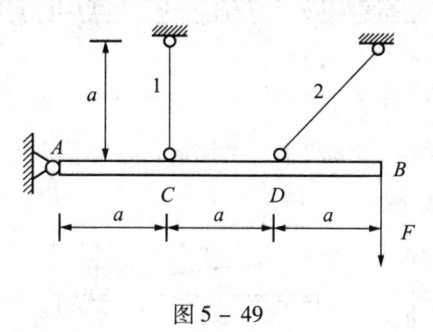

图 5-49

第6章
剪切与挤压

☞ **教学提示**

内容提要

　　本章介绍机械中连接件受剪切和挤压的概念，对于剪切和挤压工程中采用实用计算来进行强度校核。

学习目标

　　通过本章的学习，学生应掌握工程中各种常用连接件和连接方式的受力和变形分析。了解连接件应力分布的复杂性、实用计算方法及其近似性和工程可行性。掌握对各种常用连接件和连接方式的强度校核。培养能够应用实用计算的基础知识解决简单力学问题的能力。

　　在工程中，为了将构件相互连接起来，常用铆钉、螺栓、键或销钉等连接，这些起连接作用的部件统称为连接件，如图 6-1 所示。

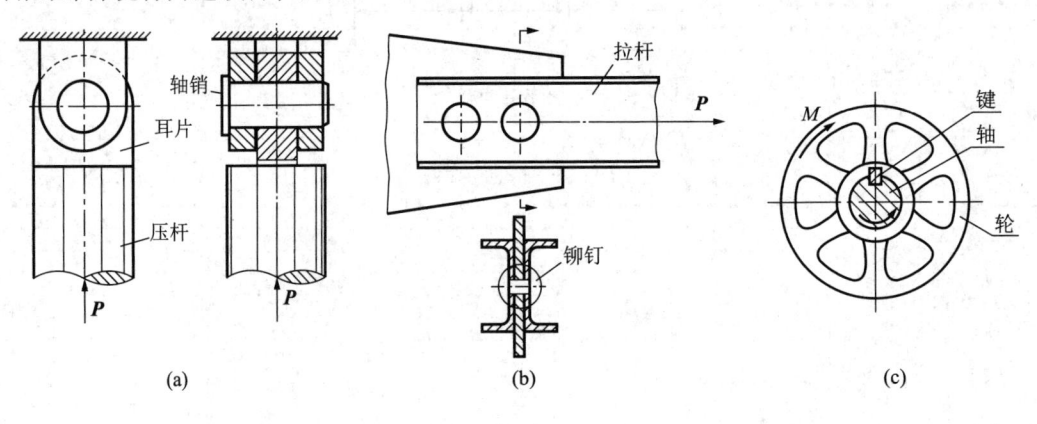

图 6-1

连接件的受力与变形一般是很复杂的，很难做出精确的理论分析。因此，工程中通常采用实用的简化分析方法或称为假定计算方法。其要点是：一方面假定应力分布规律，从而计算出各部分的"名义应力"；另一方面，根据实物或模拟实验，并采用同样的计算方法，由破坏载荷确定材料的极限应力；然后，再根据上述两方面的结果建立其强度条件。实践表明，这种假定计算方法是可靠的。

6.1 剪切的概念

如图 6-2 所示剪床剪切钢板图中，钢板在上、下刀刃大小相等，方向相反的力作用下，在相距 δ 区域内发生相对错动变形，当外力足够大时，钢板被切断。

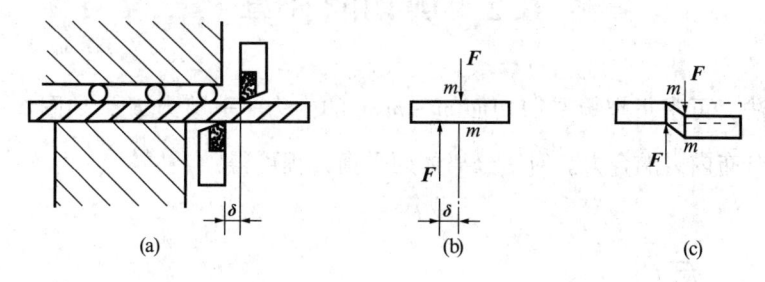

图 6-2

考察如图 6-3(a)所示的铆钉连接，当被连接件上受到外力 F 的作用后，力由两块钢板传到铆钉与钢板的接触面上，显然，铆钉在两侧面上分别受到大小相等、方向相反、作用线相距很近的两组外力系的作用，如图 6-3(b)所示。铆钉在这样的外力作用下，将沿两侧外力之间，并与外力作用线平行的截面 $m-m$ 发生相对错动，这种变形形式称为剪切。发生剪切变形的截面 $m-m$，称为受剪面或剪切面。剪切变形的受力特点和变形特点归纳如下：作用于构件两侧且与构件轴线垂直的外力，可以简化为大小相等、方向相反、作用线相距很近的一对力，使构件沿横截面发生相对错动。

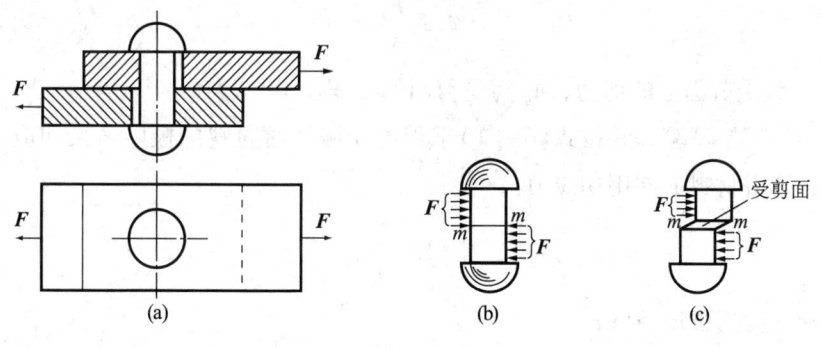

图 6-3

只有一个受剪面的剪切称为单剪切，如上述两例。有两个受剪面的剪切称为双剪切，如图 6-4 中螺栓所受的剪切。

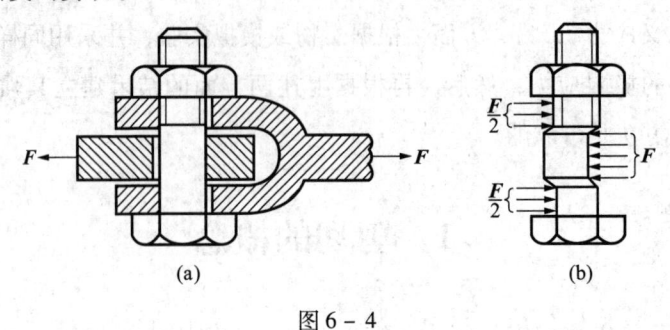

图 6-4

6.2　剪切的计算

应用截面法，可求得螺栓受剪切面 $m-m$ 上的内力——剪力 F_s，如图 6-5(c) 所示，它是剪切面上分布内力的合力。对一分离体列平衡方程可得：

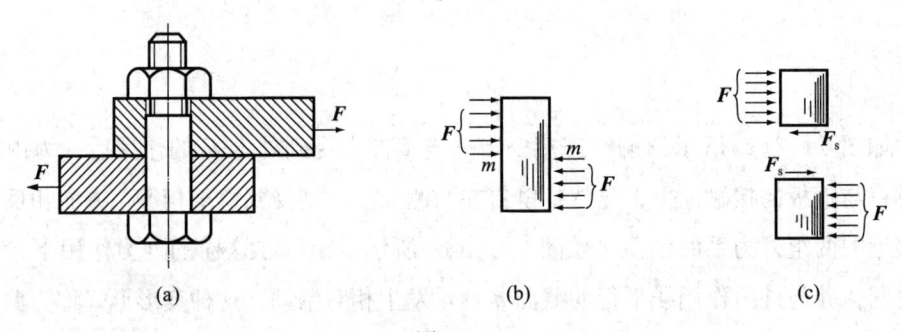

$$F_s = F$$

图 6-5

在工程实用计算中，通常假定受剪面上的切应力均匀分布，于是，受剪面上的名义切应力为：

$$\tau = \frac{F_s}{A_s} \quad (6-1)$$

式中，F_s 为受剪面上的剪力，A_s 为受剪面的面积。

然后，通过直接试验，并按式(6-1)求得剪切破坏时材料的极限名义切应力 τ_u，再除以安全因数，即得材料的许用切应力：

$$[\tau] = \frac{\tau_u}{n} \quad (6-2)$$

由此，建立剪切强度条件：

$$\tau = \frac{F_s}{A_s} \leqslant [\tau] \quad (6-3)$$

需要注意，在计算中要正确确定有几个受剪面，以及每个受剪面上的剪力。

大量实践结果表明，剪切实用计算方法能满足工程实际的要求。

工程中常用材料的许用切应力，可以从有关的设计手册中查得。一般情况下，材料的许用切应力$[\tau]$与许用拉应力$[\sigma]$之间有以下近似关系：

对塑性材料 $[\tau]=(0.6\sim0.8)[\sigma]$

对脆性材料 $[\tau]=(0.8\sim1.0)[\sigma]$

剪切强度条件同样可解决校核强度、设计截面尺寸和确定许可载荷等三类问题。

6.3 挤压的计算

铆钉等连接件在外力的作用下发生剪切变形的同时，在连接件和被连接件接触面上互相压紧，产生局部压陷变形，甚至压溃破坏，这种现象称为挤压，如图6-6所示。接触面上的压力称为挤压力，用F_{bs}表示。

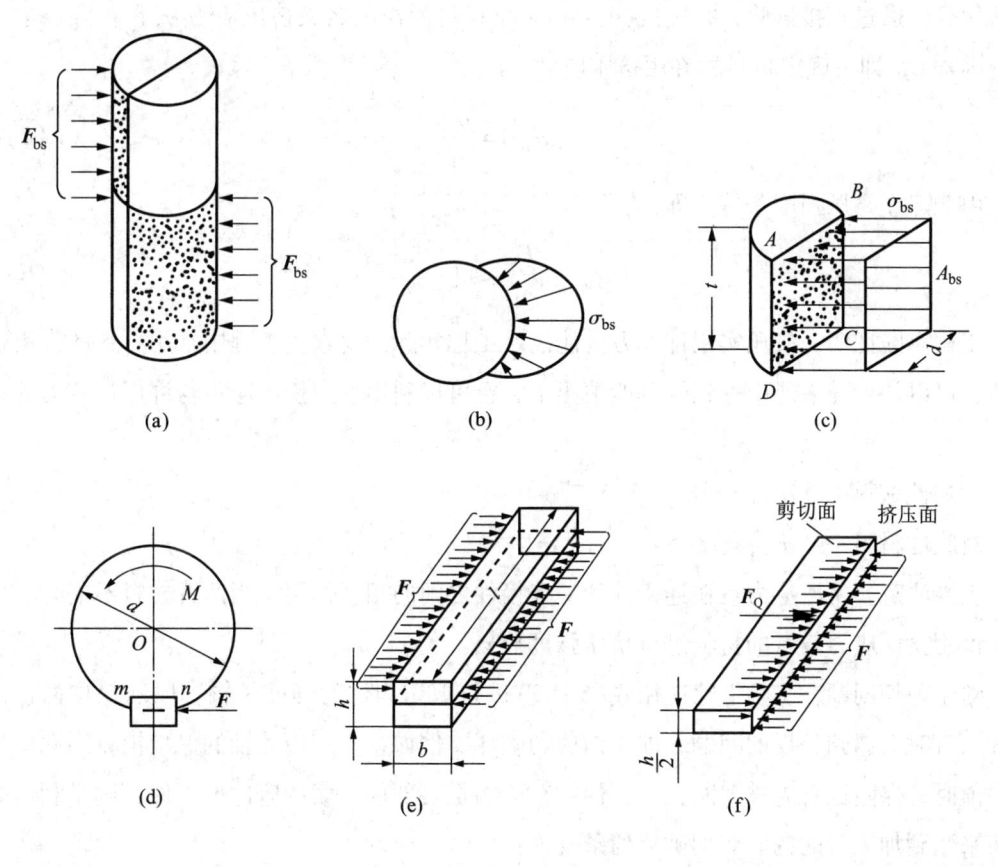

图 6-6

应当注意，挤压与压缩的概念是不同的。压缩变形是指杆件的整体变形，其任意横截面上的应力是均匀分布的；挤压时，挤压应力只发生在构件接触的表面，一般并不均匀分布。它在构件接触面附近的局部区域内发生较大的接触应力，称为挤压应力，并用 σ_{bs} 表示。挤压应力是垂直于接触面的正应力。当挤压应力过大时，将会在二者接触的局部区域产生过量的塑性变形，从而导致二者失效。

挤压接触面上的应力分布同样也是很复杂的，在工程计算中也是采用假定计算，即假定挤压应力在有效挤压面上均匀分布。按这种假设所得的挤压应力称为名义挤压应力。因此有：

$$\sigma_{bs} = \frac{F_{bs}}{A_{bs}} \tag{6-4}$$

其中，F_{bs} 为接触面上的挤压力，A_{bs} 为有效挤压面面积。当接触面为平面时（如平键），如图 6-6(f) 所示，挤压面就是实际接触面；对于圆柱状连接件（如螺栓、销钉等），接触面为半圆柱面，挤压面面积 A_{bs} 取为实际接触面的正投影面，即其直径面面积 $A_{bs} = t \cdot d$，如图 6-6(c) 所示，按照式 (6-4) 计算所得挤压应力与接触面上的实际最大应力大致相等。

然后，通过直接试验，并按式 (6-4) 求出材料的极限名义挤压应力 σ_u，再除以适当的安全因素 n，即可确定材料的许用挤压应力，即：

$$[\sigma_{bs}] = \frac{\sigma_u}{n} \tag{6-5}$$

由此建立挤压强度条件，即：

$$\sigma_{bs} = \frac{F_{bs}}{A_{bs}} \leq [\sigma_{bs}] \tag{6-6}$$

工程实践证明，挤压实用计算方法能满足工程实际的要求。工程中常用材料的许用挤压应力，可以从设计手册中查到。一般情况下，也可以利用许用挤压应力与许用拉应力的近似关系求得。

对塑性材料　　$[\sigma_{bs}] = (0.9 \sim 1.5)[\sigma]$

对脆性材料　　$[\sigma_{bs}] = (1.5 \sim 2.5)[\sigma]$

应当注意，挤压应力是在连接件和被连接件之间的相互作用。当两者材料不同时，应对其中许用挤压应力较低的材料进行挤压强度校核。

对于剪切问题，工程上除应用式 (6-3) 进行剪切构件的强度校核，以确保构件正常工作外，有时会遇到相反的问题，即所谓剪切破坏。例如，车床传动轴的保险销，当载荷超过极限值时，保险销首先被剪断，从而保护车床的重要部件。而冲床冲剪工件，则是利用剪切破坏来达到加工目的的。剪切破坏的条件为：

$$F_b \geq \tau_b \cdot A_s \tag{6-7}$$

其中，F_b 为破坏时横截面上的剪力；τ_b 为材料的剪切强度极限。

例 6-1 在中国古代建筑中，经常采用榫卯连接。木榫接头如图 6-7 所示。已知接头处的尺寸为 $l = h = b = 18$ cm，材料的许用应力 $[\sigma_t] = 5$ MPa，$[\sigma_{bs}] = 10$ MPa，$[\tau] = 2.5$ MPa，求许可拉力 $[F]$。

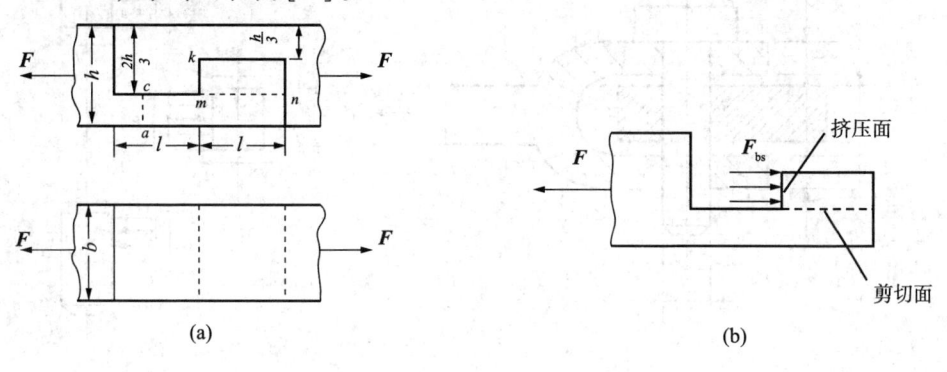

图 6-7

解：(1) 按剪切强度确定许可拉力。

接头左半部分木构件的受剪面 $m-n$ 上的剪力为 $F_s = F$，受剪面面积为 $A_s = bl$，如图 6-7(b) 所示，于是由式 (6-3) 得：

$$\tau = \frac{F_s}{A_s} = \frac{F}{bl} \leq [\tau]$$

$$F \leq bl[\tau] = 0.18 \times 0.18 \times 2.5 \times 10^6 \times 10^{-3} = 81 \text{ kN}$$

(2) 按挤压强度确定许可拉力。

挤压面 $m-k$ 上的挤压力为 $F_{bs} = F$，有效挤压面积为 $A_{bs} = \dfrac{bh}{3}$，由式 (6-6) 得：

$$\sigma_{bs} = \frac{F_{bs}}{A_{bs}} = \frac{3F}{bh} \leq [\sigma_{bs}]$$

$$F \leq \frac{1}{3}bh[\sigma_{bs}] = \frac{1}{3} \times 0.18 \times 0.18 \times 10 \times 10^6 \times 10^{-3} = 108 \text{ kN}$$

(3) 按拉伸强度确定许可拉力。

接头左半部分木构件的危险截面 $a-c$ 上的轴力为 $F_N = F$，该截面面积为 $A = \dfrac{bh}{3}$。由拉伸强度公式得：

$$\sigma = \frac{F_N}{A} = \frac{3F}{bh} \leq [\sigma_t]$$

$$F \leq \frac{1}{3}bh[\sigma_t] = \frac{1}{3} \times 0.18 \times 0.18 \times 5 \times 10^6 \times 10^{-3} = 54 \text{ kN}$$

所以，许可拉力由拉伸强度确定，其值为 $F = 54$ kN。

例 6-2 电机车挂钩的销钉连接如图 6-8(a) 所示。已知挂钩厚度 $t = 8$ mm，销钉材料的$[\tau]=60$ MPa，$[\sigma_{bs}]=200$ MPa，电机车的牵引力 $F=15$ kN，试选择销钉的直径。

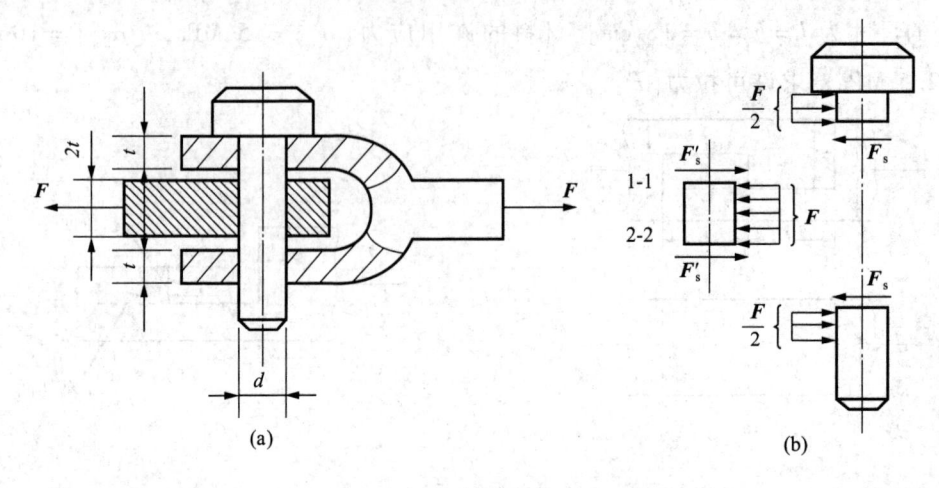

图 6-8

解：销钉受力情况如图 6-8(b)所示，因销钉有两个面承受剪切，故每个剪切面上的剪力 $F_s=\dfrac{F}{2}$，剪切面积为 $A_s=\dfrac{\pi d^2}{4}$。

(1) 根据剪力强度条件，设计销钉直径。

由式(6-3)可得：

$$A_s = \frac{\pi d^2}{4} \geq \frac{\dfrac{F}{2}}{[\tau]}$$

则

$$d \geq \sqrt{\frac{2F}{\pi[\tau]}} = \sqrt{\frac{2 \times 15 \times 10^3}{\pi \times 60 \times 10^6}} = 12.6 \text{ mm}$$

(2) 根据挤压强度条件，设计销钉直径。

由图 6-8(b)可知，销钉上、下部挤压面上的挤压力 $F_{bs}=\dfrac{F}{2}$，挤压面积 $A_{bs}=dt$，由式(6-6)得：

$$A_{bs} = dt \geq \frac{\dfrac{F}{2}}{[\sigma_{bs}]}$$

则

$$d \geq \frac{F}{2t[\sigma_{bs}]} = \frac{15 \times 10^3}{2 \times 8 \times 10^{-3} \times 200 \times 10^6} \approx 5 \text{ mm}$$

选 $d=12.6$ mm，可同时满足挤压和剪切强度的要求。考虑到启动和刹车时冲击的影响以及轴径系列标准，可取 $d=15$ mm。

例 6-3 已知图 6-9(a)所示钢板厚度 $t=10$ mm，其剪切强度极限为 $\tau_b=300$ MPa。若用冲床将钢板冲出直径 $d=25$ mm 的孔，问需要多大的冲剪力 F？

(a)

(b)

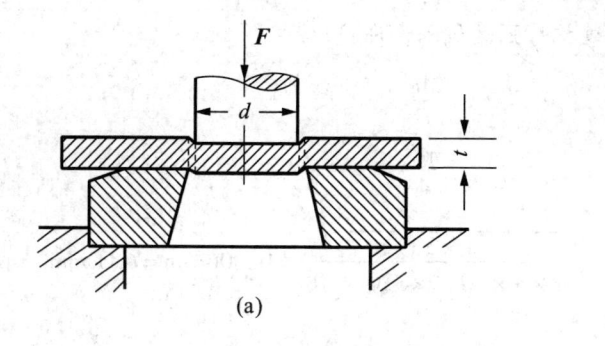

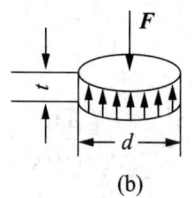

图 6 – 9

解：由题意知，剪切面是圆柱形侧面，如图 6 – 9(b)所示。其面积为：

$$A_s = \pi d t = \pi \times 25 \times 10 = 785 \text{ mm}^2$$

冲孔所需要的冲剪力就是钢板破坏时剪切面上的剪力，由式(6 – 7)可得：

$$F_b \geq \tau_b A_s = 300 \times 10^6 \times 785 \times 10^{-6} = 235.5 \times 10^3 \text{ N} = 235.5 \text{ kN}$$

故冲孔所需要的最小冲剪力为 235.5 kN。

☞ 知识拓展

工程应用——安全销

安全销指机械系统中可移除或插入的起到过载剪切安全保护作用的销类零部件。试设计图 6 – 10 所示车床光杠的安全销直径。已知光杠直径 $D = 30$ mm，安全销材料的抗剪强度极限 $\tau_b = 320$ MPa。为保证光杠安全，传递的力矩 M 不能超过 300 N·m。

(a)

(b)

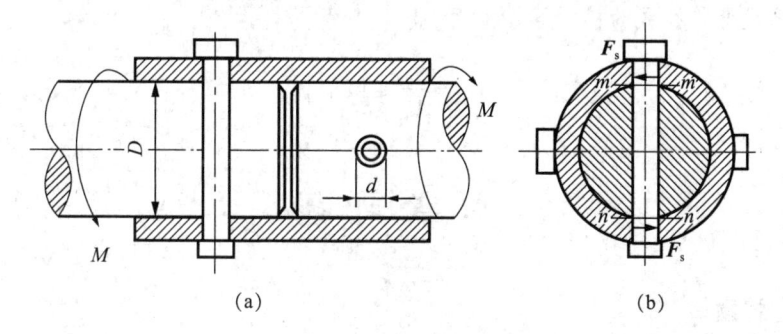

图 6 – 10 安全销的结构

解：安全销有两个受剪面 $m-m$ 和 $n-n$，受剪面上的剪力 F_s 组成一力偶，其力偶臂为 D，所以

$$F_s = \frac{M}{D}$$

按剪断条件，切应力应超过抗剪强度极限，即：

$$\tau = \frac{\dfrac{M}{D}}{\dfrac{\pi d^2}{4}} > \tau_b$$

所以 $d < \sqrt{\dfrac{4M}{\pi D \tau_b}} = \sqrt{\dfrac{4 \times 300}{\pi \times 3 \times 10^{-2} \times 320 \times 10^6}} = 0.0063 \text{ m} = 6.3 \text{ mm}$

可选直径为 6 mm。

要 点 总 结

（1）正确理解连接件的剪切和挤压的概念，连接件的受力与变形一般是很复杂的，很难做出精确的理论分析。因此，工程中通常连接件采用实用的假定计算方法。

① 在工程实用计算中，通常假定受剪面上的切应力均匀分布，受剪面上的名义切应力为 $\tau = \dfrac{F_s}{A_s}$。

② 假定挤压应力在有效挤压面上均匀分布，名义挤压应力为 $\sigma_{bs} = \dfrac{F_{bs}}{A_{bs}}$。

（2）掌握连接件的强度校核。

① 剪切强度计算公式为：

$$\tau = \frac{F_s}{A_s} \leq [\tau]$$

② 挤压强度计算公式为：

$$\sigma_{bs} = \frac{F_{bs}}{A_{bs}} \leq [\sigma_{bs}]$$

本 章 习 题

6－1 选择题

（1）受剪构件剪切面上的切应力大小（　　）。

　　A．外力越大，切应力越大

　　B．剪力越大，切应力越大

　　C．当剪切面面积一定，剪力越大，切应力越大

　　D．切应变越大，切应力越大

(2) 受剪螺栓的直径增加一倍,当其他条件不变时,剪切面上的切应力将减小( )。

A. 1 倍
B. $\frac{1}{2}$ 倍
C. $\frac{1}{4}$ 倍
D. $\frac{3}{4}$ 倍

(3) 在连接件上,剪切面与挤压面分别( )外力方向。

A. 垂直与平行
B. 平行与垂直
C. 平行
D. 垂直

(4) 如图 6-11 所示,在平板和受拉螺栓之间垫一个垫圈,可以提高( )强度。

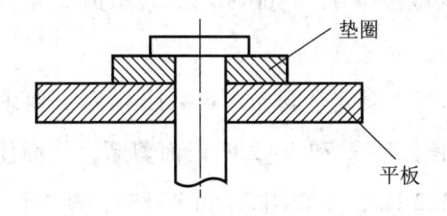

图 6-11

A. 螺栓的拉伸
B. 螺栓的挤压
C. 螺栓的剪切
D. 平板的挤压

6-2 判断题

(1) 计算名义切应力用公式 $\tau = \dfrac{F_s}{A}$,说明实际连接构件剪切面上的切应力是均匀分布。

( )

(2) 进行挤压实用计算时,所取的挤压面面积就是挤压接触面的正投影面积。 ( )

(3) 用剪刀剪的纸张和用刀切的菜,均受到了剪切破坏。 ( )

(4) 在构件上有多个面积相同的剪切面,当材料一定时,若校核该构件的剪切强度,则只对剪力较大的剪切面进行校核即可。 ( )

(5) 一般情况下挤压常伴随着剪切同时产生,但挤压应力与切应力是有区别的。( )

6-3 如图 6-12 所示铆接件,若板与铆钉为同一材料,板厚 t,铆钉直径 d,且已知 $[\sigma_{bs}] = 2[\tau]$,为充分提高材料的利用率,求铆钉的直径 d 与板厚 t 间的关系。

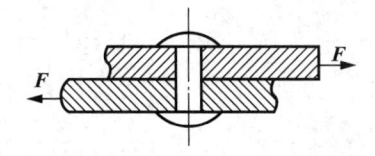

图 6-12

6-4 如图 6-13 所示剪刀,尺寸如图所示,销钉直径 $d = 5$ mm。当以力 $P = 200$ N 剪

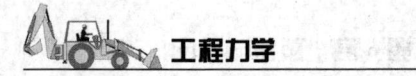

切与销钉直径相同的铜丝时,求铜丝与销钉横截面上的平均剪应力。

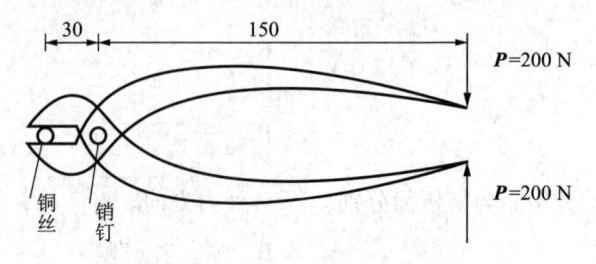

图 6 – 13

6 – 5 如图 6 – 14 所示冲床的最大冲力为 400 kN,冲头材料的许用应力 $[\sigma]$ = 440 MPa,被冲剪板的剪切强度极限 τ_b = 360 MPa。求出最大冲力作用下所能冲剪的圆孔的直径和板的最大厚度。

6 – 6 一冶炼厂使用的高压泵安全阀如图 6 – 15 所示。要求当活塞下高压液体的压强达 P = 3.4 MPa 时,使安全销沿 1 – 1 和 2 – 2 两截面剪断,从而使高压液体流出,以保证泵的安全。已知活塞直径 D = 5.2 cm,安全销采用 15 号钢,其剪切极限 τ_b = 320 MPa,试确定安全销的直径 d。

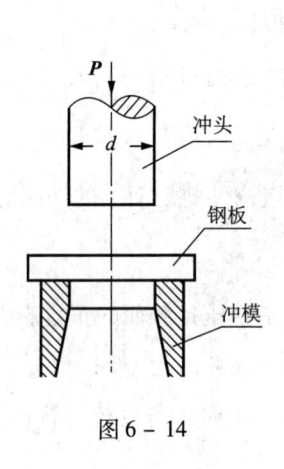

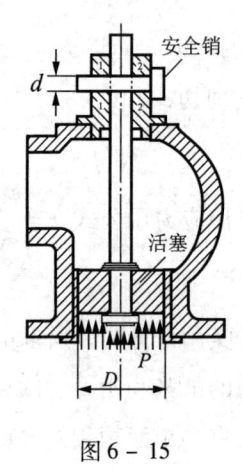

图 6 – 14

图 6 – 15

第7章 圆轴的扭转

教学提示

内容提要

本章介绍圆轴扭转的受力特点及变形特点；外力偶矩和扭矩计算、扭矩图；圆轴扭转时横截面上剪应力的分布规律及计算公式；扭转变形的强度条件和刚度条件。

学习目标

通过本章的学习，学生应掌握圆轴扭转的概念，学会计算外力偶矩和扭矩、会画扭矩图；重点应掌握圆轴扭转的强度与刚度计算，可以对传动轴进行设计计算。

如图7-1所示桥式起重机适用于车站、港口、工矿企业等部门的车间、货厂及仓库等场所，在固定跨间内对各种物料进行起重、运输及装卸工作。其动力是通过传动轴传递的，传动轴是指工作时主要承受扭矩，不承受或承受很小弯矩的轴。对于这类受扭变形的轴需要进行强度、刚度计算。

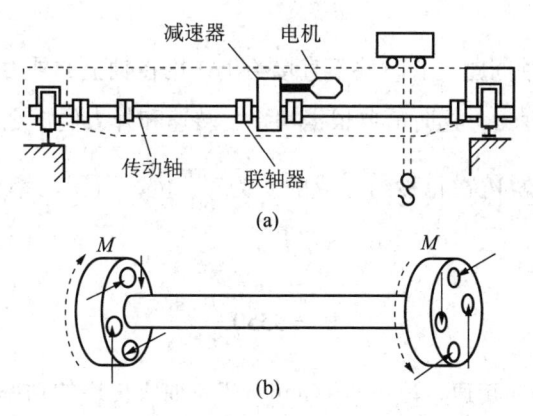

图7-1 桥式起重机的传动轴

7.1 圆轴扭转时的内力

7.1.1 圆轴扭转的概念

驾驶汽车时,司机加在方向盘上两个大小相等、方向相反的切向力,它们在垂直于操纵杆轴线的平面内组成一力偶,如图 7-2 所示。同时,操纵杆下端则受到一转向相反的阻力偶的作用。操纵杆在一对大小相等、转向相反、作用面垂直于直杆轴线的外力偶作用下,直杆的任意两个横截面将发生绕杆件轴线的相对转动,这种变形形式称为扭转变形。任意两横截面之间产生相对角位移 φ,φ 称为扭转角(如 φ_{AB} 为截面 B 相对于截面 A 的扭转角)。同时,杆的纵向线发生微小倾斜,变成螺旋线,如图 7-3 所示。

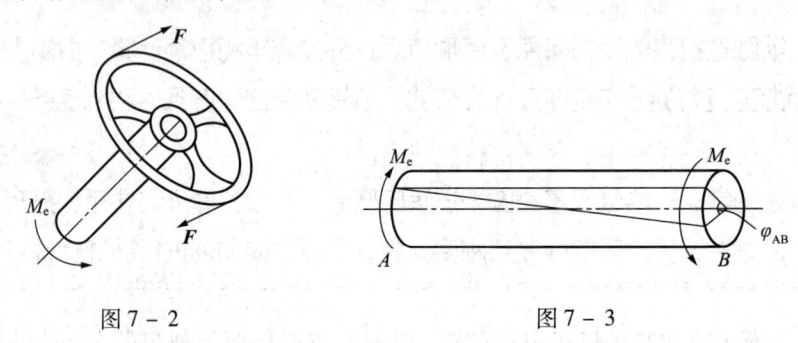

图 7-2

图 7-3

工程中常将发生扭转变形的杆件称为轴。如汽车的传动轴、电动机的主轴等的主要变形,都包含扭转变形在内。

7.1.2 外力偶矩的计算

工程机械中的传动轴问题,有时并不直接给出作用在轴上的外力偶矩 M,而只给出轴所传送的功率 P 和轴的转速 n,这时需要根据功率、转速和外力偶矩之间的关系,求出使轴发生扭转的外力偶矩。根据 M_e 在每秒内完成的功为 $\dfrac{2\pi n}{60}M_e$,可得功率、转速和外力偶矩之间的换算关系为:

$$M_e = 9550 \frac{P}{n} \tag{7-1}$$

式(7-1)中 n 为轴的转速,单位是 r/min,P 为轴所传递的功率,单位是 kW;M_e 为外力偶矩的大小,单位是 N·m。

在确定外力偶的转向时,应注意到主动轮上的外力偶的转向与轴的转动方向相同,而从动轮上的外力偶的转向则与轴的转动方向相反,这是因为从动轮上的外力偶是阻力偶。

7.1.3 扭矩与扭矩图

作用在轴上的外力偶矩确定后,现在研究轴上的内力,仍采用截面法确定扭转时横截面上的内力,图 7-4(a)为一根圆轴,在两端垂直于轴线平面内受一对等值、反向的外力偶作用下处于平衡状态。

若求任意横截面 $n-n$ 上的内力,假想沿截面将轴切开,分为左右两段,任取左或右段为研究对象,现取左段为研究对象,如图 7-4(b)所示。由于左端有外力偶作用,在 $n-n$ 截面上必有一个内力偶 T 与之相平衡。

由 $\qquad \sum M_x = 0, \ T - M_e = 0$

得 $\qquad T = M_e$

因此,圆轴扭转时,其任意横截面上的内力为一个作用在该截面上的力偶,称为扭矩。用 T 表示。

若取右段为研究对象,如图 7-4(c)所示,其结果相同。由于它们是作用与反作用的关系,扭矩的数值相等但方向相反。为了使截面两侧求出的扭矩具有相同的正负号,采用右手螺旋定则,四指沿扭矩的方向屈起,以右手拇指表示扭矩矢量的方向,如图 7-5 所示,背离该截面时为正,指向该截面时为负。这样无论取左段或右段,其横截面上的扭矩正负号均相同。

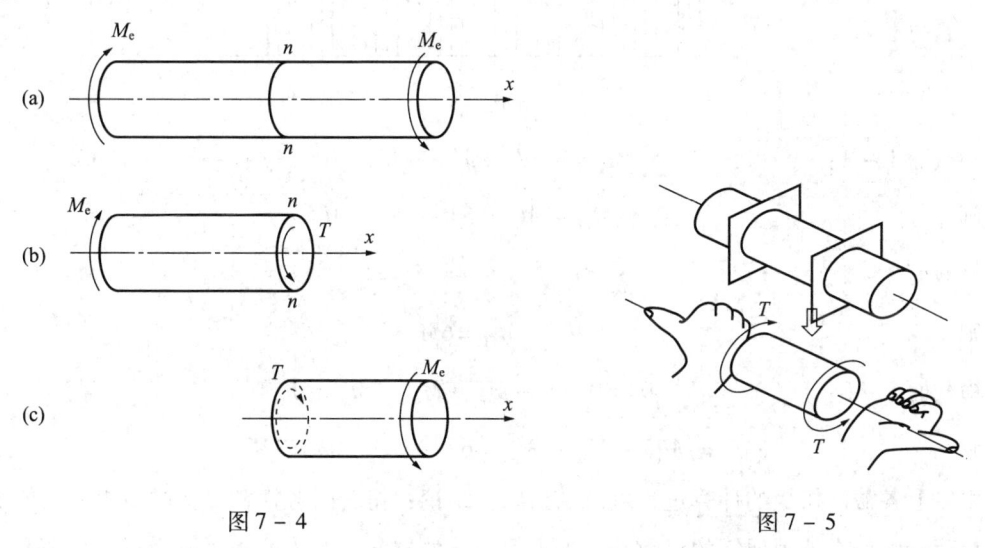

图 7-4

图 7-5

例 7-1 如图 7-6(a)所示圆截面杆各截面处的外力偶矩大小分别为 $M_{e1} = 6M$,$M_{e2} = M$,$M_{e3} = 2M$,$M_{e4} = 3M$,求杆在横截面 1-1,2-2,3-3 处的扭矩。

解: 由截面法,沿各所求截面将杆件切开,取左段为研究对象,并以 T_1、T_2、T_3 表示相应截面上的扭矩。取坐标轴如图 7-6(b)、(c)、(d)所示,列平衡方程。

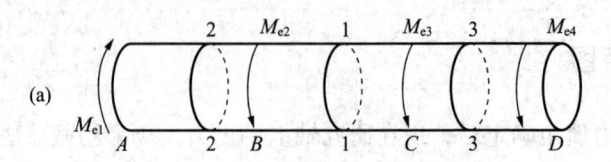

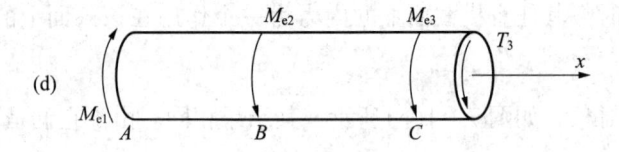

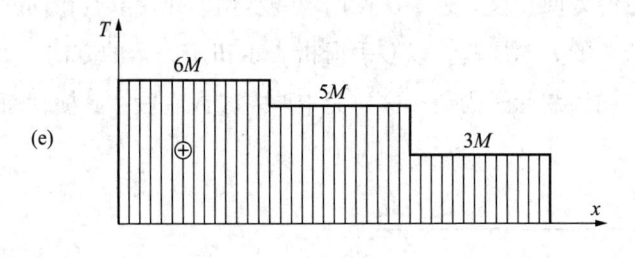

图 7 - 6

横截面 1 - 1：$\qquad \sum M_x = 0, \ T_1 + M_{e2} - M_{e1} = 0$

则 $\qquad T_1 = M_{e1} - M_{e2} = 6M - M = 5M$

横截面 2 - 2：$\qquad \sum M_x = 0, \ T_2 - M_{e1} = 0$

则 $\qquad T_2 = M_{e1} = 6M$

横截面 3 - 3：$\qquad \sum M_x = 0, \ T_3 + M_{e2} + M_{e3} - M_{e1} = 0$

则 $\qquad T_3 = M_{e1} - M_{e2} - M_{e3} = 6M - M - 2M = 3M$

由以上各截面扭矩的计算过程可总结出以下结论：扭转时各横截面上的扭矩在数值上等于该截面一侧所有外力偶矩的代数和。外力偶矩矢的方向离开该截面时取为正，指向该截面取为负，即：

$$T = \sum_{i=1}^{n} M_{ei} \qquad (7-2)$$

为清晰地表示扭矩沿轴线的变化，与轴力图的绘制方法一样绘制出扭矩图。以平行于轴线的坐标表示横截面所在位置，垂直于杆轴线的坐标表示扭矩的数值，如图 7 – 6(e)所示。从扭矩图可以看出，在集中力偶作用处，扭矩发生突变，突变值为该力偶的大小，因此可利用此特性快速绘制扭矩图，请读者自行总结。

例 7 – 2　如图 7 – 7(a)所示为一传动轴，主动轮 B 输入功率 $P_B = 50 \text{ kW}$，从动轮 A、C、D 输出功率分别为 $P_A = 20 \text{ kW}$，$P_C = 20 \text{ kW}$，$P_D = 10 \text{ kW}$。轴的转速 $n = 500 \text{ r/min}$，试绘制轴的扭矩图。

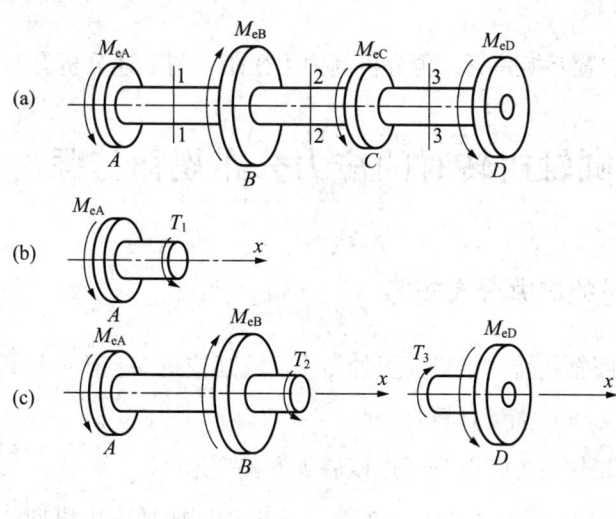

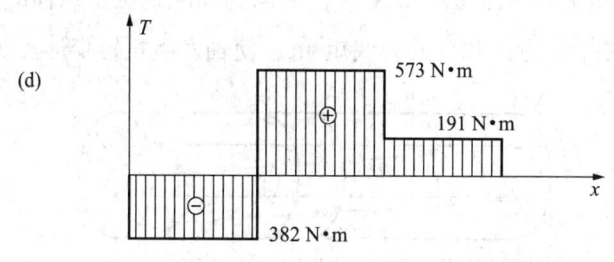

图 7 – 7

解：(1) 计算外力偶矩。

$$M_{eB} = 9550 \frac{P_B}{n} = 9550 \times \frac{50}{500} = 955 \text{ N} \cdot \text{m}$$

$$M_{eA} = M_{eC} = 9550 \frac{P_A}{n} = 9550 \times \frac{20}{500} = 382 \text{ N} \cdot \text{m}$$

$$M_{eD} = 9550 \frac{P_D}{n} = 9550 \times \frac{10}{500} = 191 \text{ N} \cdot \text{m}$$

(2) 计算扭矩。

应用截面法求出各截面上的扭矩，得：

AB 段：$T_1 = \sum M_{ei} = -M_{eA} = -382 \text{ N} \cdot \text{m}$

BC 段：$T_2 = \sum M_{ei} = M_{eB} - M_{eA} = 955 - 382 = 573 \text{ N} \cdot \text{m}$

CD 段：$T_3 = \sum M_{ei} = M_{eD} = 191 \text{ N} \cdot \text{m}$

(3) 画扭矩图。

根据以上计算结果，按比例画扭矩图，由图 7-7(d) 可知，最大扭矩在 BC 段内的横截面上，其值为 573 N·m。

(4) 分析讨论。

若将 A、B 两轮位置互换一下，再分析其内力扭矩，与上述分析有何不同的结果？

7.2　圆轴扭转时的应力分布规律与强度条件

7.2.1　圆轴扭转时的应力分布规律

当用截面法求得圆轴扭转时横截面上的扭矩后，还应进一步研究横截面上的应力分布规律，以便求出最大应力进行强度计算。

为了研究圆轴的扭转应力，首先通过试验观察其变形。

如图 7-8 所示，取一等截面圆轴，并在其表面等间距地画上纵向线和圆周线，然后在轴两端施加一对大小相等、方向相反的力偶矩 M_e，使轴发生扭转变形。从试验中观察到：

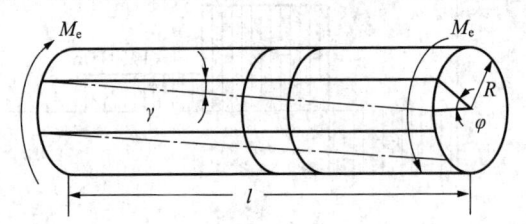

图 7-8

(1) 各圆周线绕轴线相对地旋转了一个角度，但大小、形状和相邻两圆周线间的距离保持不变；

(2) 在小变形的情况下，各纵向线仍近似地是一条直线，只是倾斜了一个微小的角度。

由此，可做出如下基本假设：圆轴扭转变形前原为平面的横截面，变形后仍保持为平面，形状和大小不变，半径仍保持为直线；且相邻两截面间的距离不变。这就是圆轴扭转的平面假设。

根据平面假设，可得出以下结论。

(1) 由于相邻截面相对地转过了一个角度，即横截面间发生旋转式的相对错动，出现了剪切变形，故截面上有切应力存在。

(2)由于相邻截面间距不变,所以横截面没有正应力。又因半径长度不变,切应力方向必与半径垂直。

从圆轴的扭转变形几何关系可以找出应变的变化规律,由应变规律找出应力的分布规律,即建立应力和应变间的物理关系;最后根据扭矩和应力之间的静力关系,即可推导出截面上任意点应力的计算公式,从而求出最大应力,为建立强度条件提供依据。这里不作详细分析,详细过程请参考本章知识拓展。

由上述的几个方面的分析推导出的横截面上任意点处的切应力的计算公式为:

$$\tau_\rho = \frac{T\rho}{I_p} \tag{7-3}$$

其中,ρ 为横截面上任一点与圆心的距离;T 为横截面上的扭矩;$I_p = \int_A \rho^2 dA$ 指横截面对形心的极惯性矩,是一个只与截面的形状和尺寸有关的几何量,单位为 m^4 或 mm^4。

由上式可知,当 $\rho = R$ 时,即在横截面周边上的各点处,切应力将达到最大值,如图 7-9(a)所示,其值为:

$$\tau_{max} = \frac{TR}{I_p} = \frac{T}{W_p} \tag{7-4}$$

其中,$W_p = \frac{I_p}{R}$ 也是一个仅与截面尺寸有关的量,称为扭转截面系数(或抗扭截面系数,单位为 m^3 或 mm^3)。

对于直径为 d 的实心圆轴,对形心的极惯性矩和扭转截面系数分别为:

$$I_p = \frac{\pi D^4}{32} \tag{7-5}$$

$$W_p = \frac{\pi D^3}{16} \tag{7-6}$$

对于内径为 d,外径为 D 的空心圆轴,则其对形心的极惯性矩和扭转截面系数分别为:

$$I_p = \frac{\pi(D^4 - d^4)}{32} = \frac{\pi D^4}{32}(1 - \alpha^4) \tag{7-7}$$

$$W_p = \frac{I_p}{R} = \frac{2I_p}{D} = \frac{\pi D^3}{16}(1 - \alpha^4) \tag{7-8}$$

其中,$\alpha = \frac{d}{D}$ 为横截面内外径之比。

图 7-9 分别表示实、空心圆轴横截面上切应力的分布。由于实心轴中靠近圆心的部分材料承受的应力值较低,没有充分发挥材料的作用,故可做成空心轴,既不降低轴的承载能力,同时也可减轻轴的重量。

(a)   (b)

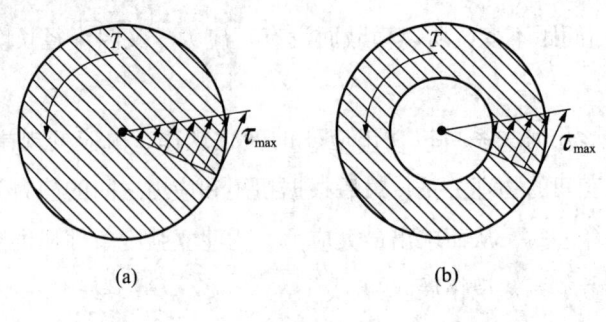

图 7 – 9

7.2.2 圆轴扭转的强度计算

为了保证受扭圆轴能安全正常地工作，其最大工作切应力 τ_{max} 不应超过材料的许用切应力 $[\tau]$，即：

$$\tau_{max} \leqslant [\tau] \tag{7-9}$$

其中，许用切应力 $[\tau]$ 是由扭转试验得到的极限切应力 τ_u，除以安全因数 n 而得到的。

对于等截面圆轴扭转时，最大应力发生在最大扭矩截面的外周边各点，变截面轴扭转时最大应力则发生在扭矩与抗扭截面系数之比最大的那个截面上，所以对变截面轴而言，应根据扭矩与抗扭截面系数的比值来判断其危险截面。

等截面圆轴扭转时的强度条件为：

$$\tau_{max} = \frac{T_{max}}{W_p} \leqslant [\tau] \tag{7-10}$$

变截面圆轴扭转时的强度条件为：

$$\tau_{max} = \left(\frac{T}{W_p}\right)_{max} \leqslant [\tau] \tag{7-11}$$

$[\tau]$ 可查有关手册，在静载荷作用下，许用切应力与许用正应力有如下关系：

对塑性材料 $[\tau] = (0.5 \sim 0.6)[\sigma]$

对脆性材料 $[\tau] = (0.8 \sim 1.0)[\sigma]$

应用扭转强度条件，可解决受扭转圆轴的强度校核、截面尺寸设计和确定许用载荷等三类强度计算问题。

例 7 – 3 机床齿轮减速箱中的二级齿轮如图 7 – 10(a) 所示。轮 C 输入功率 $P_C = 40$ kW，轮 A、轮 B 输出功率分别为 $P_A = 25$ kW，$P_B = 15$ kW，$n = 1000$ r/min，材料的许用切应力 $[\tau] = 40$ MPa，试设计轴的直径。

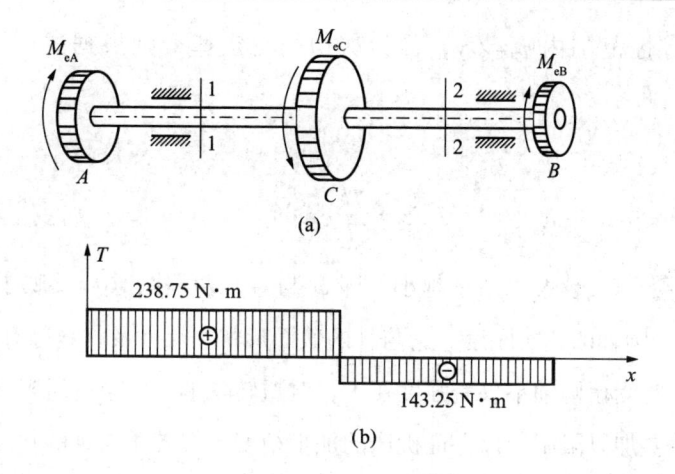

图 7 – 10

解：(1) 计算外力偶矩。由式(7 – 1)得：

$$M_{eA} = 9550 \times \frac{25}{1000} = 238.75 \text{ N} \cdot \text{m}$$

$$M_{eB} = 9550 \times \frac{15}{1000} = 143.25 \text{ N} \cdot \text{m}$$

$$M_{eC} = 9550 \times \frac{40}{1000} = 382 \text{ N} \cdot \text{m}$$

(2) 画扭矩图。由截面法可得：

$$T_1 = M_{eA} = 238.75 \text{ N} \cdot \text{m}$$

$$T_2 = -M_{eB} = -143.25 \text{ N} \cdot \text{m}$$

最大扭矩发生在 AC 段。因是等截面轴，该段是危险截面。

(3) 按强度条件式(7 – 10)设计轴的直径：

$$\tau_{max} = \frac{T_{max}}{W_p} = \frac{16T_1}{\pi D^3} \leqslant [\tau]$$

$$D \geqslant \sqrt[3]{\frac{16T_1}{\pi [\tau]}} = \sqrt[3]{\frac{16 \times 238.75}{\pi \times 40 \times 10^6}} = 31.2 \text{ mm}$$

取标准直径 $D = 32$ mm。

7.3　圆轴扭转的变形与刚度计算

衡量圆轴扭转变形程度的量是相距长度为 l 的两个横截面间绕轴线转过的相对转角，这两个截面的相对转角称为相对扭转角，也简称为扭转角。

如图 7 – 8 所示，因切应变 γ 很微小，$\tan\gamma \approx \gamma$，由几何关系知 $\gamma l = R\varphi$，根据扭转

实验，可得在线综性范围内 $\tau = G\gamma$，称为剪切胡克定律，则根据式(7-4)有 $\gamma = \dfrac{\tau}{G} = \dfrac{TR}{GI_p}$，故有：

$$\varphi = \frac{Tl}{GI_p}(\text{rad}) \qquad (7-12)$$

式(7-12)表明，GI_p 越大，则 φ 越小，即 φ 与 GI_p 成反比，GI_p 反映了圆轴抵抗变形的能力，所以称 GI_p 为圆轴的抗扭刚度。它与杆的截面形状、尺寸及材料等有关。

机械设备中，对受扭圆轴不仅有强度要求，对扭转变形一般也有所限制。例如，对机床丝杠的扭转变形就要加以限制，以保证机床的加工精度。扭转角与轴的长度有关，为消除长度的影响，工程上，对受扭圆轴的刚度要求，通常是限制轴的单位长度扭转角 θ 的最大值，所谓单位长度扭转角就是：

$$\theta = \frac{\varphi}{l} = \frac{T}{GI_p} \cdot \frac{180°}{\pi}(°/\text{m}) \qquad (7-13)$$

为保证受扭圆轴具有足够的刚度，单位长度的扭转角的最大值不得超过许用值 $[\theta]$，即

$$\theta_{\max} = \frac{T}{GI_p} \cdot \frac{180°}{\pi} \leqslant [\theta](°/\text{m}) \qquad (7-14)$$

式(7-14)为圆轴扭转时的刚度条件。

$[\theta]$ 的数值按照对机器的要求和轴的工作条件来确定，可从有关手册中查到。通常其范围为：

精密机械设备的轴：$[\theta] = 0.25° \sim 0.50°/\text{m}$；

一般传动轴：$[\theta] = 0.50° \sim 1.00°/\text{m}$；

精度要求不高的轴：$[\theta] = 1.00° \sim 2.50°/\text{m}$。

与强度条件类似，利用刚度条件式(7-14)可对轴进行刚度校核、设计横截面尺寸及确定许用载荷等方面的刚度计算。

对一些重要的轴，要同时满足扭转的强度和刚度条件。

在载荷相同的条件下，把实心轴芯附近的材料移向边缘，得到空心轴，它可在保持重量不变的情况下，显著增大截面的极惯性矩，则可以提高轴的强度和刚度，同时若保持极惯性矩不变，则空心轴比实心轴可少用材料，重量也就较轻。所以飞机、轮船、汽车等运输机械的某些轴，常采用空心轴，但空心轴的价格一般较贵。

例 7-4 如图 7-11(a)所示阶梯形圆轴，AB 段为实心部分，直径 $d_1 = 40$ mm，BC 段为空心部分，内径 $d = 50$ mm，外径 $D = 60$ mm。圆轴上所受扭转力偶矩 $M_A = 0.8$ kN·m，$M_B = 1.8$ kN·m，$M_C = 1$ kN·m。已知材料剪切弹性模量 $G = 80$ GPa，许用切应力为 $[\tau] =$

80 MPa，单位长度的许用扭转角$[\theta]=1.5°/\text{m}$，试校核轴的强度和刚度。

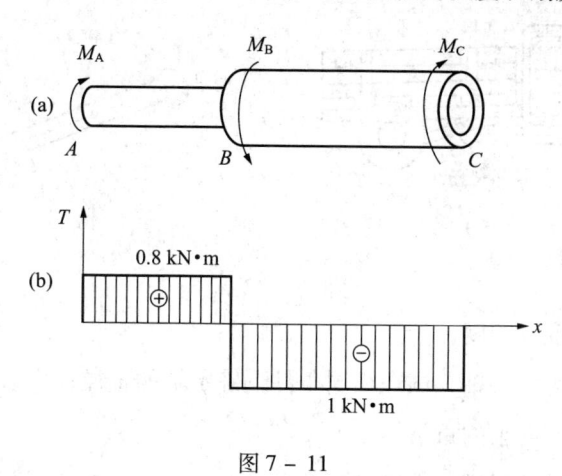

图 7 – 11

解：(1)绘扭矩图。

用截面法求出 AB、BC 段的扭矩，并绘出扭矩图如图 7 – 11(b)所示。由扭矩图可见，轴 BC 段扭矩比 AB 段大，但两段轴的直径不同，因此须分别校核两段轴的强度。

(2)强度校核。

AB 段：
$$\tau_{AB\max}=\frac{T_{AB}}{W_{pAB}}=\frac{0.8\times10^3}{\frac{\pi}{16}\times0.04^3}=63.7\ \text{MPa}<[\tau]$$

BC 段：
$$\alpha=\frac{d}{D}=\frac{50}{60}=0.833$$

$$W_{pBC}=\frac{\pi D^3}{16}(1-\alpha^4)=\frac{\pi\times0.06^3}{16}(1-0.833^4)=2.199\times10^{-5}\ \text{m}^3$$

$$\tau_{BC\max}=\frac{T_{BC}}{W_{pBC}}=\frac{1\times10^3}{2.199\times10^{-5}}=45.5\ \text{MPa}<[\tau]$$

因此，该轴满足强度条件的要求。

(3)刚度校核。

AB 段：
$$\theta_{\max}=\frac{T_{AB}}{GI_{pAB}}\cdot\frac{180°}{\pi}=\frac{0.8\times10^3}{80\times10^9\times\frac{\pi}{32}\times0.04^4}\times\frac{180°}{\pi}=2.282°/\text{m}>[\theta]$$

BC 段：
$$\theta_{\max}=\frac{T_{BC}}{GI_{pBC}}\cdot\frac{180°}{\pi}=\frac{1\times10^3}{80\times10^9\times\frac{\pi}{32}\times0.06^4\times(1-0.833^4)}\times\frac{180}{\pi}=1.087°/\text{m}<[\theta]$$

因此，该轴不满足刚度条件的要求。

例 7 – 5 解放牌汽车传动轴如图 7 – 12 所示，传递的最大扭矩 $M=1930\ \text{N}\cdot\text{m}$，传动轴用外径 $D=89\ \text{mm}$，壁厚 $\delta=2.5\ \text{mm}$ 的无缝钢管做成。材料为 20 钢，已知材料剪切弹性

模量 $G = 80$ GPa，其许用切应力 $[\tau] = 70$ MPa，单位长度的扭转角 $[\theta] = 1.5°/\mathrm{m}$。

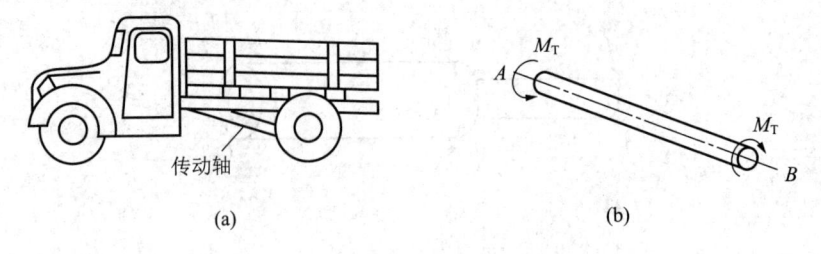

图 7 – 12

(1) 试校核轴的强度、刚度；

(2) 如将传动轴改为实心轴，试在相同条件下确定轴的直径；

(3) 比较实心轴和空心轴的重量。

解：(1) 校核传动轴的强度。由已知条件可得：

$$d = 89 \text{ mm} - 5 \text{ mm} = 84 \text{ mm}$$

$$\alpha = \frac{d}{D} = 0.944$$

$$W_\mathrm{p} = \frac{\pi}{16} D^3 (1 - \alpha^4) = \frac{\pi}{16} \times 89^3 \times (1 - 0.944^4) = 2.9 \times 10^4 \text{ mm}^3$$

$$T = M = 1930 \text{ N} \cdot \text{m}$$

代入强度条件式 (7 – 10)，得：

$$\tau_\mathrm{max} = \frac{T}{W_\mathrm{p}} = \frac{1930}{2.9 \times 10^4 \times 10^{-9}} = 66.6 \text{ MPa} < [\tau] = 70 \text{ MPa}$$

所以该轴的强度是足够的。

代入刚度条件式 (7 – 14)，得：

$$\theta_\mathrm{max} = \frac{T}{GI_\mathrm{p}} \cdot \frac{180°}{\pi} = \frac{1930}{80 \times 10^9 \times \frac{\pi}{32} \times 89^4 \times (1 - 0.944^4) \times 10^{-12}} \times \frac{180°}{\pi} = 1.09°/\mathrm{m} < [\theta]$$

所以该轴的刚度满足要求。

(2) 确定实心轴的直径。若实心轴与空心轴的强度相同，则两轴的抗扭截面系数应相等。设实心轴的直径为 D_1，则由：

$$\tau_\mathrm{max} = \frac{T}{W_\mathrm{p}} = \frac{16T}{\pi D_1^3}$$

可得：

$$D_1 = \sqrt[3]{\frac{16T}{\pi \tau_\mathrm{max}}} = \sqrt[3]{\frac{16 \times 1930}{\pi \times 66.6 \times 10^6}} = 53 \text{ mm}$$

(3) 比较空心轴与实心轴的重量。两轴的材料和长度相同，它们的重量之比就等于横截面面积之比，则有：

$$\frac{A_1}{A_2} = \frac{\frac{\pi}{4}(D^2 - d^2)}{\frac{\pi}{4}D_1^2} = \frac{89^2 - 84^2}{53^2} = 0.31$$

可见，在其他条件相同的情况下，空心轴的重量仅为实心轴重量的31%，节省材料的效果明显。这是因为切应力沿半径呈线性分布，实心轴圆心附近处应力较小，材料未能充分发挥作用。改为空心轴相当于把轴心处的材料移向边缘，从而提高了轴的强度。

知识拓展

圆轴扭转的应力公式推导

为了研究圆轴的扭转应力，首先通过试验观察其变形。取一等截面圆轴，并在其表面等间距地画上纵向线和圆周线，如图7-13(a)所示，然后在轴两端施加一对大小相等、方向相反的力偶矩，使轴发生扭转变形。从试验中观察到各圆周线绕轴线相对地旋转了一个角度，但大小、形状和相邻两周线间的距离保持不变；在小变形的情况下，各纵向线仍近似地是一条直线，只是倾斜了一个微小的角度。由此，可做出如下基本假设：圆轴扭转变形前原为平面的横截面，变形后仍保持为平面，形状和大小不变，半径仍保持为直线；且相邻两截面间的距离不变。这就是圆轴扭转的平面假设。根据上述平面假设，可以分析判断：横截面上没有正应力，只有切应力，且切应力具有旋转对称性——均垂直于圆截面的半径。由此可知，圆轴扭转时横截面上的切应力为：

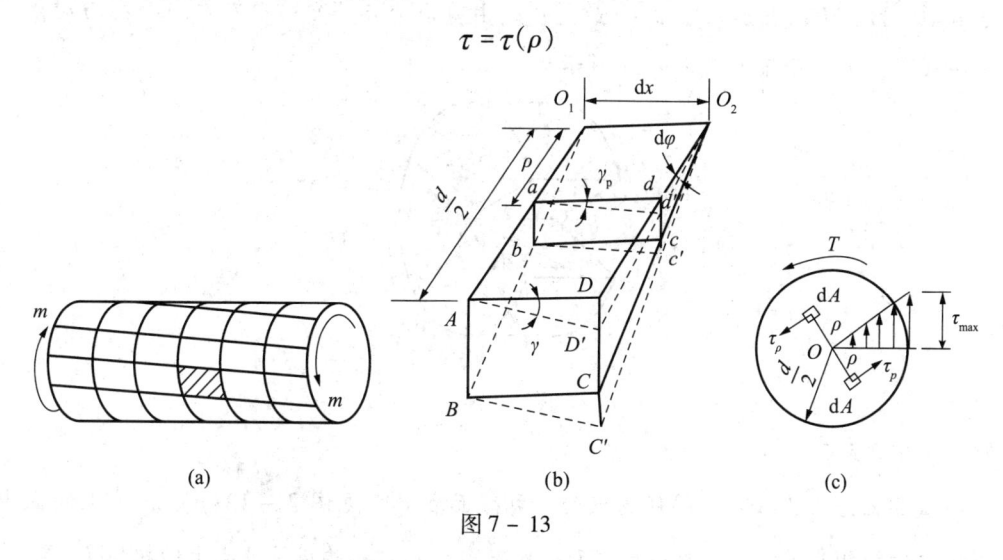

$$\tau = \tau(\rho)$$

图7-13

为了得到圆轴扭转时横截面上的应力，必须综合考虑几何关系、物理关系和静力学关系三方面：

(1) 几何关系。

用相距为 dx 的两个横截面及夹角无限小的两个纵向截面，从受扭圆轴内切取一楔形体 O_1ABCDO_2 来分析，如图 7-13(b) 所示。

根据平面假设，楔形体的变形如图中虚线所示，表面的矩形 $ABCD$ 变形为平行四边形 $ABC'D'$，距轴线 ρ 的任一矩形 $abcd$ 变为平行四边形 $abc'd'$，即均在垂直于半径的平面内发生剪切变形。设楔形体左右两端横截面间的相对扭转角为 $d\varphi$，矩形 $abcd$ 的切应变为 γ_ρ，则由图可知：

$$\gamma_\rho = \tan\gamma_\rho = \frac{\overline{dd'}}{\overline{ad}} = \frac{\rho d\varphi}{dx}$$

由此得距圆心为 ρ 处的切应变为：

$$\gamma_\rho = \rho \frac{d\varphi}{dx} \tag{7-15}$$

(2) 物理关系。

由实验可知，在剪切比例极限内，切应力与切应变成正比，即 $\tau = G\gamma$，称为剪切胡克定律。所以横截面上距圆心 ρ 处的切应力为：

$$\tau_\rho = G\gamma_\rho = G\rho \frac{d\varphi}{dx} \tag{7-16}$$

这表明圆轴横截面上的切应力沿半径线性分布。又因为 γ_ρ 发生在垂直于半径的平面内，所以 τ_ρ 也与半径垂直，如图 7-13(c) 所示。

当 $\rho = 0$ 时 $\tau_\rho = 0$；当 $\rho = R$，τ_ρ 取最大值。由剪应力互等定理，则在径向截面和横截面上，沿半径剪应力的分布如图 7-14 所示。

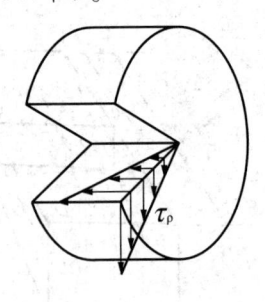

图 7-14

(3) 静力学关系。

在横截面上，距圆心为 ρ 的任意点处，取微面积 dA [见图 7-13(c)]，其上的微内力 $\tau_\rho dA$ 对圆心的力矩为 $\rho \tau_\rho dA$，整个横截面上所有内力矩之和构成该截面上的扭矩 T，即：

$$T = \int_A \rho \tau_\rho \mathrm{d}A \qquad (7-17)$$

将式(7-16)代入式(7-17)，得：

$$T = G\frac{\mathrm{d}\varphi}{\mathrm{d}x}\int_A \rho^2 \mathrm{d}A = GI_\mathrm{p}\frac{\mathrm{d}\varphi}{\mathrm{d}x}$$

于是得：

$$\frac{\mathrm{d}\varphi}{\mathrm{d}x} = \frac{T}{GI_\mathrm{p}} \qquad (7-18)$$

这是圆轴扭转变形的基本公式。式中，GI_p 称为圆轴的抗扭刚度。

最后，将式(7-18)代入式(7-16)，得：

$$\tau_\rho = \frac{T\rho}{I_\mathrm{p}} \qquad (7-19)$$

这是圆轴扭转切应力的一般公式。

要 点 总 结

(1)扭转指的是在垂直杆件轴线的外力偶作用下，杆的任意两个横截面将发生绕杆件轴线的相对转动。受扭杆件表面纵向线变成螺旋线，任意两横截面绕杆件轴线发生相对转动。

(2)外力偶矩的计算公式为：$M_\mathrm{e} = 9550\dfrac{P}{n}$。

(3)受扭杆件横截面上的内力，是一个作用在该横截面内的力偶，称为扭矩，用 T 表示，其值用截面法求得。

(4)扭矩 T 的正负号规定，用右手螺旋定则，四指沿扭矩的方向屈起，以右手拇指表示扭矩矢量的方向，指向与截面外法线的指向一致时为正；反之为负。

(5)扭矩图表示沿杆件轴线各横截面上扭矩变化规律。

(6)圆轴扭转时，横截面上距圆心为 ρ 点的切应力为 $\tau_\rho = \dfrac{T\rho}{I_\mathrm{p}}$。

(7)圆轴扭转时的强度条件为：

$$\tau_{\max} = \left(\frac{T}{W_\mathrm{p}}\right)_{\max} \leqslant [\tau]$$

(8)圆轴扭转时的刚度条件：

$$\theta_{\max} = \frac{T}{GI_\mathrm{p}} \cdot \frac{180°}{\pi} \leqslant [\theta](°/\mathrm{m})$$

本章习题

7-1 填空题

(1) 杆件发生扭转变形时，作用在其上的外力偶矩的作用面与杆轴线 _____。

(2) 某电动机的转速为 1440 r/min，输出功率为 10 kW，则输出轴的转矩为 _____。

(3) 一受扭圆棒如图 7-15 所示，其 $m-m$ 截面上的扭矩等于 _____。

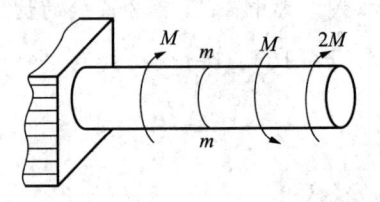

图 7-15

(4) 如图 7-16 所示，直径为 10 mm 轴 AB 段为钢，BC 段为铜，$AB = BC = 200$ mm，则 AB 段与 BC 段的扭矩值分别为：$T_{AB} =$ _____，$T_{BC} =$ _____。

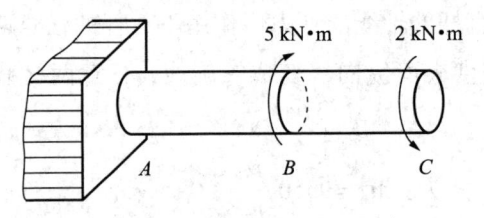

图 7-16

(5) 如图 7-17 所示扭转构件横截面上，某直径上各点切应力分布情况，_____ 是正确的。

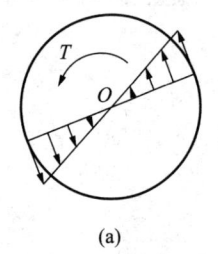

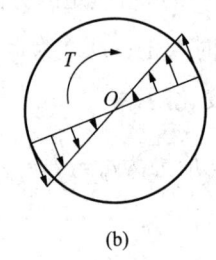

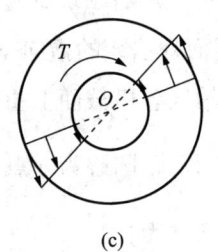

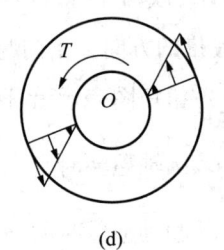

(a)　　　　(b)　　　　(c)　　　　(d)

图 7-17

7-2 选择题

(1) 空心截面圆轴，其外径为 D，内径为 d，某横截面上的扭矩为 T，则该截面上的最大剪应力为（　　）。

A. $\tau_{max} = \dfrac{T}{\dfrac{\pi}{16}(D^3-d^3)}$ 　　　　B. $\tau_{max} = \dfrac{T}{\dfrac{\pi D^3}{32}\left(1-\dfrac{d^4}{D^4}\right)}$

C. $\tau_{max} = \dfrac{T}{\dfrac{\pi D^3}{16}\left(1-\dfrac{d^4}{D^4}\right)}$ 　　D. $\tau_{max} = \dfrac{T}{\dfrac{\pi D^3}{16}}$

(2) 用同一材料制成的实心圆轴和空心圆轴，若长度和横截面面积均相同，则抗扭刚度较大的是(　　)。

A. 实心圆轴　　　B. 空心圆轴　　　C. 两者一样　　　D. 无法判断

(3) 一圆轴两端受扭转力偶作用，若将轴的截面积增加一倍，则其抗扭刚度变为原来的(　　)倍。

A. 16　　　B. 8　　　C. 4　　　D. 2

(4) 一空心圆轴（其直径比 $\dfrac{D}{d}=2$）受扭，当内外径尺寸都减小一半时，则圆轴的单位长度扭转角为原来的(　　)倍。

A. 16　　　B. 8　　　C. 4　　　D. 2

(5) 当直径和长度均相同而材料不同的两个转动轴，受相同的扭矩作用时，则两轴内的(　　)。

A. 最大剪应力和最大扭转角均相同

B. 最大剪应力和最大扭转角均不相同

C. 最大剪应力相同，最大扭转角不相同

D. 最大剪应力不相同，最大扭转角相同

(6) 一圆轴用低碳钢材料制作，若抗扭强度不够，以下几种措施中，(　　)对于提高其强度最为有效。

A. 改用合金钢材料　　　　　　　　B. 改用铸铁材料

C. 增加圆轴直径，且改成空心圆截面　　D. 减小轴的长度

(7) 单位长度扭转角与(　　)无关。

A. 轴长　　　B. 扭矩　　　C. 材料　　　D. 截面形状

7-3　判断题

(1) 传动轴的转速越高，则轴横截面上所受的扭矩也越大。　　　　　　　(　　)

(2) 等截面直杆受扭时，变形后杆横截面保持为平面，其形状、大小均保持不变。

(　　)

(3) 扭矩是指杆件受扭时横截面上的内力偶矩，扭矩仅与杆件所受的外力偶矩有关，而

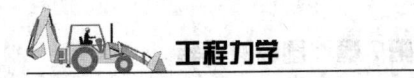

与杆件的材料和横截面的形状大小无关。   (   )

（4）一钢轴和一铝轴，两轴直径相同，受力相同，若两轴均处于弹性范围，则其横截面上的剪应力也相同。   (   )

7-4 作如图7-18中所示各杆扭矩图。

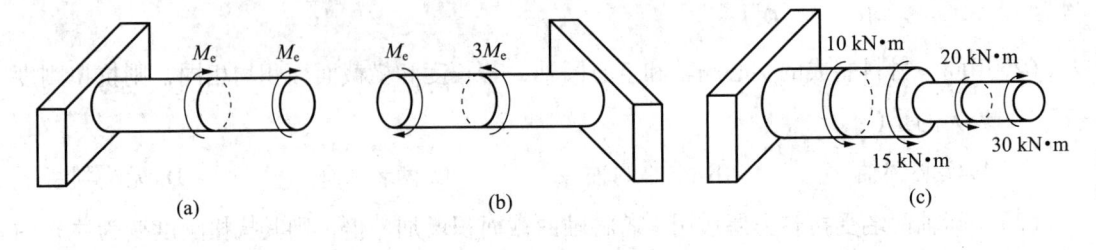

图 7-18

7-5 受扭圆轴某截面上的扭矩 $T = 20$ kN·m，$d = 100$ mm。试求该截面 a、b、c 三点的切应力，并在图7-19中标出方向。

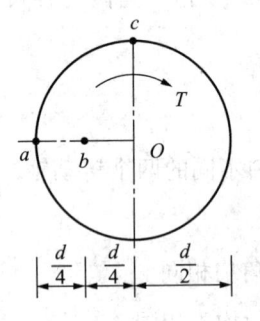

图 7-19

7-6 某传动轴由电机带动，如图7-20所示。已知轴的转速为 $n = 500$ r/min，轮 A 为主动轮，输入功率 $P_1 = 368$ kW，轮 B、轮 C 为从动轮，输出功率分别为 $P_2 = 147$ kW、$P_3 = 221$ kW。已知材料的许用切应力为 $[\tau] = 70$ MPa，$G = 80$ GPa，许用扭转角 $[\theta] = 1°/\text{m}$。

（1）试画出轴的扭矩图，并求轴的最大扭矩；

（2）试设计轴的直径；

（3）若将轮 A 和轮 B 的位置对调，轴的最大扭矩为多少，对轴的受力是否有利？

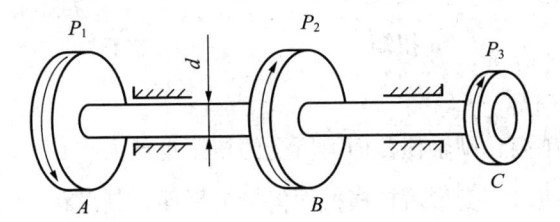

图 7-20

7-7 如图 7-21 所示钢制转动轴，A 为主动轮，B、C 为从动轮，两从动轮转矩之比 $\dfrac{M_B}{M_C} = \dfrac{2}{3}$，轴径 $D = 60$ mm。已知材料的许用切应力为 $[\tau] = 70$ MPa，试按强度条件确定主动轮的允许转矩 $[M_A]$。

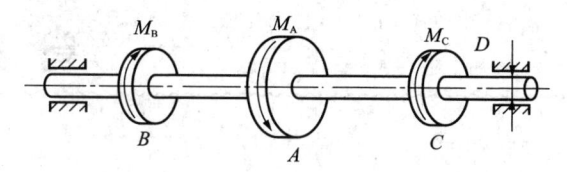

图 7-21

7-8 钢制圆轴，受力和尺寸如图 7-22 所示，已知材料的许用切应力为 $[\tau] = 60$ MPa。试校核轴的强度。

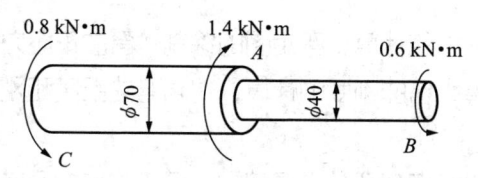

图 7-22

7-9 如图 7-23 所示阶梯形圆轴直径分别为 $d_1 = 40$ mm，$d_2 = 70$ mm，轴上装有三个皮带轮。已知轮 3 输入的功率为 $P_3 = 30$ kW，轮 1 输出的功率为 $P_1 = 13$ kW，轴作匀速转动，转速 $n = 200$ r/min，材料的许用切应力 $[\tau] = 60$ MPa，$G = 80$ GPa，许用扭转角 $[\theta] = 2°$/m。试校核轴的强度和刚度。

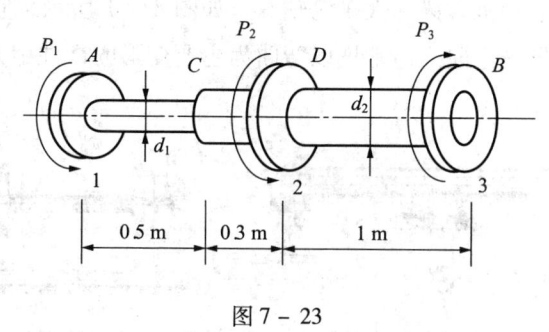

图 7-23

第8章 弯曲变形

☞ 教学提示

内容提要

本章主要讨论弯曲内力的计算，弯矩图的绘制；弯曲正应力的计算，受弯构件的强度计算；弯曲变形的计算，弯曲刚度的计算，提高弯曲强度和刚度的措施。

学习目标

通过本章的学习，学生应理解并掌握剪力、弯矩的概念及其符号规定；能正确写出剪力方程、弯矩方程，熟练绘制弯矩图；掌握纯弯曲、横力弯曲、中性层、中性轴、抗弯截面模量等概念；掌握弯曲正应力一般公式，能熟练地运用弯曲强度条件进行弯曲强度计算；掌握挠度、挠曲线、截面转角的概念；了解应用积分法、叠加法计算静定梁的变形的方法；了解提高弯曲强度和刚度的措施。

工程中常见的桥式起重机大梁和火车轮轴等，如图 8-1 所示，它们都是受弯构件，在工作时最容易发生的变形是弯曲。通常把以弯曲为主要变形的杆件称为梁，梁的强度和刚度计算是工程中的常见问题。

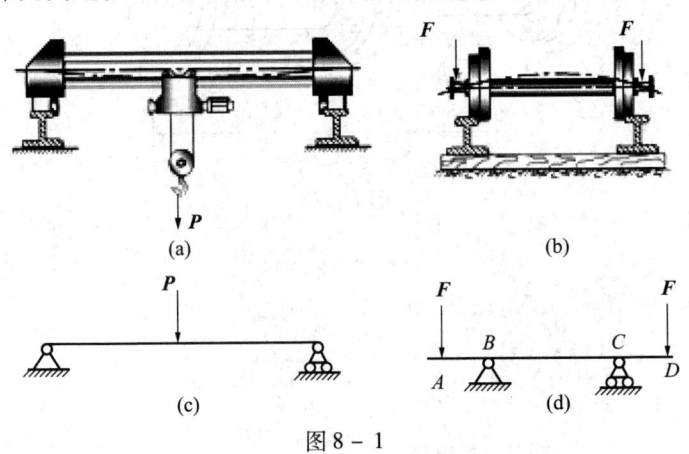

图 8-1

8.1 梁弯曲时的内力

8.1.1 平面弯曲的概念

一般来说,当杆件受到与杆轴线相垂直的外力或在其轴线平面内作用的外力偶作用时,杆的轴线由直线变成曲线,这种变形称为弯曲变形。工程分析计算时,常以轴线代表梁,常见的梁的轴线是直线,这样的梁称为直梁。工程中常用的梁其横截面大都具有纵向对称轴,如圆形、矩形、工字形、T形及箱形截面梁等,由横截面的纵向对称轴和梁的轴线所确定的平面称梁的纵向对称面,如图8-2所示的梁,平面ABCD为纵向对称面。如果梁的外力及支座反力都作用在纵向对称面内,则梁弯曲时轴线将变成此平面内的一条曲线,这种弯曲称为对称弯曲。对称弯曲时,由于梁变形后的轴线所在平面与外力作用面重合,因此也称为平面弯曲。平面弯曲是弯曲变形中最简单和最基本的情况,本章仅讨论直梁的平面弯曲。

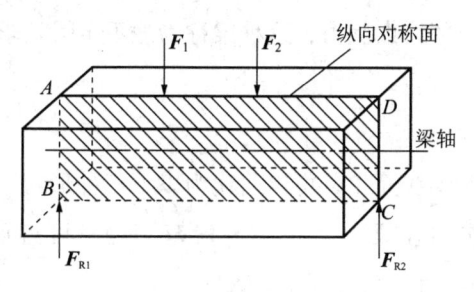

图 8-2

8.1.2 梁计算简图

1. 支座形式与支反力

作用在梁上的外力,包括载荷和支座反力。工程中常见支座有以下三种形式:

(1)固定铰支座。如图8-3(a)所示,固定铰支座限制梁在支承处任何方向的线位移,其支座反力可用2个正交分量表示,沿梁轴线方向的 X_A 和垂直于梁轴线方向的 Y_A。

(2)活动铰支座。如图8-3(b)所示,活动铰支座只能限制梁在支承处垂直于支承面的线位移,支座反力可用一个分量 F_{RA} 表示。

(3)固定端。如图8-3(c)所示,固定端支座限制梁在支承处的任何方向线位移和角位移,其支座反力可用3个分量表示,沿梁轴线方向的 X_A 和垂直于梁轴线方向的 Y_A,以及位于梁轴平面内的反力偶 M_A。

图 8-3

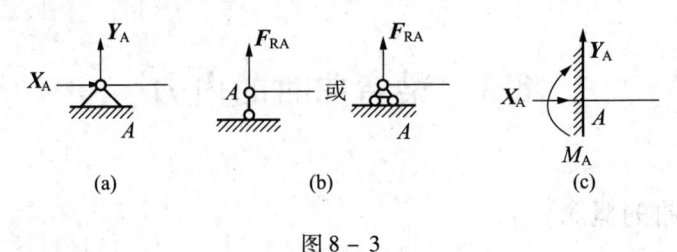

2. 梁的类型

对于平面弯曲，梁的主动力与支座反力全作用在对称平面内，构成平面力系。平面力系的平衡方程有三个，如果作用在梁上的支座反力也正好是三个，则利用平衡方程可确定全部支座反力的梁，称为静定梁。根据梁的支座情况，工程中常见的静定梁可以简化成以下三种形式。

(1) 简支梁。梁的一端为固定铰支座，另一端为活动铰支座，如图 8-4(a) 所示。

(2) 外伸梁。带有外伸端的简支梁，如图 8-4(b) 所示。

(3) 悬臂梁。梁的一端为固定端，另一端为自由端，如图 8-4(c) 所示。

在工程实际中，有时为了提高梁的强度和刚度，采取增加梁的支承的办法，此时静力平衡方程就不足以确定梁的全部约束反力，这种梁称为静不定梁。求解静不定梁需要考虑梁的变形条件。

3. 梁上载荷的简化

作用在梁上的载荷向梁轴线简化，可以简化为以下三种形式。

(1) 集中力。集中力作用在梁上的很小一段范围内，可近似简化为作用于一点，如图 8-5 所示的力 F，单位为牛(N)或千牛(kN)。

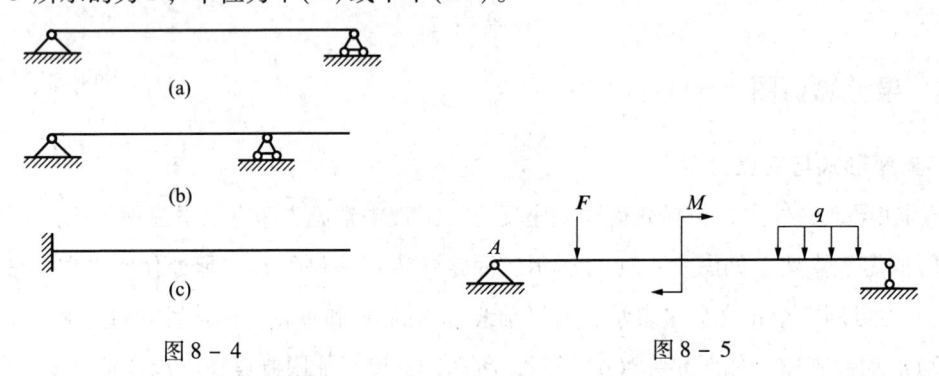

图 8-4   图 8-5

(2) 集中力偶。作用在微小梁段上的力偶，可近似简化为作用于一点，如图 8-5 所示的力偶 M，单位为牛·米(N·m)或千牛·米(kN·m)。

(3) 分布载荷。沿梁轴线方向，在一定长度上连续分布的力系，如图 8-5 所示均布载荷 q，其大小用载荷集度表示，单位为牛/米(N/m)或千牛/米(kN/m)。

以上所有载荷都垂直于梁轴线，称为横向力。

根据上述分析,图 8-1(a)、(b)所示的桥式起重机大梁和火车轮轴的计算简图分别如图 8-1(c)、(d)所示。

8.1.3 梁弯曲时的内力——剪力和弯矩

1. 剪力和弯矩

梁在载荷作用下,根据平衡条件可求得支座反力。当作用在梁上的所有外力(载荷和支座反力)都已知时,用截面法可求出任一横截面上的内力。

如图 8-6(a)所示梁 AB 受横向力 F_1、F_2 和外力偶 M_e 作用,相应的支座反力为 F_{Ay},F_{By}。现求距 A 端 x 处 $m-m$ 横截面上的内力。首先采用截面法将梁在 $m-m$ 处切开,任取其中一段,如左段,作为研究对象。因梁处于平衡状态,故左段梁在外力及截面处内力的共同作用下也应处于平衡。由于外力均垂直于梁的轴线,故截面上必有一个与截面相切的内力 F_s,同时还有一个作用在 $m-m$ 截面上的内力偶矩 M 与之平衡,F_s 和 M 分别称为剪力和弯矩。

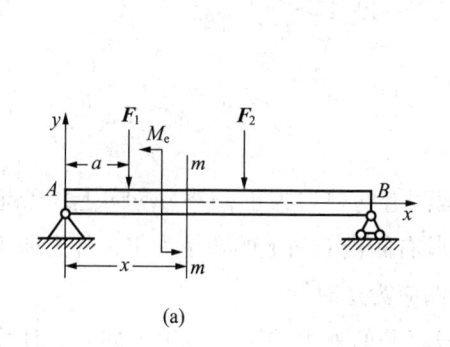

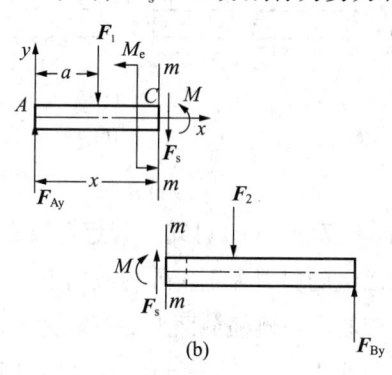

图 8-6

以左段为研究对象,取 $m-m$ 截面的形心 C 为矩心,列平衡方程有:

$$\sum Y = 0, \quad F_{Ay} - F_1 - F_s = 0$$

$$\sum M_C = 0, \quad -F_{Ay}x + F_1(x-a) + M_e + M = 0$$

得:
$$F_s = F_{Ay} - F_1, \quad M = F_{Ay}x - F_1(x-a) - M_e$$

即剪力在数值上等于左段上所有外力的代数和:

$$F_s = \sum F_i \tag{8-1}$$

矩心 C 为截面的形心,故弯矩在数值上等于左段梁上所有外力对 C 的力矩的代数和:

$$M = \sum (F_i x_i + M_{ei}) \tag{8-2}$$

其中,x_i 为外力距 C 的距离。如果以右段梁为研究对象,求得的截面上的剪力和弯矩数值相同,但方向相反。

2. 剪力和弯矩正负号的规定

在计算内力时，为了使考虑左段梁平衡与考虑右段梁平衡的结果一致，对剪力和弯矩的正负号作以下规定：

(1) 剪力。使绕其横截面内侧任一点有顺时针旋转趋势的剪力为正，如图 8-7(a) 所示；反之为负，如图 8-7(b) 所示。

由图 8-7(a)、(b) 可知，当左段右侧横截面上的剪力为正时，左段上作用的外力向上；当右段左侧横截面上的剪力为正时，右段上作用的外力向下；

(2) 弯矩。使受弯杆件下侧纤维受拉为正，如图 8-7(c) 所示；使受弯杆件上侧纤维受拉为负，如图 8-7(d) 所示。或者使受弯杆件向下凸时为正，反之为负。

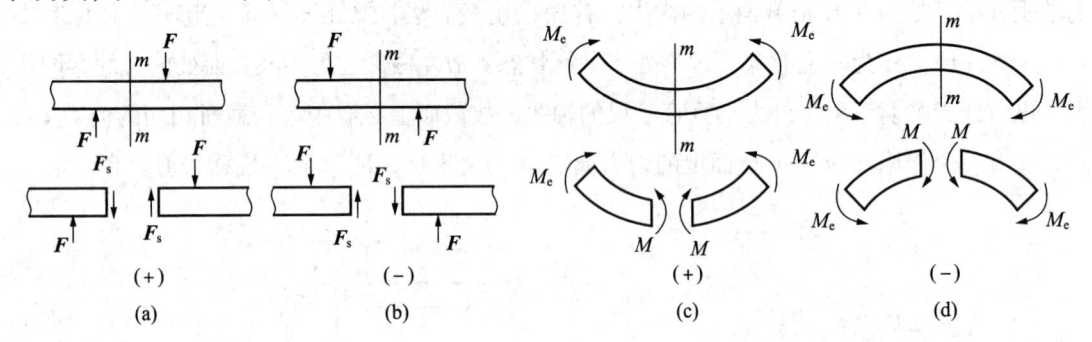

图 8-7

由图 8-7(a)、(c) 可知，若想左段右侧横截面上的剪力为正，外力应向上；若想右段左侧横截面上的剪力为正，外力应向下；若想左段右侧横截面上的弯矩为正，外力偶应为顺时针；若想右段左侧横截面上的弯矩为正，外力偶应为逆时针。

应用公式(8-1)、公式(8-2)结论时，横截面上的外力的正负号规定如下：计算剪力时，截面左上右下的外力取正，反之为负。计算弯矩时，向上的外力（不论在截面的左侧或右侧）对形心的矩为正，反之为负；或截面左侧的顺时针力偶及截面右侧的逆时针外力偶取正，反之为负。

利用上述规则，可直接根据截面左侧或右侧梁上的外力求横截面上的剪力和弯矩。

例 8-1 如图 8-8 所示悬臂梁，求图中 1-1 和 2-2 截面上的剪力和弯矩。

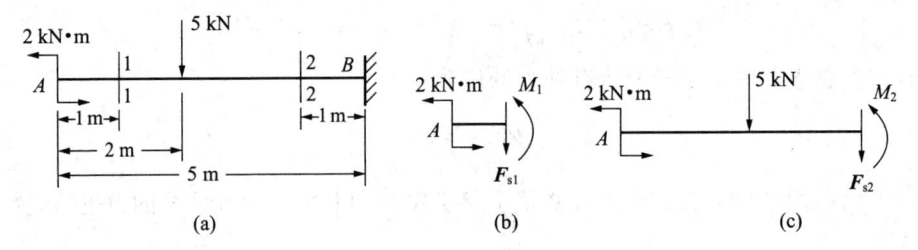

图 8-8

解：(1) 计算 1-1 上的剪力和弯矩。假想在 1-1 截面处把梁截开，考虑左段梁的平衡，剪力和弯矩按正方向假设。

$$\sum Y = 0, \quad F_{s1} = 0$$

$$\sum M = 0, \quad 2 + M_1 = 0$$

得 $F_{s1} = 0$, $M_1 = -2 \text{ kN} \cdot \text{m}$

(2)计算 2-2 上的剪力和弯矩。假想在 2-2 截面处把梁截开,考虑左段梁的平衡,剪力和弯矩按正方向假设。

$$\sum Y = 0, \quad 5 + F_{s2} = 0$$

$$\sum M = 0, \quad 2 + 5 \times 2 + M_2 = 0$$

得: $F_{s2} = -5 \text{ kN}$, $M_2 = -12 \text{ kN} \cdot \text{m}$

(3)分析讨论。

本题也可以直接根据式(8-1)、式(8-2),由左侧外力计算:

1-1 截面:$F_{s1} = 0$, $M_1 = -2 \text{ kN} \cdot \text{m}$

2-2 截面:$F_{s2} = -5 \text{ kN}$, $M_2 = -2 - 5 \times 2 = -12 \text{ kN} \cdot \text{m}$

例 8-2 试用截面法求图 8-9(a)所示梁在 1-1 横截面上的剪力和弯矩,用直接法求横截面 2-2 和 3-3 上的剪力和弯矩。

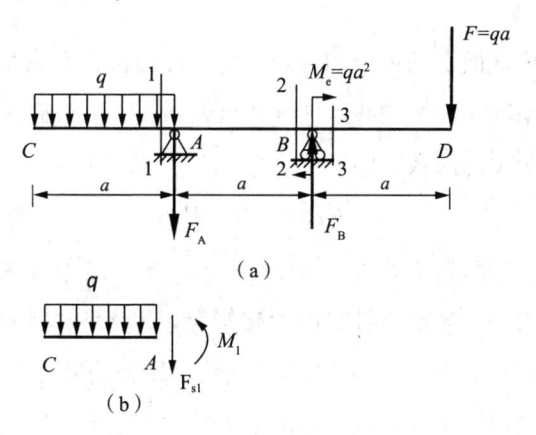

图 8-9

解:(1)求支座反力。

$$\sum M_A = 0, F_B \cdot a + qa \cdot \frac{a}{2} - qa^2 - qa \cdot 2a = 0, \quad F_B = \frac{5}{2}qa(\uparrow)$$

$$\sum M_B = 0, F_A \cdot a + qa \cdot \frac{3a}{2} - qa^2 - qa \cdot a = 0, \quad F_A = \frac{1}{2}qa(\downarrow)$$

(2)求 1-1 截面的 F_{s1}, M_1。

用假想的 1-1 截面截开梁,取左侧 CA 段,在 1-1 截面上假设剪力 F_{s1} 和弯矩 M_1 均为正,如图 8-9(b)所示。

$$\sum F_y = 0, \quad -F_{s1} - qa = 0, \quad 解得 \quad F_{s1} = -qa$$

$$\sum M_A = 0 \quad M_1 + qa \cdot \frac{a}{2} = 0, \quad 解得 \quad M_1 = -\frac{qa^2}{2}$$

(3) 用直接法求 2-2 截面和 3-3 截面上的剪力和弯矩。

$$F_{s2} = -qa - F_A = -qa - \frac{qa}{2} = -\frac{3}{2}qa$$

$$M_2 = -qa \cdot \frac{3}{2}a - F_A \cdot a = -\frac{3qa^2}{2} - \frac{1}{2}qa^2 = -2qa^2$$

解得： $F_{s3} = F = qa, \quad M_3 = -Fa = -qa^2$

(4) 分析讨论，用截面法求某截面的内力时，通常保留受力较简单的一部分作为分离体，假设截面上为正号的内力。列平衡方程并求出其内力时，正负号就会与规定的内力正负号相同。用直接法求某截面的内力，实质上仍然是截面法，只不过省略了截面法的前两步，所以仍然以观察受外力简单的一侧较为简便。

8.1.4 剪力图与弯矩图

1. 剪力图和弯矩图

在一般情况下，梁横截面上的剪力和弯矩是随截面的位置不同而变化的。为了描述剪力与弯矩沿梁轴线变化的情况，沿梁轴线方向选取坐标 x 表示横截面的位置，则梁的各截面上的剪力和弯矩都可表示为 x 的函数，即：

$$F_s = F_s(x), \quad M = M(x)$$

分别称为梁的剪力方程和弯矩方程。

为了形象地描述剪力和弯矩沿梁轴线的变化情况，以 x 为横坐标轴，以 F_s 或 M 为纵坐标轴，分别绘制 $F_s = F_s(x)$，$M = M(x)$ 的函数曲线，则称为剪力图和弯矩图。

从剪力图和弯矩图上可以很容易确定梁的最大剪力和最大弯矩，以及梁的危险截面的位置。在梁的强度计算和刚度计算中，一般弯矩起主要的作用，因此本节重点研究弯矩方程的建立和弯矩图的绘制。

例 8-3 如图 8-10(a) 所示简支梁，在 C 点处受集中载荷 F 作用，作此梁的弯矩图。

解：(1) 求支座反力。

$$\sum M_A = 0, \quad F_{By}l - Fa = 0$$

$$\sum M_B = 0, \quad F_{Ay}l - Fb = 0$$

得

$$F_{Ay} = \frac{Fb}{l}, \quad F_{By} = \frac{Fa}{l}$$

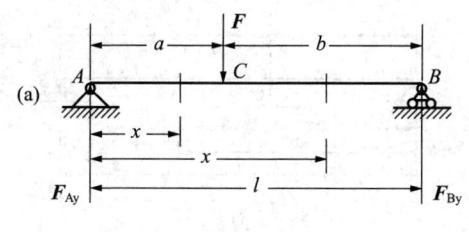

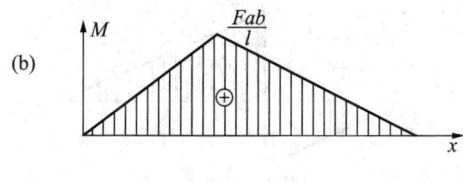

图 8 – 10

(2)列弯矩方程。

因梁在 C 点处有集中力，AC 段和 CB 段的弯矩方程不一样，故应分段建立方程：

AC 段：$M(x) = F_{Ay}x = \dfrac{Fbx}{l}$　　$(0 \leq x \leq a)$

CB 段：$M(x) = F_{By}(l - x) = \dfrac{Fa}{l}(l - x)$　　$(a \leq x \leq l)$

(3)作弯矩图。

由弯矩方程知，C 截面左右段均为斜直线。

AC 段：$x = 0$，$M = 0$；$x = a$，$M = \dfrac{Fab}{l}$

CB 段：$x = a$，$M = \dfrac{Fab}{l}$；$x = l$，$M = 0$

弯矩图如图 8 – 10(b)所示。最大弯矩在横截面 C 处，$M_{max} = \dfrac{Fab}{l}$。

例 8 – 4　如图 8 – 11(a)所示简支梁，在 C 点处作用有一集中力偶 M_e，作此梁的弯矩图。

解：(1)求支座反力。

根据梁上仅有一外力偶作用，故两端支座反力必构成一力偶与之平衡，有：

$$F_{Ay} = F_{By} = \dfrac{M_e}{l}$$

(2)列弯矩方程。

因梁在 C 点处有集中力偶，AC 段和 CB 段的弯矩方程不一样，故应分段建立方程：

AC 段：$M(x) = -F_{Ay}x = -\dfrac{M_e}{l}x$　　$(0 \leq x < a)$

CB 段：$M(x) = F_{By}(l - x) = \dfrac{M_e}{l}(l - x)$　　$(a < x \leq l)$

图 8 – 11

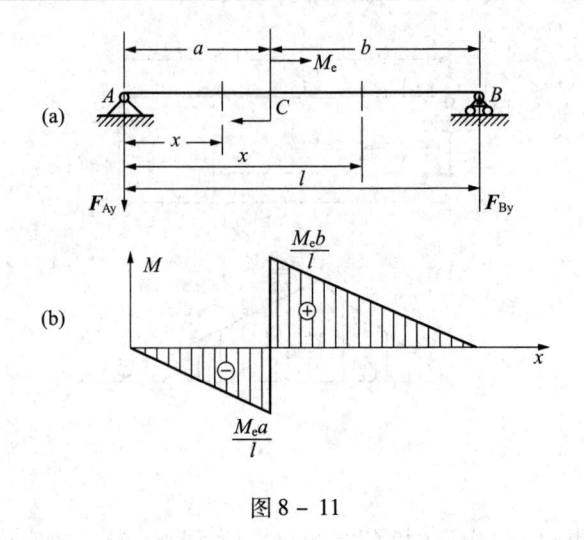

(3) 作弯矩图。

由弯矩方程可知，C 截面左右均为斜直线。

AC 段：$x=0$，$M=0$；$x=a$，$M=-\dfrac{M_e a}{l}$

CB 段：$x=a$，$M=\dfrac{M_e b}{l}$；$x=l$，$M=0$

弯矩图如图 8 – 11(b)所示，由于在 C 点处有集中力偶 M_e 作用，C 点左侧与 C 点右侧弯矩不同，有突变，突变值即为集中力偶 M_e。如 $b>a$，则最大弯矩发生在集中力偶作用处右侧横截面上，$M_{max}=\dfrac{M_e b}{l}$。

例 8 – 5 如图 8 – 12(a)所示简支梁，在全梁上受集度为 q 的均布载荷，作此梁的弯矩图。

解：（1）求支座反力。

由均布载荷在梁上的对称分布特点可得：

$$F_{Ay}=F_{By}=\dfrac{ql}{2}$$

(2) 列弯矩方程。

如图 8 – 12(b)所示，取 A 为坐标原点，在截面 x 处切开，取左段为研究对象，列平衡方程：

$$F_s(x)=\dfrac{ql}{2}-qx \quad (0\leq x\leq l)$$

$$M(x)=F_{Ay}x-\dfrac{qx^2}{2}=\dfrac{qxl}{2}-\dfrac{qx^2}{2} \quad (0\leq x\leq l)$$

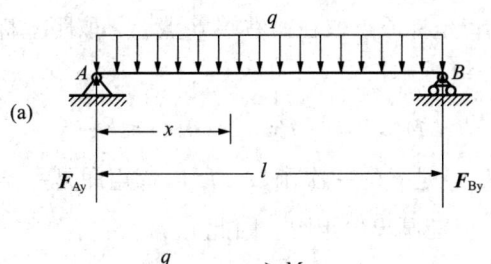

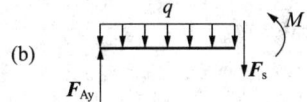

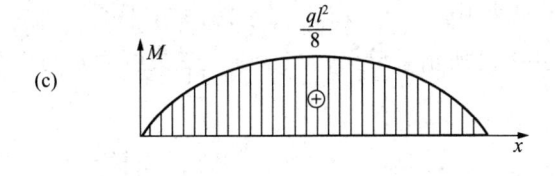

图 8 - 12

（3）作弯矩图。

由弯矩方程可知，弯矩 M 是 x 的二次函数，弯矩图是一条抛物线。由均布载荷在梁上的对称分布特点可知抛物线的最大值应在梁的中点处，也可用求极值处的方法确定极值所在位置即极值处的 x 坐标值，代入弯矩方程，求出弯矩的最大值。

抛物线的形状可由三组特殊点来绘制，如图 8 - 12(c) 所示。

$$x=0,\ M=0$$

$$x=\frac{l}{2},\ M=\frac{ql^2}{8}$$

$$x=l,\ M=0$$

例 8 - 6 如图 8 - 13(a) 所示的悬臂梁，在自由端 B 处有集中力 P 作用，试画出此梁的弯矩图。

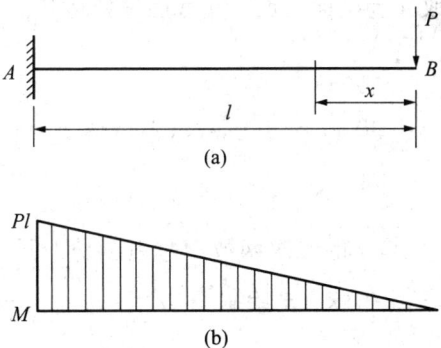

图 8 - 13

解：(1) 列弯矩方程。将坐标原点取在梁右端 B 点上，取距坐标原点为 x 的任意截面右侧梁为研究对象，列平衡方程

$$M(x) = -Px \quad (0 \leq x \leq l)$$

(2) 画弯矩图。弯矩 $M(x)$ 是 x 的一次函数，所以弯矩图是一条斜直线。只需要确定始末两个控制截面的弯矩值，就能画出弯矩图。因此

$$x = 0, \quad M_B = 0$$
$$x = l, \quad M_A^{右} = -Pl$$

弯矩图如图 8-13(b) 所示。

例 8-7 如图 8-14(a) 所示悬臂梁，在全梁上受集度为 q 的均布载荷作用。作该梁的弯矩图。

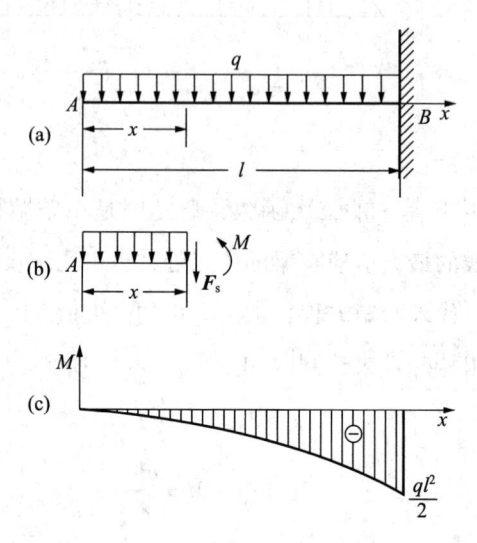

图 8-14

解：(1) 列弯矩方程。

如图 8-14(b) 所示，取 A 为坐标原点，在截面 x 处切开，取左段为研究对象，列平衡方程：

$$M(x) = -\frac{qx^2}{2} \quad (0 \leq x \leq l)$$

(2) 作弯矩图。

由弯矩方程可知，弯矩 M 是 x 的二次函数，弯矩图是一开口向下的抛物线，其顶点为 $(0,0)$，抛物线的形状可由三组特殊点来绘制。

$$x = 0, \quad M = 0$$

$$x = \frac{l}{2}, \quad M = -\frac{ql^2}{8}$$

$$x = l, \quad M = -\frac{ql^2}{2}$$

由图 8 – 14(c)可知，在固定端左侧上的弯矩最大为：

$$|M|_{max} = \frac{ql^2}{2}$$

2. 利用剪力、弯矩与载荷集度的微分关系作剪力图和弯矩图

根据图 8 – 12 的均布载荷作用下的简支梁，列出 x 截面处的剪力方程和弯矩方程如下：

$$F_s(x) = \frac{ql}{2} - qx \quad (0 \leq x \leq l)$$

$$M(x) = F_{Ay}x - \frac{qx^2}{2} = \frac{qxl}{2} - \frac{qx^2}{2} \quad (0 \leq x \leq l)$$

将上式分别对 x 求导，有以下的微分关系：

$$\frac{d^2 M(x)}{dx^2} = \frac{dF_s(x)}{dx} = q(x) \tag{8-3}$$

式中，载荷集度 $q(x)$ 规定向上为正。这个关系虽是由图 8 – 12 推导出的，但这是对于平面弯曲变形都广泛存在的一种关系。

根据剪力、弯矩与载荷集度的微分关系，可得到以下的结论：

(1) 梁上某段无载荷作用时，则弯矩图为一段斜直线。

(2) 梁上某段有均布载荷作用时，则该段梁的弯矩图为一段二次抛物线，且当均布载荷向上，即 $q > 0$ 时，抛物线为凹曲线；反之，当均布载荷向下，即 $q < 0$ 时，抛物线为凸曲线。

(3) 梁上集中力作用处，弯矩图的切线斜率有突变，因而弯矩图在该处有折角。

(4) 梁上集中力偶作用处，弯矩图有突变，突变值等于集中力偶的大小。从左至右，若力偶为顺时针转向，弯矩图向上突变；反之，若力偶为逆时针转向，则弯矩图向下突变。

(5) 在梁的某一截面上，若 $F_s(x) = \frac{dM(x)}{dx} = 0$，则在这一截面上弯矩有一极值（极大或极小值）。最大弯矩值 $M_{max}(x)$ 不仅可能发生于剪力等于零的截面上，也有可能发生于集中力或集中力偶作用的截面上。

利用上述特点，可以不列梁的内力方程，而简捷地画出梁的弯矩图。其方法是：以梁上的界点将梁分为若干段，求出各界点处的内力值，最后根据上面归纳的特点画出各段弯矩图。

例 8-8 一外伸梁受力情况如图 8-15(a)所示，作此梁的弯矩图。

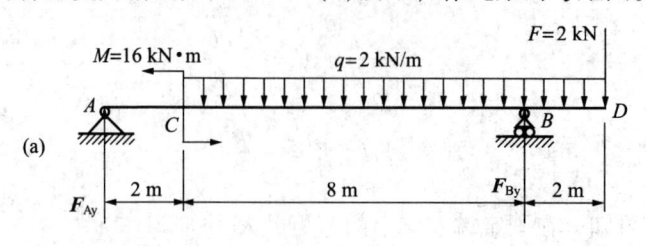

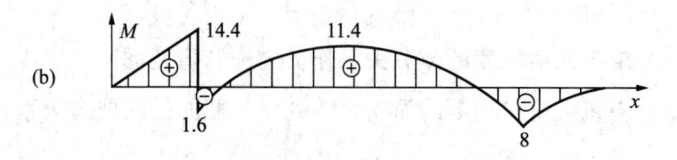

图 8-15

解：(1)求支座反力。

$$\sum M_A = 0, \quad M - q \times 10 \times (5+2) - F \times 12 + F_{By} \times 10 = 0$$

$$\sum M_B = 0, \quad -F_{Ay} \times 10 + M + q \times 8 \times 4 - q \times 2 \times 1 - F \times 2 = 0$$

得：$\quad F_{By} = 14.8 \text{ kN}, \quad F_{Ay} = 7.2 \text{ kN}$

(2)求各界点的弯矩值。

本题中 A、B、C、D 四处有集中载荷。故将全梁分为三段 AC、CB、BD。

A 点：$M_A^{右} = M_A^{左} = 0$

C 点：$M_C^{左} = F_{Ay} \times 2 = 14.4 \text{ kN} \cdot \text{m}$

$\qquad M_C^{右} = F_{Ay} \times 2 - M = 7.2 \times 2 - 16 = -1.6 \text{ kN} \cdot \text{m}$

B 点：$M_B^{右} = M_B^{左} = -q \times 2 \times 1 - F \times 2 = -2 \times 2 \times 1 - 2 \times 2 = -8 \text{ kN} \cdot \text{m}$

D 点：$M_D^{右} = M_D^{左} = 0$

(3)画弯矩图。

AC 段：该段无均布载荷，M 图应为斜直线。连接 A 点和 C 点左侧弯矩值，画出 AC 段弯矩图。

CB 段：该段 C 点处有集中力偶，M 图上有向下的突变，突变值为外力偶矩的大小，CB 段受向下的均布载荷作用，故该段弯矩图是开口向下的抛物线。但这里需确定该段弯矩最大值及所在位置，由上面归纳可知，最大弯矩值应在该段剪力为零的点，故列剪力方程：

$$F_s = F_{Ay} - q(x-2)$$

当 $F_s = 0$ 时，$x = 5.6$ m

列弯矩方程：

$$M = F_{Ay}x - M - q(x-2) \cdot \frac{x-2}{2} = 7.2x - 16 - (x-2)^2$$

当 $x = 5.6$ m 时，$M_{max} = 11.4$ kN·m

连接 C 点右侧、最大弯矩值点与 B 点左侧弯矩值，即可大致画出该段弯矩图。

BD 段：该段受向下均布载荷作用，故 M 图为开口向下的抛物线。由于 D 点处剪力为 0，该处有最大弯矩值，$M_D = 0$。连接 B 点右侧与 D 点左侧弯矩值，可得该段弯矩图。

例 8-9 利用剪力、弯矩与载荷集度的微分关系作图 8-16(a)所示简支梁的剪力图和弯矩图。

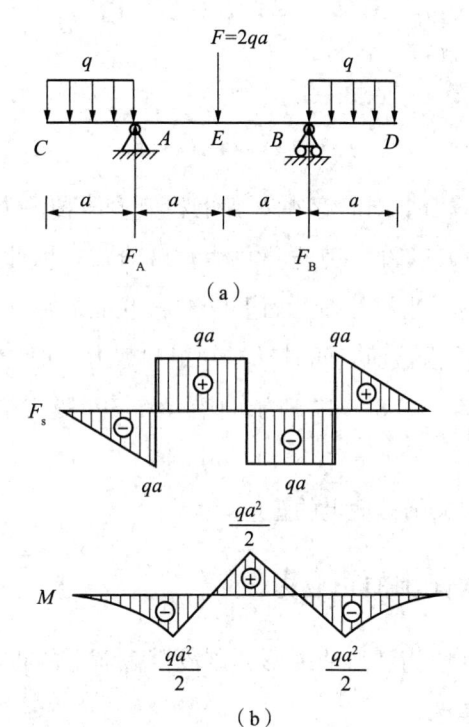

图 8-16

解：（1）求支座反力，梁为对称结构受对称载荷作用，支反力也是对称的，可得：

$$F_A = F_B = 2qa(\uparrow)$$

（2）求梁在控制截面上的 F_s、M 值：

$F_{SC} = 0$；$F_{SA}^{左} = -qa$；$F_{SA}^{右} = -qa + 2qa = qa = F_{SE}^{左}$；

$F_{SE}^{右} = -qa + 2qa - 2qa = -qa$；

$F_{SD} = 0$；$F_{SB}^{右} = qa$；$F_{SB}^{左} = qa - 2qa = -qa = F_{SE}^{右}$；

$M_C = 0$，

$M_C = 0$；$M_A^{左} = M_A^{右} = -\dfrac{qa^2}{2}$；

$M_E^{左} = M_E^{右} = -\dfrac{3qa^2}{2} + 2qa^2 = \dfrac{qa^2}{2}$；

$M_D = 0$；$M_B^{左} = M_B^{右} = -\dfrac{qa^2}{2}$；

由以上各控制截面上的弯矩值，并结合由微分关系得出的剪力图和弯矩图图线形状规律，便可画出剪力图和弯矩图如图 8-16(b) 所示。由图可知，梁为对称结构受对称载荷作用，支座反力也是对称的，而 F_s 图反对称，M 图对称。

8.2　弯曲强度

8.2.1　梁的纯弯曲

一般情况下，梁的横截面上同时存在着弯矩和剪力两种内力。由于弯矩 M 只能由法向微内力 $\sigma \, dA$ 合成，剪力 F_s 只能由切向微内力 $\tau \, dA$ 合成，因此，梁的横截面上通常同时存在着正应力 σ 和切应力 τ。当梁的横截面上仅有弯矩而无剪力，从而仅有正应力而无切应力的情况，称为纯弯曲。横截面上同时存在弯矩和剪力，即既有正应力又有切应力的情况称为横力弯曲或剪切弯曲。图 8-17 所示的梁 AC、DB 段为横力弯曲，CD 段为纯弯曲变形。

本节首先讨论纯弯曲时梁横截面上的正应力。

8.2.2　纯弯曲时梁横截面上的正应力

图 8-17 所示的梁 CD 段为纯弯曲变形，该段横截面上的正应力的分布规律也需从几何、物理和静力学三方面考虑。

为便于观察变形现象，采用矩形截面梁进行纯弯曲实验。实验前，在梁的侧面上画一些水平的纵向线和与纵向线相垂直的横向线，如图 8-18(a) 所示，然后在梁两端纵向对称面内施加一对方向相反、力偶矩均为 M 的力偶，使梁发生纯弯曲变形，如图 8-18(b) 所示。根据弯曲变形实验显示的变形特点作出的平面假设认为：原为平面的横截面变形后仍保持为平面，且仍垂直于变形后梁的轴线，只是绕横截面内某一轴旋转了一角度。若将梁假想成由无数纵向纤维组成，所有纵向纤维只受到轴向拉伸与压缩，由变形的连续性可知，从梁上半部的压缩到下半部的伸长，其间必有一层长度不变，该层称为中性层，中性层与横截面的交线，称为中性轴，如图 8-18(c) 所示。

图 8 – 17　　　　　　　　　图 8 – 18

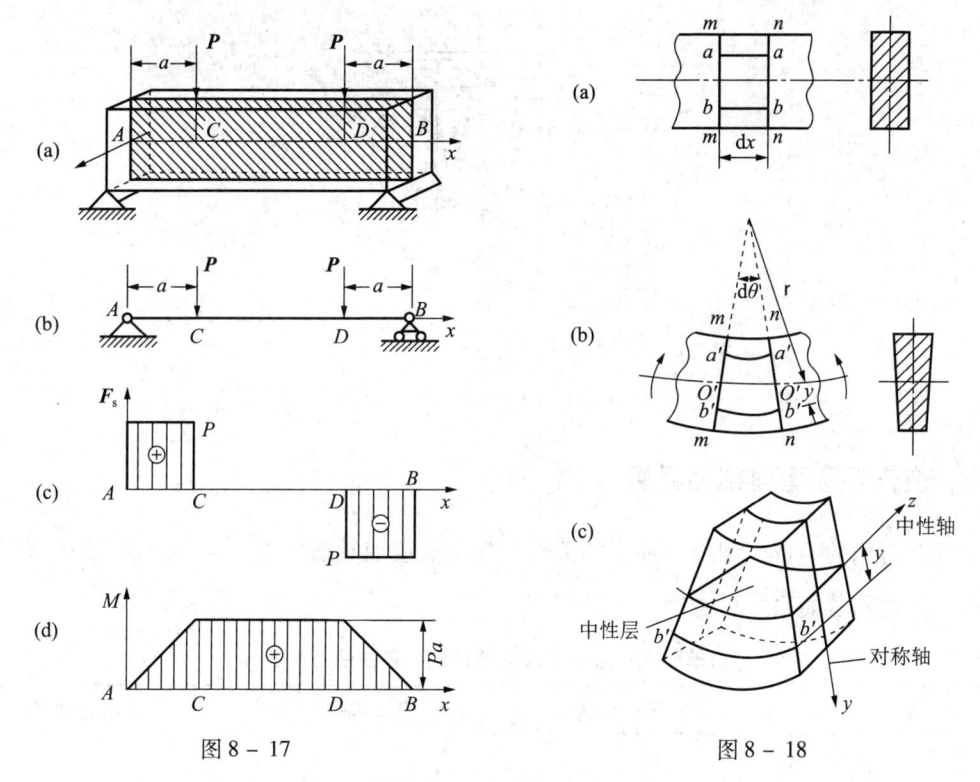

从平面弯曲变形几何关系可以找出应变的变化规律，由应变规律找出应力的分布规律，即建立应力和应变间的物理关系；最后根据弯矩和应力之间的静力关系，即可推导出截面上任意点应力的计算公式，从而求出最大应力，为建立强度条件提供依据。这里不作详细分析，详细过程请参考本章知识拓展。

经分析计算可知中性轴通过横截面的形心，纯弯曲时梁横截面上的正应力计算公式

$$\sigma = \frac{My}{I_z} \qquad (8-4)$$

式中，M 指横截面上的弯矩；y 指横截面上任一点到中性轴的距离；$I_z = \int_A y^2 \mathrm{d}A$ 指截面对中性轴 z 的惯性矩，是只与截面的形状和尺寸有关的几何量。

由上式可知，梁弯曲时，横截面上任一点处的正应力与该截面上的弯矩成正比，与惯性矩成反比，并沿截面高度呈线性分布。中性轴上各点的正应力为零；在中性轴的上、下两侧，一侧受拉，一侧受压；距中性轴越远，正应力越大，如图 8 – 19 所示。

当 $y = y_{\max}$ 时，弯曲正应力最大，其值为：

$$\sigma_{\max} = \frac{My_{\max}}{I_z} = \frac{M}{W_z} \qquad (8-5)$$

其中，$W_z = \dfrac{I_z}{y_{\max}}$ 称为截面对于中性轴的弯曲截面系数，是一个与截面形状和尺寸有关的几何量。

图 8-19

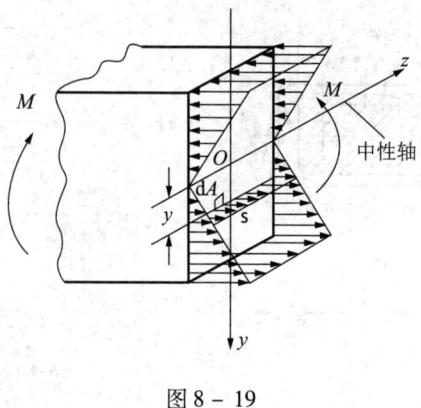

8.2.3 惯性矩和弯曲截面系数

工程上常用的矩形、圆形及环形的惯性矩和弯曲截面系数如表 8-1 所示。对于各种轧制型钢,其弯曲截面系数可查附录Ⅰ。

表 8-1　　　　　　　简单截面对形心主轴的惯性矩和弯曲截面系数

图形	形心位置	形心轴惯性矩	弯曲截面系数
矩形（$b \times h$）	$\bar{y} = \frac{1}{2}h$ （$y=0$）	$I_z = \frac{1}{12}bh^3$	$W_z = \frac{1}{6}bh^2$
圆形（直径D）	圆心	$I_z = \frac{\pi}{64}D^4$	$W_z = \frac{\pi}{32}D^3$
环形（外径D,内径d）	圆心	$I_z = \frac{\pi}{64}(D^4 - d^4)$ $= \frac{\pi}{64}D^4(1-\alpha^4)$ $\alpha = \frac{d}{D}$	$W_z = \frac{\pi}{32}D^3(1-\alpha^4)$ $\alpha = \frac{d}{D}$

对于与形心轴平行的轴的惯性矩,由惯性矩的平行移轴定理给出,即:

$$I_z = I_{zC} + a^2 A \qquad (8-6)$$

式中,I_{zC}为截面对于形心轴的惯性矩;I_z为截面对于与形心轴平行的任一轴的惯性矩;a为两轴之间的距离;A为该截面的面积。

上式用于计算简单组合图形对其形心轴的惯性矩。

8.2.4 梁的弯曲强度计算

式(8-4)是在梁纯弯曲的情况下导出的，但工程中弯曲问题多为横力弯曲，即梁的横截面上同时存在有正应力和切应力。大量的分析和实验证实，当梁的跨度 l 与横截面高度 h 之比大于5时，这个公式用来计算梁在横力弯曲时横截面上的正应力还是足够精确的，通常强度计算只需按照正应力强度条件进行分析即可。对于短梁或载荷靠近支座以及腹板较薄的组合截面梁，还必须考虑其切应力的存在。

对梁进行强度计算，必须计算梁的最大正应力。对于等截面梁，最大正应力发生在弯矩最大截面的上、下边缘处，弯矩最大的截面称危险截面；而对于变截面梁，要综合考虑弯矩与弯曲截面系数，取其比值最大处为危险截面，危险截面上弯曲应力最大的点称危险点，有：

$$\sigma_{\max} = \left(\frac{M}{W_z}\right)_{\max} \leqslant [\sigma] \qquad (8-7)$$

为了保证梁安全地工作，危险点处的正应力必须小于梁的弯曲许用应力$[\sigma]$，这就是梁的正应力强度条件。即：

$$\sigma_{\max} \leqslant [\sigma] \qquad (8-8)$$

在应用上述强度条件时，应注意下列问题。

(1)对于塑性材料，其抗拉和抗压许用应力相同，为了使截面上的最大拉应力和最大压应力同时达到其许用应力，通常将梁的横截面做成与中性轴对称的形状，如工字形、圆形、矩形等，其强度条件为：

$$\sigma_{\max} = \left(\frac{M}{W_z}\right)_{\max} \leqslant [\sigma] \qquad (8-9)$$

(2)由于脆性材料的抗拉能力远小于其抗压能力，为使截面上的压应力大于拉应力，常将梁的横截面做成与中性轴不对称的形状，如T形截面，此时应分别计算横截面的最大拉应力和最大压应力，则强度条件应为：

$$\sigma_{t\max} = \left(\frac{M \cdot y_1}{I_z}\right)_{\max} \leqslant [\sigma_t] \qquad (8-10)$$

$$\sigma_{c\max} = \left(\frac{M \cdot y_2}{I_z}\right)_{\max} \leqslant [\sigma_c] \qquad (8-11)$$

其中，y_1 和 y_2 分别表示受拉与受压边缘到中性轴的距离。

(3)梁的弯曲许用应力可以近似以材料的拉压许用应力代替，或从机械设计手册中查得。

利用梁的正应力强度条件，可以进行以下三种类型的强度计算：

(1)校核强度：$\sigma_{\max} \leqslant [\sigma]$；

(2)设计截面:对于等直梁,强度条件可改写为 $W_z \geq \left(\dfrac{M}{[\sigma]}\right)_{max}$,利用上式求出 W_z,然后根据 W_z 与截面尺寸间的关系,求出截面的尺寸;

(3)确定许可载荷:对等直梁,强度条件改写为 $M_{max} \leq W_z[\sigma]$,由上式求出 M_{max} 后,再利用 M_{max} 与外载荷间的关系即可设计出梁的许可载荷。

例 8-10 丁字尺的截面为矩形,设 $\dfrac{h}{b} = 12$,由经验可知,当垂直长边 h 加力[见图 8-20(a)]时,丁字尺容易变形或折断;若沿长边加力[见图 8-20(b)]时,则不然,为什么?

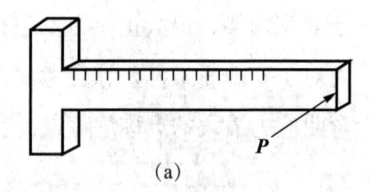

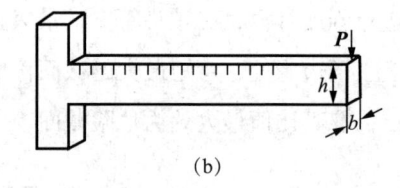

图 8-20

解: 在其他情况相同的条件下,梁的强度与刚度分别取决于横截面对中性轴的抗弯截面模量 W 和惯性矩 I。由于中性轴垂直于载荷作用面,因此

在图 8-20(a)中,W 和 I 分别为:

$$W_1 = \frac{hb^2}{6}, I_1 = \frac{hb^3}{12}$$

在图 8-20(b)中,W 和 I 分别为:

$$W_2 = \frac{bh^2}{6}, I_2 = \frac{bh^3}{12}$$

因 $h > b$,故 $W_1 < W_2$,$I_1 < I_2$,所以图 8-20(a)所示丁字尺容易变形或折断。

例 8-11 图 8-21(a)为一矩形截面简支梁。已知:$F = 5$ kN,$l = 600$ mm,$a = 180$ mm,$b = 30$ mm,$h = 60$ mm,试求竖放时与横放时梁横截面上的最大正应力。

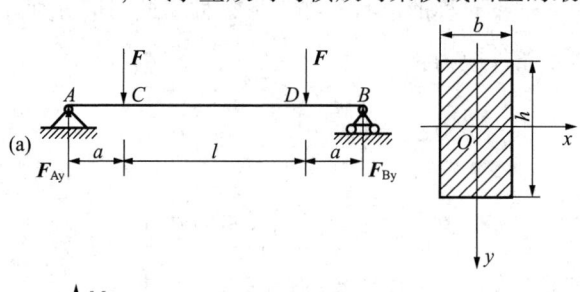

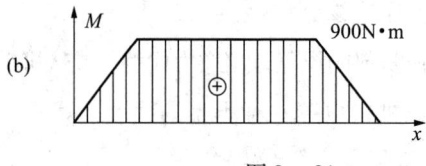

图 8-21

解：(1)求支反力。

根据对称性，有：

$$F_{Ay} = F_{By} = 5 \text{ kN}$$

(2)画弯矩图。

如图 8-21(b)所示，弯矩最大值为：

$$M_{max} = 900 \text{ N} \cdot \text{m}$$

竖放时最大正应力：$\sigma_{max} = \dfrac{M}{W_z} = \dfrac{M}{\dfrac{bh^2}{6}} = \dfrac{900}{\dfrac{30 \times 60^2}{6} \times 10^{-9}} = 50 \text{ MPa}$

横放时最大正应力：$\sigma_{max} = \dfrac{M}{W_z} = \dfrac{M}{\dfrac{hb^2}{6}} = \dfrac{900}{\dfrac{60 \times 30^2}{6} \times 10^{-9}} = 100 \text{ MPa}$

由以上计算可知，对相同截面形状的梁，放置方法不同，可使截面上的最大应力也不同。对矩形截面，竖放要比横放合理。

例 8-12 如图 8-22 所示为 T 形铸铁梁。已知：$F_1 = 10 \text{ kN}$，$F_2 = 4 \text{ kN}$，铸铁的许用拉应力 $[\sigma_t] = 36 \text{ MPa}$，许用压应力 $[\sigma_c] = 60 \text{ MPa}$，截面对形心轴 z 的惯性矩 $I_z = 763 \text{ cm}^4$，$y_1 = 52 \text{ mm}$。试校核梁的强度。

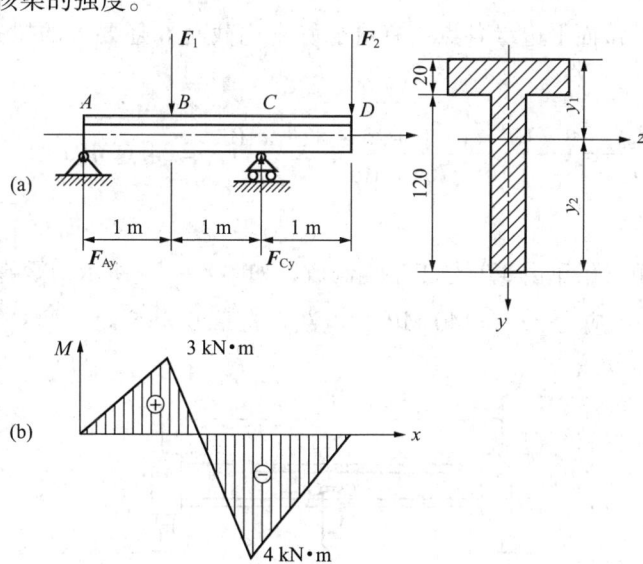

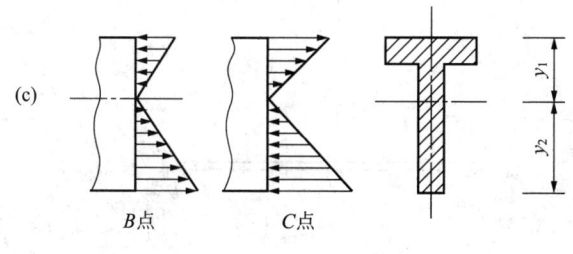

图 8-22

解：(1) 求支反力。

$$\sum M_C = 0, \quad -F_{Ay} \times 2 + F_1 \times 1 - F_2 \times 1 = 0$$

$$\sum M_A = 0, \quad F_{Cy} \times 2 - F_1 \times 1 - F_2 \times 3 = 0$$

解得：
$$F_{Ay} = 3 \text{ kN}, \quad F_{Cy} = 11 \text{ kN}$$

(2) 画弯矩图。

$$M_A = M_D = 0$$

$$M_B = F_{Ay} \times 1 = 3 \text{ kN} \cdot \text{m}$$

$$M_C = -F_2 \times 1 = -4 \text{ kN} \cdot \text{m}$$

(3) 强度校核。

$$M_{\max} = M_C = -4 \text{ kN} \cdot \text{m}$$

C 截面：$\sigma_c = \dfrac{M_C y_2}{I_z} = \dfrac{4 \times 10^3 \times (120 + 20 - 52) \times 10^{-3}}{763 \times 10^{-8}} = 46.1 \text{ MPa} \leqslant [\sigma_c]$

$\sigma_t = \dfrac{M_C y_1}{I_z} = \dfrac{4 \times 10^3 \times 52 \times 10^{-3}}{763 \times 10^{-8}} = 27.26 \text{ MPa} < [\sigma_t]$

由于 M_B 为正弯矩，其值虽然小于 M_C 的绝对值，但应注意到在截面 B 处最大拉应力发生在距离中性轴较远的截面下边缘各点，有可能发生比截面 C 还要大的拉应力，故还应对这些点进行强度校核。

B 截面：$\sigma_t = \dfrac{M_B y_2}{I_z} = \dfrac{3 \times 10^3 \times (120 + 20 - 52) \times 10^{-3}}{763 \times 10^{-8}} = 34.6 \text{ MPa} \leqslant [\sigma_t]$

梁满足强度条件。

例 8 - 13 一单梁吊车由 32b 号工字钢制成，如图 8 - 23 所示，梁跨度 $l = 10.5$ m，梁材料为 Q235 钢，许用应力 $[\sigma] = 140$ MPa，电葫芦自重 $G = 15$ kN，梁自重不计，求该梁可能承载的起重重量 F。

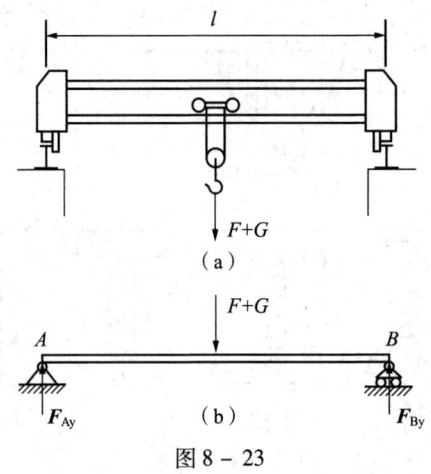

图 8 - 23

解：(1) 求支反力。

单梁吊车可简化为受集中力 ($F+G$) 的简支梁，分析可知，当吊车行至中点时，梁上的弯矩最大，此时，根据对称性可求得支反力为：

$$F_{Ay} = F_{By} = \frac{F+G}{2}$$

(2) 求最大弯矩。

$$M_{max} = \frac{(F+G)l}{4}$$

(3) 计算许可载荷 F。

根据强度条件： $\dfrac{M_{max}}{W_z} \leq [\sigma]$ 或 $M_{max} \leq [\sigma]W_z$

由型钢表（附录Ⅰ）查得 32b 工字钢的弯曲截面系数 $W_z = 726$ cm³（附表Ⅰ中为 W_x）。

故： $M_{max} \leq [\sigma]W_z = 140 \times 10^6 \times 726 \times 10^{-6} = 102$ kN·m

由： $M_{max} = \dfrac{(F+G)l}{4}$

得： $F = \dfrac{4M_{max}}{l} - G = \dfrac{4 \times 102}{10.5} - 15 = 23.86$ kN

例 8-14 有一悬臂梁，长 $l = 1$ m，在自由端有一载荷 $P = 20$ kN，如图 8-24(a) 所示，已知 $[\sigma] = 140$ MPa，试选择一适当的工字钢型号。

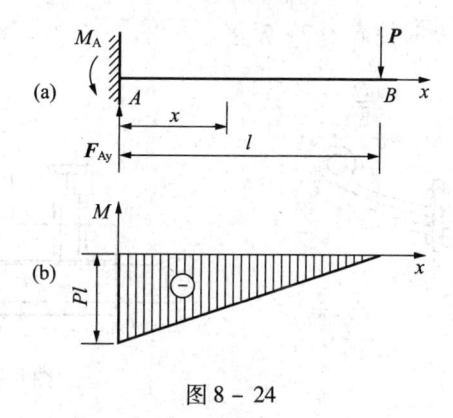

图 8-24

解：(1) 求最大弯矩：

$$M_{max} = -Pl = -20 \text{ kN·m}$$

(2) 由强度条件 $\dfrac{M_{max}}{W_z} \leq [\sigma]$ 得：

$$W_z \geq \frac{|M|_{max}}{[\sigma]} = \frac{20 \times 10^3}{140 \times 10^6} = 143 \text{ cm}^3$$

查附表Ⅰ型钢规格表，应选用 18 号工字钢，其 $W_z = 185$ cm³。

8.3　弯曲变形的计算

工程中某些受弯构件在满足强度条件的同时，还需要满足一定的刚度条件。工程实际中对某些受弯杆件的刚度要求有时是十分重要的。例如，图 8-25 所示机床主轴变形过大时，会影响轴上齿轮间的正常啮合，以及轴与轴承的配合，从而造成齿轮、轴承和轴的不均匀磨损，既影响轴的旋转精度，同时还会大大降低齿轮、轴及轴承的工作寿命，还会产生噪声，并影响加工精度。又如，输送液体的管道，若弯曲变形过大，将会影响管道内液体的正常输送，出现积液、沉淀或导致法兰盘连接不紧密的现象。

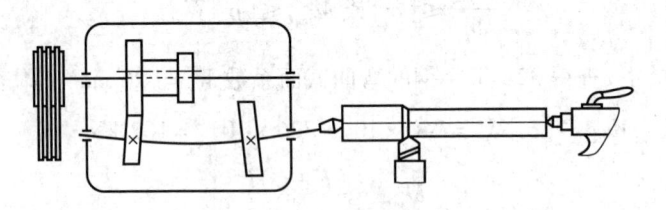

图 8-25

但在一些场合，又往往需要利用弯曲变形达到某种目的。如图 8-26 所示的车辆上使用的叠板弹簧正是利用弯曲变形较大的特点，以起到缓冲减震的作用。又如图 8-27 所示的弹簧杆切断刀，由于弹簧刀杆的弹性变形较大，因此有较好的自动让刀作用，能有效地缓和冲击，切削速度比用直刀杆时提高了 2~3 倍。

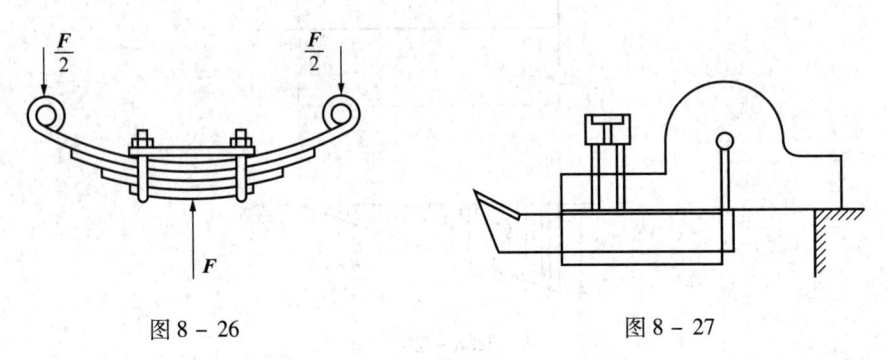

图 8-26　　　　　　　　　图 8-27

由于在一般细长梁中，剪力对弯曲变形的影响较小，可以忽略不计，故本节主要讨论梁在平面弯曲时由弯矩引起的弯曲变形。

8.3.1　挠曲线

如图 8-28 所示，悬臂梁在纵向对称面内的外力 F 的作用下将发生平面弯曲，变形后梁的轴线将变为一条光滑的平面曲线，称梁的挠曲轴线，也称弹性曲线、挠曲线。

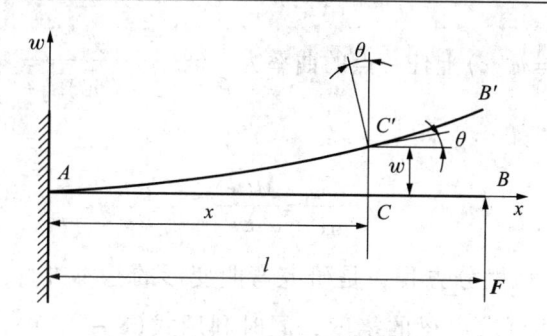

图 8 – 28

建立如图 8 – 28 所示的坐标系，x 轴与梁变形前的轴线重合，w 轴垂直向上，则 xw 平面就是梁的纵向对称平面，显然挠曲线是梁截面位置 x 的函数，梁的挠曲线方程可表示为：

$$w = w(x) \tag{8-12}$$

8.3.2 挠度和转角

观察梁在 xw 平面内距左端为 x 处的任一截面，可以发现该截面的形心既有垂直方向的位移，又有水平方向的位移。但在小变形的前提下，水平方向的位移很小，可忽略不计，因而可以认为截面的形心只在垂直方向有线位移 CC'。轴线上任一点在垂直于 x 轴方向的位移，即挠曲线上相应点的纵坐标，称为该截面的挠度，用 w 表示。

C 截面不但产生线位移，还产生了角位移。梁弯曲变形后，横截面仍然保持为平面，且仍垂直于变形后的梁轴线，只是绕中性轴发生了一个角位移，此角位移称为该截面的转角，用 θ 表示。过 C' 点作一切线，切线与 x 轴的夹角即等于横截面的转角，在工程中，通常转角很小，因此有：

$$\theta \approx \tan\theta = \frac{dw}{dx} \tag{8-13}$$

上式表明，横截面转角近似地等于挠曲线在该截面处切线的斜率。

这样，梁的变形可用梁轴线上一点（即横截面的形心）的挠度和横截面的转角表示。其符号规定，挠度与 w 轴正向相同时为正，反之为负，单位为米（m）或毫米（mm）；截面转角以逆时针转向为正，反之为负，单位为弧度（rad）。

8.3.3 求弯曲变形的两种方法

1. 积分法

在推导弯曲正应力时，曾得到梁的中性层的曲率表达式（当 $\sigma \leqslant \sigma_p$ 时）为 $\dfrac{1}{\rho} = \dfrac{M}{EI}$，另外，

由高等数学知,曲线 $w = w(x)$ 上任一点的曲率为 $\dfrac{1}{\rho} = \dfrac{w''}{[1+(w')^2]^{\frac{3}{2}}}$,由于 w' 很小,略去该微量,可得:

$$\frac{d^2 w}{dx^2} = \frac{M(x)}{EI} \qquad (8-14)$$

上式为挠曲线的近似微分方程,是研究弯曲变形的基本方程式。式中 EI 称为梁的抗弯刚度。由此方程即可求出梁的挠度,同时利用式(8-13),又可求得梁横截面的转角。

对等截面梁,EI 是常量,将微分方程积分一次可得转角方程:

$$\theta = \frac{dw}{dx} = \frac{1}{EI}\int M(x)dx + C \qquad (8-15)$$

再积分一次得挠曲线方程:

$$w = \frac{1}{EI}\iint M(x)dx + Cx + D \qquad (8-16)$$

式中 C、D 是积分常数,可利用连续条件和边界条件(即梁上某些截面的已知位移和转角)确定。如图 8-29(a)所示的简支梁支座 A、B 处的挠度为零,故边界条件为:

$$w_A = 0, \quad w_B = 0$$

如图 8-29(b)所示的悬臂梁,固定端 A 处的挠度和转角均为零,则边界条件为:

$$\theta_A = 0, \quad w_A = 0$$

如图 8-29(c)所示简支梁,分段写弯矩方程,则在 C 处,相连两截面应具有相同的挠度和转角,挠曲线应满足连续、光滑条件:

$$w_C^{左} = w_C^{右}, \quad \theta_C^{左} = \theta_C^{右}$$

图 8-29

例 8-15 如图 8-30 所示,等直悬臂梁 AB 长度为 l,受均布载荷 q 作用,试求 AB 梁的最大挠度和转角。

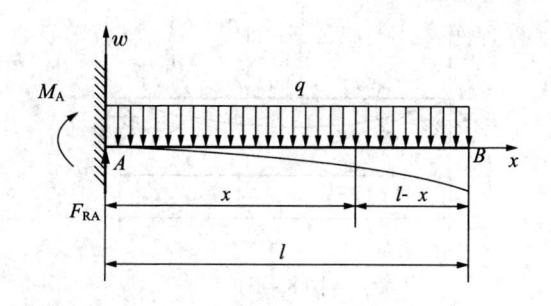

图 8 – 30

解：取如图 8 – 30 所示的坐标系，梁的弯矩方程为：

$$M(x) = -\frac{1}{2}q(l-x)^2 = -\frac{1}{2}qx^2 + qlx - \frac{1}{2}ql^2 \quad (0 < x \leqslant l)$$

所以 AB 梁的挠曲线近似微分方程为：

$$EI_z w'' = -\frac{1}{2}qx^2 + qlx - \frac{1}{2}ql^2$$

积分上式，可得：

$$EI_z w' = EI_z \theta = -\frac{1}{6}qx^3 + \frac{1}{2}qlx^2 - \frac{1}{2}ql^2 x + C$$

再积分上式，得：

$$EI_z w = -\frac{1}{24}qx^4 + \frac{1}{6}qlx^3 - \frac{1}{4}ql^2 x^2 + Cx + D$$

悬臂梁的两个边界条件为：$x = 0$（固定端），挠度 w 和转角 θ 都为零，代入上两式确定出 $C = 0$ 和 $D = 0$。所以，AB 梁的转角方程和挠曲线方程分别为：

$$\theta(x) = \frac{1}{EI_z}\left(-\frac{1}{6}qx^3 + \frac{1}{2}qlx^2 - \frac{1}{2}ql^2 x\right)$$

$$w(x) = \frac{1}{EI_z}\left(-\frac{1}{24}qx^4 + \frac{1}{6}qlx^3 - \frac{1}{4}ql^2 x^2\right)$$

AB 梁的挠曲线大致形状如图 8 – 30 所示，从图中可以看到，最大挠度和转角都发生在梁的自由端，即：

$$\theta_B = \theta(x)\Big|_{x=l} = -\frac{ql^3}{6EI_z}$$

$$w_B = w(x)\Big|_{x=l} = -\frac{ql^4}{8EI_z}$$

θ_B 为负值，说明 B 截面转角是顺时针的；w_B 为负值表示 B 点的挠度向下。

例 8 – 16 简支梁 AB 受力如图 8 – 31 所示（图中 $a > b$）。求梁的转角方程和挠度方程。

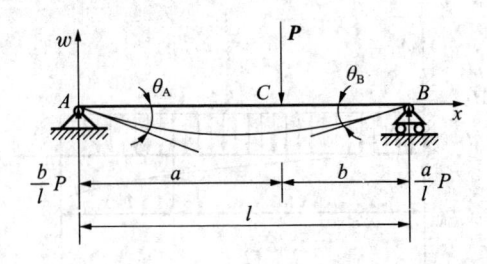

图 8-31

解：(1)求梁的支座反力。

建立如图 8-31 所示坐标系：

$$\sum M_A = 0, \quad F_B l - Pa = 0$$

$$\sum M_B = 0, \quad -F_A l + Pb = 0$$

解得：

$$F_B = \frac{Pa}{l} \quad F_A = \frac{Pb}{l}$$

(2)列弯矩方程。

由于集中力加在两支座之间，弯矩方程在 AC、CB 两段中互不相同，所以应分段建立挠度曲线微分方程。

AC 段：$M_1(x) = \frac{b}{l}Px, \quad \frac{d^2 w_1}{dx^2} = \frac{b}{EIl}Px \quad (0 \leq x \leq a)$ （8-17）

CB 段：$M_2(x) = \frac{b}{l}Px - P(x-a), \quad \frac{d^2 w_2}{dx^2} = \frac{1}{EI}\left[\frac{b}{l}Px - P(x-a)\right] \quad (a \leq x \leq l)$ （8-18）

将式（8-17）、式（8-18）积分后得：

$$\theta_1(x) = \frac{dw_1}{dx} = \frac{Pb}{2lEI}x^2 + C_1 \tag{8-19}$$

$$\theta_2(x) = \frac{dw_2}{dx} = \frac{P}{EI}\left[\frac{b}{2l}x^2 - \frac{1}{2}(x-a)^2\right] + C_2 \tag{8-20}$$

$$w_1(x) = \frac{Pb}{6lEI}x^3 + C_1 x + D_1 \tag{8-21}$$

$$w_2(x) = \frac{P}{EI}\left[\frac{b}{6l}x^3 - \frac{1}{6}(x-a)^3\right] + C_2 x + D_2 \tag{8-22}$$

确定四个积分常数（C_1、D_1、C_2、D_2）需要四个边界条件。在支座 A 和 B 处可提供的约束条件为：

$$\left. \begin{array}{l} w_1(0) = 0 \\ w_2(l) = 0 \end{array} \right\} \tag{8-23}$$

在弹性范围内加载时，梁的挠曲线是一条连续光滑的曲线。因此，在 AC 和 CB 段的分段处$(x=a)$，两段的挠度与转角必须对应相等，即：

$$\left.\begin{array}{l}w_1(a)=w_2(a)\\ \theta_1(a)=\theta_2(a)\end{array}\right\} \quad (8-24)$$

此即连续条件。将式(8-23)和式(8-24)代入式(8-19)、式(8-20)、式(8-21)、式(8-22)，求得：

$$D_1 = D_2 = 0$$

$$C_1 = C_2 = -\frac{Pb}{6lEI}(l^2-b^2)$$

于是梁 AC 和 CB 段的转角和挠度曲线方程分别为：

$$\theta_1(x)=\frac{P}{EI}\left[\frac{b}{2l}x^2-\frac{b}{6l}(l^2-b^2)\right]$$

$$\theta_2(x)=\frac{P}{EI}\left[\frac{b}{2l}x^2-\frac{1}{2}(x-a)^2-\frac{b}{6l}(l^2-b^2)\right]$$

$$w_1(x)=\frac{P}{EI}\left[\frac{b}{6l}x^3-\frac{b}{6l}(l^2-b^2)x\right]=\frac{Pb}{6lEI}[x^3-(l^2-b^2)x]$$

$$w_2(x)=\frac{P}{EI}\left[\frac{b}{6l}x^3-\frac{1}{6}(x-a)^3-\frac{b}{6l}(l^2-b^2)x\right]=\frac{Pb}{6lEI}\left[x^3-\frac{l}{b}(x-a)^3-(l^2-b^2)x\right]$$

从该题中可以看出，用积分法计算弯曲变形十分烦琐。

2. 叠加法

由前述分析可知，在小变形条件下，且梁内应力不超过材料的比例极限时，梁的挠曲线近似微分方程为：

$$\frac{\mathrm{d}^2 w}{\mathrm{d}x^2}=\frac{M(x)}{EI}$$

由上式可知小变形时梁弯曲挠度的二阶导数与弯矩成正比，而弯矩是载荷的线性函数，所以梁的挠度与转角是载荷的线性函数，梁上某一载荷所引起的变形可以看作是独立的，不受其他载荷影响。于是可以使用叠加法计算梁的转角和挠度，即梁在几个载荷同时作用下产生的挠度和转角等于各个载荷单独作用下梁的挠度和转角的叠加和，这就是计算梁弯曲变形的叠加原理。

叠加法是工程上常采用的一种比较简便的计算方法。用叠加法计算梁的变形时，需已知梁在简单载荷作用下的变形，表8-2列出了梁在简单载荷作用下的变形，用叠加法时可直接查用。

表 8 – 2　　　　　梁在简单载荷作用下的变形（A 为坐标原点，x 轴水平向右）

梁的简图	挠曲线方程	转角和挠度
(悬臂梁，端部集中力 F)	$w = -\dfrac{Fx^2}{6EI}(3l - x)$	$\theta_B = -\dfrac{Fl^2}{2EI}$ $w_B = -\dfrac{Fl^3}{3EI}$
(悬臂梁，距 A 为 a 处集中力 F)	$w = -\dfrac{Fx^2}{6EI}(3a - x)\ (0 \leq x \leq a)$ $w = -\dfrac{Fa^2}{6EI}(3x - a)\ (a \leq x \leq l)$	$\theta_B = -\dfrac{Fa^2}{2EI}$ $w_B = -\dfrac{Fa^2}{6EI}(3l - a)$
(悬臂梁，均布载荷 q)	$w = -\dfrac{qx^2}{24EI}(x^2 - 4lx + 6l^2)$	$\theta_B = -\dfrac{ql^3}{6EI}$ $w_B = -\dfrac{ql^4}{8EI}$
(悬臂梁，端部力偶 M)	$w = -\dfrac{Mx^2}{2EI}$	$\theta_B = -\dfrac{Ml}{EI}$ $w_B = -\dfrac{Ml^2}{2EI}$
(悬臂梁，距 A 为 a 处力偶 M)	$w = -\dfrac{Mx^2}{2EI}\ (0 \leq x \leq a)$ $w = \dfrac{Ma}{EI}\left(x - \dfrac{a}{2}\right)\ (a \leq x \leq l)$	$\theta_B = -\dfrac{Ma}{EI}$ $w_B = -\dfrac{Ma}{EI}\left(l - \dfrac{a}{2}\right)$
(简支梁，跨中集中力 F)	$w = -\dfrac{Fx}{48EI}(3l^2 - 4x^2)$ $\left(0 \leq x \leq \dfrac{l}{2}\right)$	$\theta_A = -\theta_B = -\dfrac{Fl^2}{16EI}$ $w_C = -\dfrac{Fl^3}{48EI}$
(简支梁，C 处集中力 F)	$w = -\dfrac{Fbx}{6EIl}(l^2 - x^2 - b^2)$ $(0 \leq x \leq a)$ $w = -\dfrac{Fb}{6EIl}\left[\dfrac{l}{b}(x-a)^3 + x(l^2 - b^2) - x^3\right]$ $(a \leq x \leq l)$	$\theta_A = -\dfrac{Fab(l+b)}{6EIl}\quad \theta_B = \dfrac{Fab(l+a)}{6EIl}$ 设 $a > b$，在 $x = \sqrt{\dfrac{l^2 - b^2}{3}}$ 处， $w_{\max} = -\dfrac{Fb(l^2 - b^2)^{\frac{3}{2}}}{9\sqrt{3}EIl}$ 在 $x = \dfrac{l}{2}$ 处，$w_{0.5l} = -\dfrac{Fb(3l^2 - 4b^2)}{48EI}$

续表

梁的简图	挠曲线方程	转角和挠度
(均布载荷 q)	$w = -\dfrac{qx}{24EI}(l^3 - 2lx^2 + x^3)$	$\theta_A = -\theta_B = -\dfrac{ql^3}{24EI}$ $x = \dfrac{l}{2}$ $w_{max} = -\dfrac{5ql^4}{384EI}$
(左端力偶 M)	$w = -\dfrac{Mx}{6EIl}(x^2 - L^2)$	$\theta_A = -\dfrac{Ml}{3EI}$ $\theta_B = \dfrac{Ml}{6EI}$ $x = \left(1 - \dfrac{1}{\sqrt{3}}\right)l$ $w_{max} = -\dfrac{Ml^2}{9\sqrt{3}EI}$ $x = \dfrac{l}{2}$ $w_{0.5l} = -\dfrac{Ml^2}{16EI}$
(右端力偶 M)	$w = -\dfrac{Mx}{6EIl}(l^2 - x^2)$	$\theta_A = -\dfrac{Ml}{6EI}$ $\theta_B = \dfrac{Ml}{3EI}$ $x = \dfrac{l}{\sqrt{3}}$ $w_{max} = -\dfrac{Ml^2}{9\sqrt{3}EI}$ $x = \dfrac{l}{2}$ $w_{0.5l} = -\dfrac{Ml^2}{16EI}$
(中间力偶 M)	$w = \dfrac{Mx}{6EIl}(l^2 - x^2 - 3b^2)$ $(0 \leq x \leq a)$ $w = \dfrac{M}{6EIl}[-x^3 + 3l(x-a)^2 + (l^2 - 3b^2)x]$ $(a \leq x \leq l)$	$\theta_A = \dfrac{M}{6EIl}(l^2 - 3b^2)$ $\theta_B = \dfrac{M}{6EIl}(l^2 - 3a^2)$

例 8 – 17 简支梁 AB 受集中力 P 和集中力偶 m 共同作用，梁的刚度为 EI，如图 8 – 32 所示。试用叠加法求梁中点的挠度 w_C 和 A 支座处的转角 θ_A。

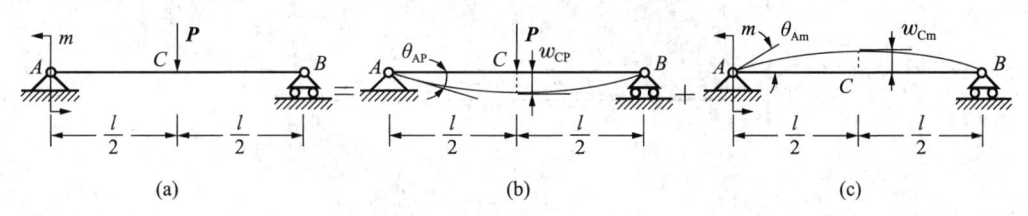

图 8 – 32

解：将图 8 – 32(a) 梁的受力分解为图 8 – 32(b)、(c) 两种受力情况的叠加，于是有：

$$w_C = w_{CP} + w_{Cm} \qquad (8-25)$$

$$\theta_A = \theta_{AP} + \theta_{Am} \qquad (8-26)$$

其中，w_{CP} 和 θ_{AP} 分别为梁在集中力 P 作用下 C 截面的挠度和 A 截面的转角；w_{Cm} 和 θ_{Am} 分别为梁在集中力偶 m 作用下 C 截面的挠度和 A 截面的转角。

由表 8 – 2 中查得：

$$\left.\begin{aligned}w_{CP} &= -\frac{Pl^3}{48EI} \\ \theta_{AP} &= -\frac{Pl^2}{16EI}\end{aligned}\right\} \qquad (8-27)$$

$$\left.\begin{aligned}w_{Cm} &= \frac{ml^2}{9\sqrt{3}\,EI} \\ \theta_{Am} &= \frac{ml}{3EI}\end{aligned}\right\} \qquad (8-28)$$

将式（8-27）和式（8-28）中的各项分别代入式（8-25）和式（8-26），得：

$$w_C = -\frac{Pl^3}{48EI} + \frac{ml^2}{9\sqrt{3}\,EI}$$

$$\theta_A = -\frac{Pl^2}{16EI} + \frac{ml}{3EI}$$

查表时要注意各种记号的实际含义及载荷的作用位置与方向。

例 8-18 图 8-33 所示悬臂梁，同时承受载荷 F_1 与 F_2 作用，设弯曲刚度 EI 为常数。试求横截面 C 的挠度。

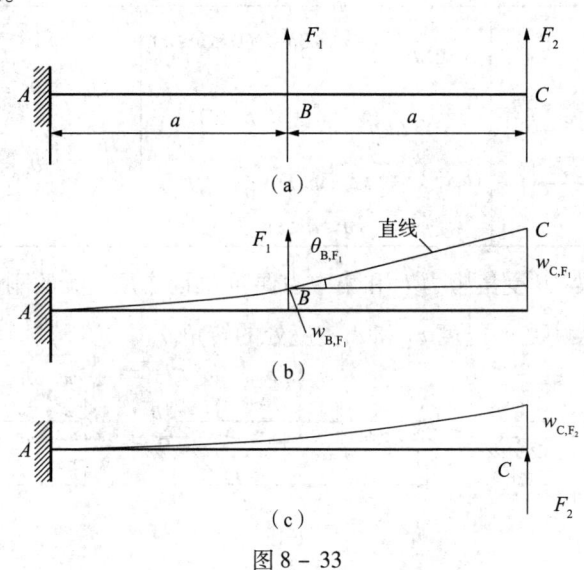

图 8-33

解：由图 8-33(b)可知，当载荷 F_1 单独作用时，横截面 B 的挠度和转角为：

$$\theta_{B,F1} = \frac{F_1 a^2}{2EI} \qquad （逆时针）$$

$$w_{B,F1} = \frac{F_1 a^3}{3EI} \qquad (\uparrow)$$

可见，由于载荷 F_1 的作用，截面 C 的挠度为：

$$w_{C,F1} = \theta_{B,F1} a + w_{B,F1} = \frac{F_1 a^2}{2EI} a + \frac{F_1 a^3}{3EI} = \frac{5F_1 a^3}{6EI} \quad (\uparrow)$$

当载荷 F_2 单独作用时，如图 8 – 33(c)所示，截面 C 的挠度为：

$$w_{C,F2} = \frac{F_2(2a)^3}{3EI} = \frac{8F_2a^3}{3EI} \quad (\uparrow)$$

根据叠加原理，截面 C 的挠度为：

$$w_C = w_{C,F1} + w_{C,F2} = \frac{5F_1a^3}{6EI} + \frac{8F_2a^3}{3EI} \quad (\uparrow)$$

8.3.4 梁的刚度校核

为使梁安全正常工作，应使梁具有足够的刚度，根据具体的工作要求，弯曲变形产生的挠度和转角必须在工程允许的范围之内，即满足弯曲刚度条件：

$$w_{\max} \leqslant [w] \tag{8-29}$$

$$\theta_{\max} \leqslant [\theta] \tag{8-30}$$

式中，$[w]$、$[\theta]$分别为构件的许用挠度和许用转角。对于各类受弯构件的$[w]$、$[\theta]$可从工程手册中查到。

8.4 提高梁弯曲强度与刚度的措施

由前所述，影响梁的弯曲强度的主要因素是弯曲正应力，而弯曲正应力的强度条件为：

$$\sigma_{\max} = \left(\frac{M}{W_z}\right)_{\max} \leqslant [\sigma]$$

所以要提高梁的弯曲强度，应从如何降低梁内最大弯矩 $M_{\max}$ 的数值及提高弯曲截面系数 W_z 的数值着手。由表 8 – 2 可知，梁的变形大小与载荷成正比；与抗弯刚度 EI_z 成反比；梁的跨度 l 对弯曲变形的影响最大。综合上述各因素，提高梁的弯曲强度和刚度，可采取以下措施。

1. 合理安排梁的受力情况

(1) 合理布置支承位置。

承受均布载荷的简支梁如图 8 – 34(a)所示，最大弯矩值为$\frac{1}{8}ql^2$，最大挠度为 $w = \frac{5ql^4}{384EI}$。若如图 8 – 34(c)所示，将两端支承各向内侧移动$\frac{2}{9}l$，则最大弯矩降为$\frac{2}{81}ql^2$，如图 8 – 34(d)所示，前者约为后者的 5 倍，同时因缩短了梁的跨度，使梁的变形大大减小，最大挠度降为 $w = \frac{0.11ql^4}{384EI}$。若如图 8 – 34(e)所示，增加中间支承则最大弯矩减为$\frac{1}{32}ql^2$，是原来的$\frac{1}{4}$，同时最大挠度减至原来的$\frac{1}{40}$。也就是说，仅仅改变一下支承的位置或增加支承，可将梁的承载能力成倍提高。

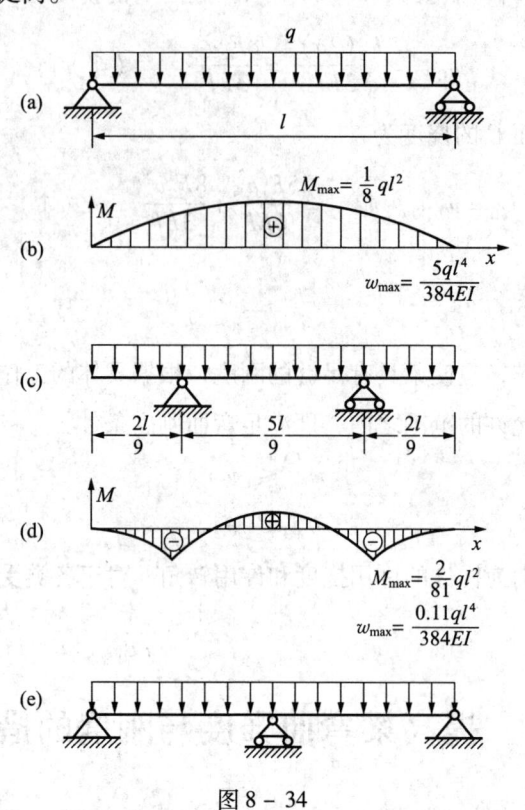

图 8 - 34

如图 8 - 35(a)所示门式起重机的大梁,图 8 - 35(b)所示锅炉筒体等,其支承点略向中间移动,都是通过合理布置支座位置,以减小 M_{max} 的工程实例。

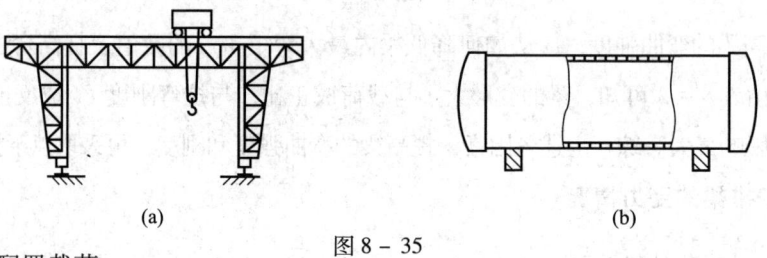

图 8 - 35

(2) 合理配置载荷。

如图 8 - 36(a)所示一受集中力作用的简支梁。集中力 F 作用于中点时,其最大弯矩为 $\frac{1}{4}Fl$,如图 8 - 36(b)所示,最大挠度为 $\frac{Fl^3}{48EI}$。若如图 8 - 36(c)、(d)所示将集中力 F 移至离支承 $\frac{1}{6}l$ 处,则最大弯矩降为 $\frac{5}{36}Fl$,最大挠度降为 $\frac{Fl^3}{324EI}$,梁的最大弯矩与最大挠度都显著降低。又若如图 8 - 36(e)所示将集中力分到两处,则最大弯矩降为 $\frac{1}{8}Fl$,最大挠度降为 $\frac{0.7Fl^3}{384EI}$。

(a) 图示：简支梁中点受集中力 F，跨度 $\frac{l}{2} + \frac{l}{2}$

(b) M 图，最大值 $\frac{Fl}{4}$，$w_{max} = \frac{Fl^3}{48EI}$

(c) 图示：简支梁在 $\frac{l}{6}$ 处受集中力 F，另一段为 $\frac{5l}{6}$

(d) M 图，最大值 $\frac{5}{36}Fl$，$w_{max} = \frac{Fl^3}{324EI}$

(e) 图示：简支梁在 $\frac{l}{4}$ 处各受 $\frac{F}{2}$，中间段为 $\frac{l}{2}$

(f) M 图，最大值 $\frac{Fl}{8}$，$w_{max} = \frac{0.7Fl^3}{348EI}$

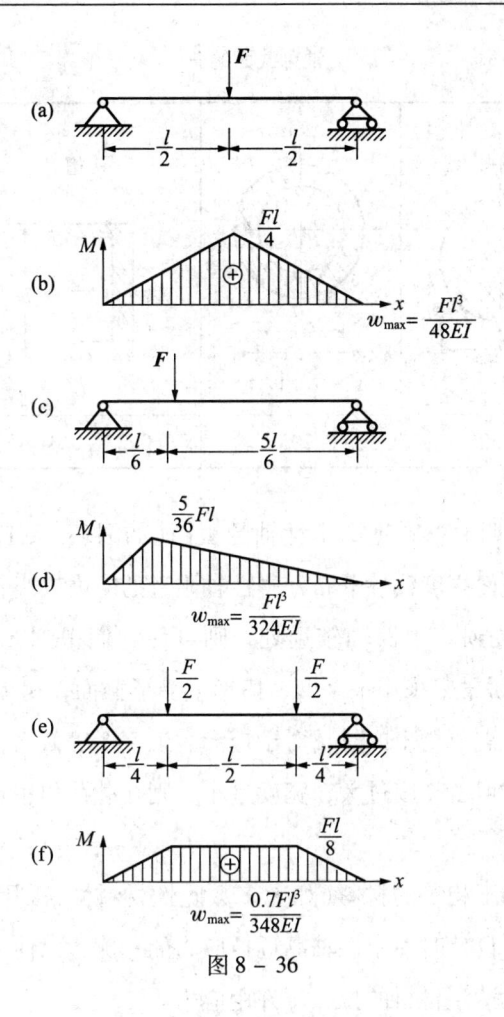

图 8 - 36

2. 合理选择梁的截面形状

梁的强度和弯曲刚度都与梁截面的惯性矩有关，选择惯性矩较大的截面形状能有效提高梁的强度和刚度。

在截面积 A 相同的条件下，抗弯截面系数 W 越大，则梁的承载能力就越高。例如，对截面高度 h 大于宽度 b 的矩形截面梁，梁竖放时 $W_1 = \frac{1}{6}bh^2$；而梁平放时，$W_2 = \frac{1}{6}hb^2$。两者之比是 $\frac{W_1}{W_2} = \frac{h}{b} > 1$，所以竖放比平放有较高的抗弯能力。当截面的形状不同时，可以用比值 $\frac{W}{A}$ 来衡量截面形状的合理性和经济性。常见截面的 $\frac{W}{A}$ 值列于表 8 - 3 中。

表 8-3　　　　　　　　　　　常见截面的 $\dfrac{W}{A}$

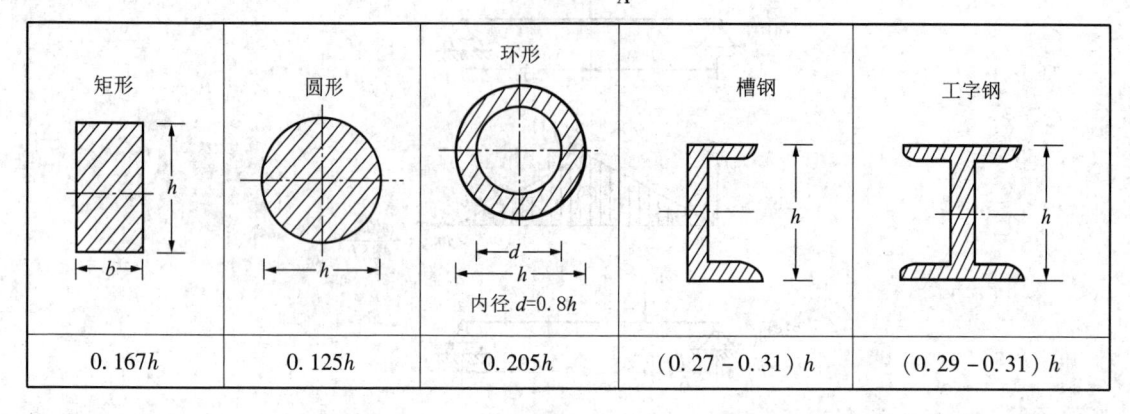

矩形	圆形	环形	槽钢	工字钢
		内径 $d=0.8h$		
$0.167h$	$0.125h$	$0.205h$	$(0.27-0.31)h$	$(0.29-0.31)h$

表 8-3 中的数据表明，材料远离中性轴的截面（如圆环形、工字形等）比较经济合理。这是因为弯曲正应力沿截面高度线性分布，中性轴附近的应力较小，该处的材料不能充分发挥作用，将这些材料移置到离中性轴较远处，则可使它们得到充分利用，形成"合理截面"。工程中的吊车梁、桥梁常采用工字形、槽形或箱形截面，房屋建筑中的楼板采用空心圆孔板，道理就在于此。需要指出的是，对于矩形、工字形等截面，增加截面高度虽然能有效地提高抗弯截面系数；但若高度过大，宽度过小，则在载荷作用下梁会发生扭曲，从而使梁过早地丧失承载能力。

对于拉、压许用应力不相等的材料（如大多数脆性材料），采用 T 字形等中性轴距上下边不相等的截面较合理。设计时使中性轴靠近拉应力的一侧，以使危险截面上的最大拉应力和最大压应力尽可能同时达到材料的拉、压许用应力。

☞知识拓展

纯弯曲时梁横截面上的正应力

研究梁纯弯曲时横截面上的正应力与研究圆轴扭转时的切应力相似，需通过试验观察变形情况，从几何关系、物理关系和静力学关系三方面进行综合分析。

1. 几何关系

为便于观察变形现象，采用矩形截面梁进行纯弯曲实验。实验前，在梁的侧面上画一些水平的纵向线和与纵向线相垂直的横向线，如图 8-37(a) 所示，然后在梁两端纵向对称面内施加一对方向相反、力偶矩均为 M 的力偶，使梁发生纯弯曲变形，如图 8-37(b) 所示。从实验中观察到：

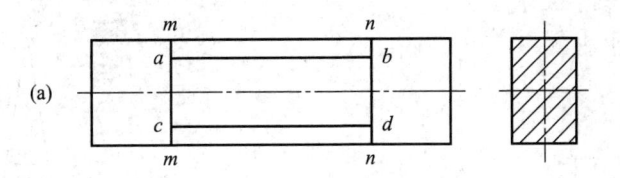

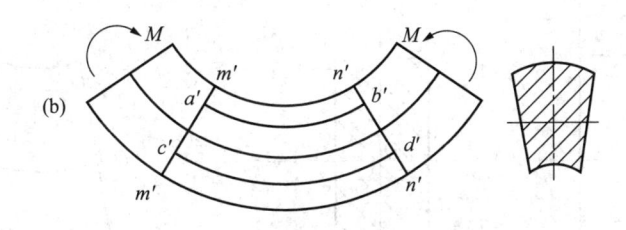

图 8 - 37

(1) 变形前互相平行的纵向直线，变形后均变为圆弧线，且靠近梁顶面的纵向线缩短，而靠近梁底面的纵向线伸长。

(2) 变形前垂直于纵向线的横向线变形后仍为直线，且仍与纵向曲线正交，只是相对转过了一个角度。

根据上述变形现象，可对梁内变形做出如下假设：梁弯曲变形后，其横截面仍保持为平面，且仍与纵向曲线正交，称为平面假设。

根据平面假设，梁弯曲时，顶部"纤维"缩短，底部"纤维"伸长，由缩短区到伸长区，其间必存在一长度不变的过渡层，称为中性层。中性层与横截面的交线称为中性轴，如图 8 - 38 所示。由于梁的变形对称于纵向对称面，因此，中性轴 z 轴必垂直于横截面的纵向对称轴 y 轴。至于中性轴在横截面上的具体位置尚待确定。

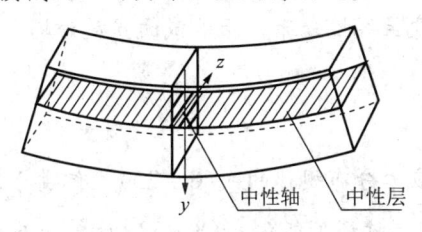

图 8 - 38

现在，来研究纵向纤维应变的规律。为此，用横截面 $m-m$ 和 $n-n$ 从梁中切取长为 dx 的一微段，并沿截面纵向对称轴与中性轴分别建立坐标轴 y 轴与 z 轴，如图 8 - 39(a) 所示。梁弯曲后，坐标为 y 的纵向纤维 ab 变为弧线 $\overset{\frown}{a'b'}$，设两截面的相对转角为 $d\theta$，中性层的曲率半径为 ρ，则纵向纤维 ab 的线应变为：

$$\varepsilon = \frac{\overset{\frown}{a'b'} - ab}{ab} = \frac{(\rho + y)d\theta - \rho d\theta}{\rho d\theta} = \frac{y}{\rho} \qquad (8-31)$$

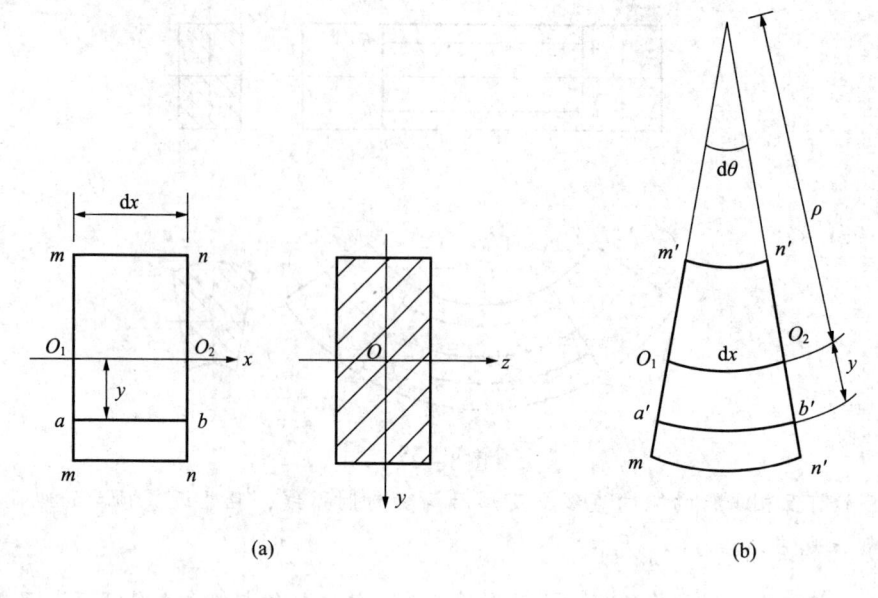

图 8 - 39

式(8-31)表明,纵向纤维的线应变与它到中性层的距离 y 成正比,而与 z 无关。这也表明,距中性轴等距离各点处的线应变完全相同。

2. 物理关系

假设梁在纯弯曲时各纵向纤维之间互不挤压(称为单向受力假设),则每根纵向纤维的受力类似于轴向拉伸(或压缩)的情况。当正应力不超过材料的比例极限时,应满足胡克定律,即:

$$\sigma = E\varepsilon = E\frac{y}{\rho} \tag{8-32}$$

可见,正应力沿截面高度呈线性分布,而沿截面宽度为均匀分布,中性轴上各点处的正应力均为零。

3. 静力学关系

根据以上分析得到了正应力分布规律的式(8-32),但由于在该式中中性层的曲率半径 ρ 以及中性轴的位置还不知道,故还不能由式(8-32)计算正应力。这些问题必须利用静力学关系才能解决。

如图 8-40 所示,纯弯曲时,横截面上各点处的法向内力元素 $\sigma\mathrm{d}A$ 构成了空间平行力系,它们应满足如下的静力平衡条件:

$$F_N = \int_A \sigma \mathrm{d}A = 0 \tag{8-33}$$

$$M_y = \int_A z\sigma \mathrm{d}A = 0 \tag{8-34}$$

$$M_z = \int_A y\sigma \mathrm{d}A = M \tag{8-35}$$

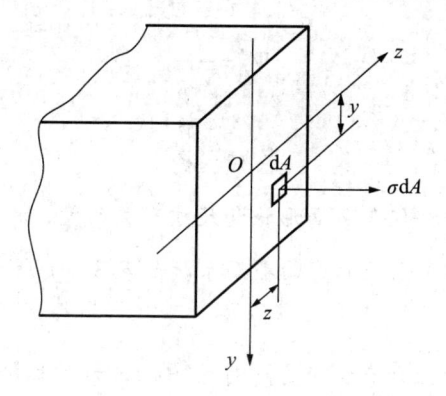

图 8－40

将式(8－32)代入式(8－33)，得

$$F_N = \int_A E \frac{y}{\rho} dA = \frac{E}{\rho} \int_A y dA = \frac{E}{\rho} S_z = 0$$

可见，有 $S_z = 0$，这表明中性轴 z 必须过横截面的形心，由此确定了中性轴的位置，中性轴就是形心轴。将式(8－32)代入式(8－34)，得：

$$M_y = \int_A \frac{E}{\rho} yz dA = \frac{E}{\rho} \int_A yz dA = \frac{E}{\rho} I_{yz} = 0$$

由此得到 $I_{yz} = 0$，由于 y 轴是横截面的纵向对称轴，所以该式自然满足。

将式(8－32)代入式(8－35)，得：

$$M_z = \frac{E}{\rho} \int_A y^2 dA = \frac{E}{\rho} I_z = M$$

由此即可得到中性层曲率 $\frac{1}{\rho}$ 的表达式：

$$\frac{1}{\rho} = \frac{M}{EI_z} \tag{8－36}$$

式(8－36)是研究弯曲变形的一个基本公式。从该式可知，在相同弯矩作用下，EI_z 越大，则梁的弯曲程度就越小，所以将 EI_z 称为梁的弯曲刚度(或抗弯刚度)。

将式(8－36)代入式(8－32)，得：

$$\sigma = \frac{My}{I_z} \tag{8－37}$$

这就是等直梁在纯弯曲时横截面上任一点的正应力计算公式。式(8－37)中，M 为横截面上的弯矩，y 为所求正应力点到中性轴的距离，I_z 为横截面对中性轴的惯性矩。

由式(8－37)可知，当 $y = y_{max}$ 时，即在横截面上离中性轴最远的各点处，弯曲正应力最大，其值为：

$$\sigma_{max} = \frac{My_{max}}{I_z}$$

令

$$W_z = \frac{I_z}{y_{max}}$$

则

$$\sigma_{max} = \frac{M}{W_z} \tag{8-38}$$

式(8-38)中，W_z 是一个仅与截面形状和尺寸有关的量，称为弯曲截面系数(或抗弯截面系数)，其单位为 m^3。常见形状的弯曲截面系数如表 8-1 所示。各种型钢的弯曲截面系数可从附录Ⅰ中查出。

当梁纯弯曲时，横截面上只有拉应力。对于中性轴为对称轴的横截面，如矩形、圆形、工字形等截面，其最大拉应力和最大压应力在数值上相等，可用式(8-38)求得。

对于中性轴不是对称轴的横截面，例如 T 字形截面，其最大拉应力与最大压应力在数值上不相等，这时应分别以横截面上受拉和受压部分距中性轴最远的距离 y_{tmax} 和 y_{cmax} 代入式(8-37)，以求得相应的最大应力。

4. 横力弯曲时梁横截面上的正应力

横力弯曲时，梁的横截面上既有正应力，又有切应力。由于切应力的存在，梁的横截面将不再保持为平面，此外，在与中性层平行的纵截面上，还有由横向力引起的挤压应力。因此，梁在纯弯曲时所做的平面假设和单向受力假设都不能成立。但实验和理论分析表明，当梁的跨长 l 与截面高度 h 之比 $\frac{l}{h} \geq 5$ 时(称为细长梁)，剪力对弯曲正应力分布规律的影响甚小，纯弯曲时的正应力公式可以用于横力弯曲时正应力的计算，其误差很小，足以满足工程上的精度要求。而且梁的跨高比 $\frac{l}{h}$ 越大，其误差越小。等直梁横力弯曲时，最大正应力发生在弯矩最大的横截面上，其值为：

$$\sigma_{max} = \frac{M_{max}}{W_z}$$

例8-19 图 8-41(a)所示简支梁由 56a 号工字钢制成，其截面尺寸如图 8-41(b)所示，试求梁危险截面上的最大正应力及同一截面上翼缘与腹板交界处 K 点的正应力 σ_K。

解： 首先作梁的弯矩图如图 8-41(c)所示。可见跨中截面为危险截面，最大弯矩值为：

$$M_{max} = 225 \text{ kN} \cdot \text{m}$$

利用附录Ⅰ中的型钢表查得，56a 号工字钢截面的 $W_z = 2340 \text{ cm}^3$ 和 $I_z = 65600 \text{ cm}^4$。危险截面上的最大正应力为：

$$\sigma_{max} = \frac{M_{max}}{W_z} = \frac{225 \times 10^3}{2340 \times 10^{-6}} = 96.2 \text{ MPa}$$

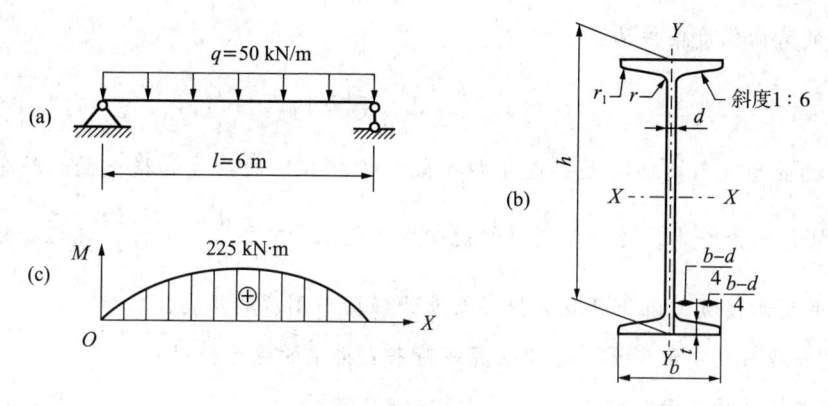

图 8 - 41

查附录Ⅰ可得，56a 工字钢的 $h = 560$ mm，$t = 21$ mm，忽略斜度的影响则危险截面上 K 点处的正应力为：

$$\sigma_K = \frac{M_{max} y_K}{I_z} = \frac{225 \times 10^3 \times \left(\frac{0.56}{2} - 0.021\right)}{65600 \times 10^{-8}} = 88.83 \text{ MPa}$$

注意到横截面上的正应力沿高度呈线性分布，且中性轴上的正应力为零，因此 σ_K 也可按比例求得：

$$\sigma_K = \sigma_{max} \frac{y_K}{y_{max}} = 96.2 \times \frac{\left(\frac{0.56}{2} - 0.021\right)}{0.28} = 88.83 \text{ MPa}$$

要 点 总 结

（1）对称弯曲指的是梁的外力都作用在纵向对称面内，梁弯曲时轴线将变成此平面内的一条曲线。

（2）梁横截面上的内力分量包括剪力与弯矩。梁横截面上的内力用截面法计算。

（3）使绕其横截面内侧任一点有顺时针旋转趋势的剪力为正，反之为负；使受弯杆件向下凸时弯矩为正，反之为负。

（4）剪力图和弯矩图可以形象地描述剪力和弯矩沿梁轴线的变化情况。可按梁段的剪力方程、弯矩方程进行绘制，也可按照根据剪力、弯矩与载荷集度的微分关系快速绘制出梁的剪力图和弯矩图。

（5）一般情况下，梁的横截面上同时存在剪力和弯矩，因此，梁的弯曲应力既有正应力又有切应力。无论是纯弯曲还是横力弯曲，在线弹性的条件下，细长梁横截面上某点的正应力计算式为：

$$\sigma = \frac{My}{I_z}$$

（6）梁的弯曲强度条件为：

$$\sigma_{max} = \left(\frac{M}{W_z}\right)_{max} \leqslant [\sigma]$$

（7）梁的变形可用梁轴线上一点（即横截面的形心）的挠度和横截面的转角表示。在线弹性和小变形的条件下，可以利用梁的挠曲线近似微分方程 $\frac{d^2w}{dx^2} = \frac{M(x)}{EI}$ 通过积分法或者叠加法求解梁的变形情况。以下两点为提高梁弯曲强度与刚度的措施：

① 通过合理布置支承位置、合理配置载荷来安排梁的受力情况；
② 合理选择梁的截面形状。

本章习题

8-1 填空题

（1）＿＿＿＿＿＿＿＿＿＿＿＿＿＿＿＿＿＿＿＿＿＿＿＿＿＿＿称为平面弯曲。

（2）静定梁的基本形式按支座情况可分为＿＿＿＿，＿＿＿＿和＿＿＿＿。

（3）T形截面梁，两端受力偶 M 作用，如图8-42所示，则梁截面的中性轴通过＿＿＿＿。梁的最大压应力出现在截面的＿＿＿＿边缘。梁的最大压应力与最大拉应力数值＿＿＿＿等，梁内最大压应力的值（绝对值）＿＿＿＿于最大拉应力。

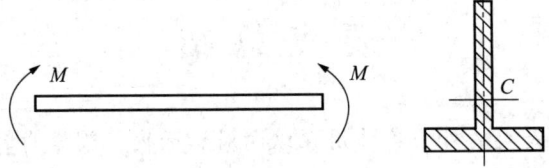

图8-42

（4）如图8-43所示四梁中 q、l、W、$[\sigma]$ 均相同。强度最高的是＿＿＿＿。

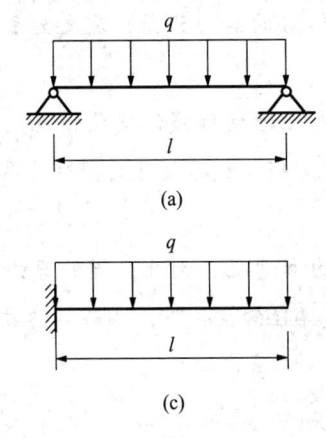

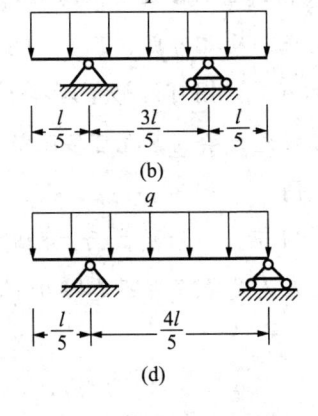

图8-43

8－2 选择题

(1) 关于弯曲问题中,根据 $\sigma_{max} \leq [\sigma]$ 进行强度计算时,怎样判断危险点,如下论述正确的是( )。

A. 画弯矩图确定 M_{max} 作用面

B. 综合考虑弯矩的大小与截面形状

C. 综合考虑弯矩的大小、截面形状和尺寸以及材料性能

D. 综合考虑梁长、载荷、截面尺寸等

(2) 悬臂梁受力如图 8－44 所示,则下列判断正确的是( )。

A. 梁 AB 段是纯弯曲
B. 梁 BC 段是纯弯曲
C. 全梁都是纯弯曲
D. 全梁都不是纯弯曲

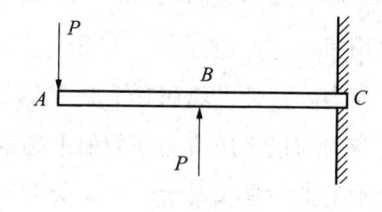

图 8－44

(3) 对于抗拉强度明显低于抗压强度的材料所做成的受弯构件,其合理的截面形式应使( )。

A. 中性轴偏于截面受拉一侧

B. 中性轴与受拉及受压边缘等距离

C. 中性轴偏于截面受压一侧

D. 中性轴平分横截面面积

(4) 矩形截面梁当横截面的高度增加一倍、宽度减小一半时,从正应力强度考虑,该梁的承载能力的变化为( )。

A. 不变
B. 增大一倍
C. 减小一半
D. 增大三倍

(5) 关于梁的横截面的挠度定义是( )。

A. 横截面在垂直于梁的轴线方向的位移

B. 任意横截面的形心在垂直于梁变形前轴线方向的线位移

C. 横截面形心沿原轴线方向的线位移

D. 梁轴线上任意一点的位移

(6) 求如图 8-45 所示梁的挠曲线方程时,确定积分常数的下列说法正确的是( )。

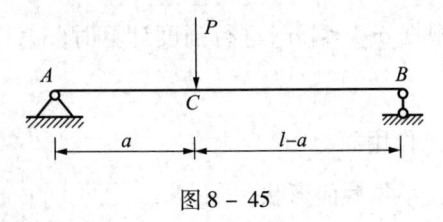

图 8-45

A. A 处挠度为零的连续条件

B. B 处挠度为零的连续条件

C. C 处左右截面的挠度和转角相等的边界条件

D. A 和 B 两处挠度为零的边界条件,C 处左右截面的挠度相等、转角相等的连续条件

8-3 判断题

(1) 两静定梁的跨度、承受载荷及支承相同,但材料和横截面面积不同,因而两梁的剪力图和弯矩图也不一定相同。 ( )

(2) 对于等截面梁,最大正应力 σ_{max} 必出现在弯矩值 M 为最大的截面上。 ( )

(3) 对于等截面梁,最大拉应力与最大压应力在数值上必定相等。 ( )

(4) 在梁的变形中,弯矩最大的地方转角最大,弯矩为零的地方转角亦为零。( )

(5) 纯弯曲时,梁变形后的轴线为一段圆弧线。 ( )

8-4 已知图 8-46 所示各梁的载荷 P、q、M 和尺寸 a。

(1) 作弯矩图;

(2) 确定 $|M|_{max}$。

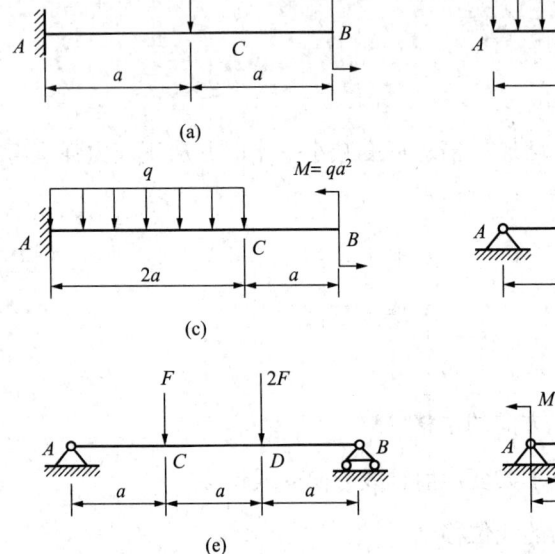

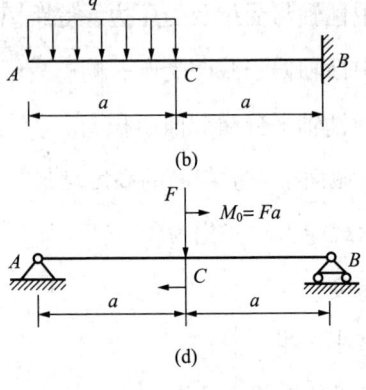

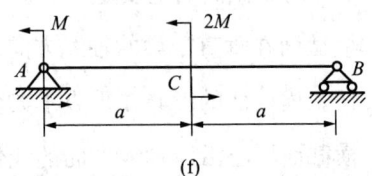

图 8-46

第8章 弯曲变形

8-5 矩形截面悬臂梁如图8-47所示,已知 $l = 4$ m, $\dfrac{b}{h} = \dfrac{2}{3}$, $q = 10$ kN/m, $[\sigma] = 10$ MPa,试确定此梁横截面的尺寸。

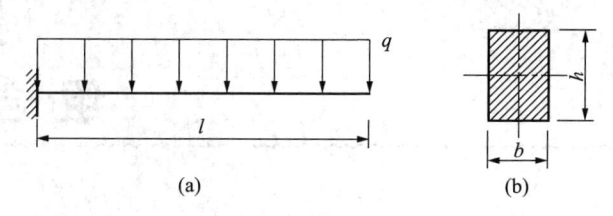

图 8-47

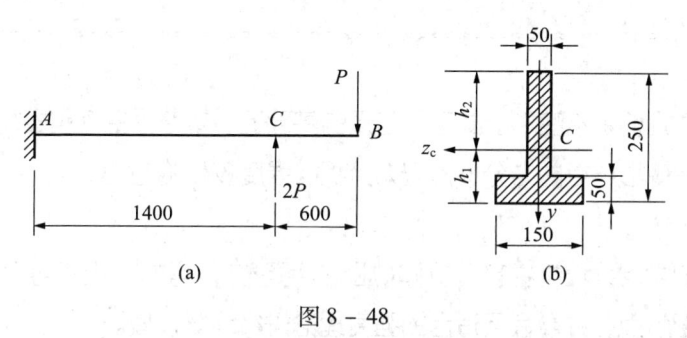

8-6 ⊥形截面铸铁梁如图8-48所示。若铸铁的许用拉应力为 $[\sigma_t] = 40$ MPa,许用压应力为 $[\sigma_c] = 160$ MPa,截面对形心 z_c 的惯性矩 $I_{zc} = 10180$ cm^4,$h_1 = 96.4$ mm,试求梁的许用载荷 P。

图 8-48

8-7 用叠加法求如图8-49所示的梁截面 A 的挠度和截面 B 的转角(EI = 常量)。

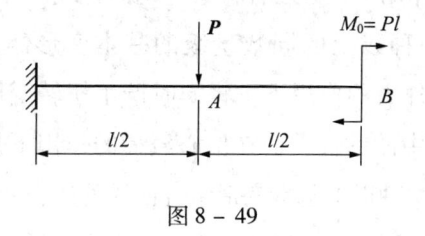

图 8-49

第 9 章 组 合 变 形

教学提示

内容提要

在掌握杆件几种基本变形公式应用范围的基础上，本章介绍利用叠加原理对工程中常见的几种组合变形进行内力分析、应力分析、强度校核的方法。

学习目标

通过本章的学习，让学生掌握拉伸(压缩)与弯曲、弯曲与扭转等两种组合变形的外力特点和变形特点；并学会用适当的强度理论进行强度校核。

在工程实际中，在载荷作用下，许多杆件将产生两种或两种以上的基本变形。杆件在外力作用下同时产生两种或两种以上的同数量级的基本变形的情况称为组合变形。例如，图 9-1(a)所示的绞盘轴在外力的作用下，将同时产生扭转变形及在水平平面和垂直平面内的弯曲变形；图 9-1(b)中的钻杆手柄在偏心载荷的作用下将产生轴向压缩和弯曲的组合变形。对于这类由两种或两种以上基本变形组合而成的组合变形如何进行强度设计呢？解决组合变形的方法是采用叠加原理，采用外力分析—内力分析—应力分析与叠加—强度计算的步骤。

在材料服从胡克定律且产生小变形的前提下，杆件的内力、应力、变形、位移与外力是线性关系，可以将杆件所受的载荷分解为几个简单载荷，使每个简单载荷只产生一种基本变形，分别计算构件在每一种基本变形下的内力、应力或变形。然后利用叠加原理，综合考虑各基本变形的组合情况，以确定构件的危险截面、危险点位置及危险点的应力状态，并据此进行强度计算。

组合变形进行强度设计的步骤如下。

(1) 外力计算：根据受力情况将力系进行分解，可以将杆件所受的载荷分解为几个简单

第9章 组合变形

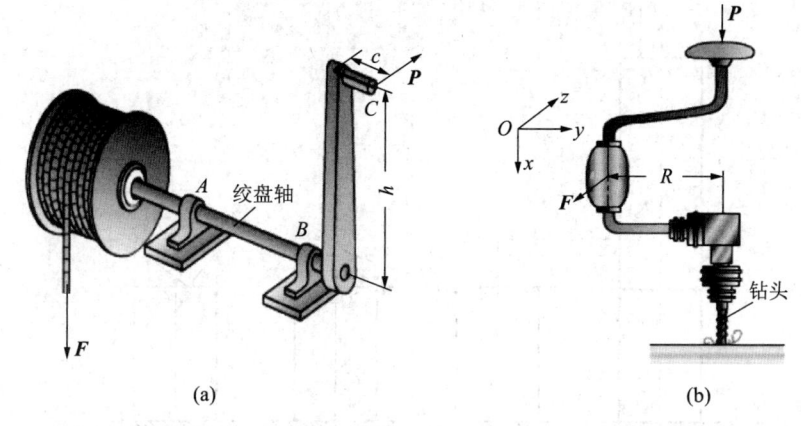

图 9-1

载荷，使每个简单载荷只产生一种基本变形；

(2) 内力计算：分别计算每一种基本变形引起的内力；

(3) 应力分析：分别计算危险截面上每一个基本变形的应力及其分布情况；

(4) 叠加应力：根据具体情况进行应力叠加，就得到组合变形情况下的应力和变形，据此来确定杆件的危险截面和危险点；

(5) 强度计算：选择合适的强度理论进行强度计算。

9.1 拉伸或压缩与弯曲的组合

当杆件同时承受垂直于轴线的横向力和沿着轴线方向的纵向力时，杆件的横截面上将同时产生轴力、弯矩和剪力。忽略剪力的影响，轴力和弯矩都将在横截面上产生正应力。如果作用在杆件上的纵向力与杆件的轴线不一致，这种情形称为偏心加载。

首先研究偏心压缩问题，对图 9-2(a) 所示对称截面杆 1，在其纵向对称面内作用一偏心载荷 P，该力作用点至截面形心 C 的距离称为偏心距 e。为了研究杆的受力情况，将载荷 P 平移到截面形心 C 处，得轴向压力 P 与力矩 $M_C = Pe$ 的力偶。在轴向压力 P 作用下，各横截面的轴力均为 $F_N = -P$，在力偶作用下，各横截面的弯矩 $M = -Pe$。可见，在偏心压力作用下，杆件处于压弯组合变形，在梁的横截面上同时产生轴力和弯矩的情形下，根据轴力图和弯矩图，可以确定杆件的危险截面以及危险截面上的轴力 F_N 和弯矩 M。轴力 F_N 引起的正应力沿整个横截面均匀分布，弯矩 M 引起的正应力沿横截面高度方向线性分布左侧为拉应力，右侧为压应力；横截面上任一点 y 处的正应力为：

$$\sigma = \sigma_N + \sigma_M = -\frac{P}{A} \pm \frac{Pey}{I_z} \tag{9-1}$$

横截面上应力分析如图 9-2(c)、(d) 所示。

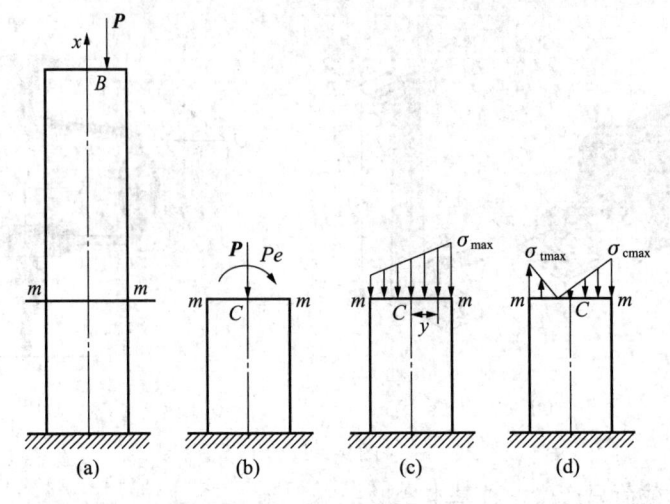

图 9-2

轴向拉伸与弯曲组合的应力分析与偏心压缩相似,危险点处只有正应力,是单向应力状态。因此拉或压与弯曲组合作用下杆件的强度条件为:

$$\sigma_{tmax} = \sigma_N + \sigma_M \leq [\sigma_t]$$

$$\sigma_{cmax} = -\sigma_N - \sigma_M \leq [\sigma_c] \tag{9-2}$$

例 9-1 如图 9-3(a)所示起重机的最大吊重 $F = 12$ kN,$[\sigma] = 100$ MPa。试为横梁 AB 选择适用的工字钢。

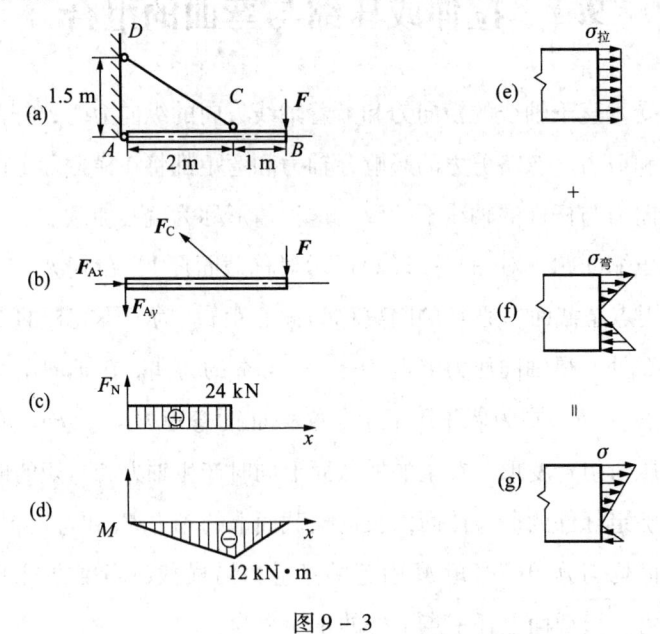

图 9-3

解:(1)受力分析,作横梁 AB 的受力图,如图 9-3(b)所示,列平衡方程:

$$\sum M_A = 0, \quad F_C \cdot \frac{3}{5} \cdot 2 - F \cdot 3 = 0$$

$$\sum X = 0, \quad F_{Ax} - F_C \cdot \frac{4}{5} = 0$$

$$\sum Y = 0, \quad -F_{Ay} + F_C \cdot \frac{3}{5} - F = 0$$

得： $F_C = 30 \text{ kN}, \quad F_{Ax} = 24 \text{ kN}, \quad F_{Ay} = 6 \text{ kN}$

（2）梁 AC 段为压缩变形的内力——轴力为：

$$F_N = F_{Ax} = 24 \text{ kN}$$

梁 AB 段为弯曲变形的内力——弯矩为：

$$M_{max} = -F_{Ay} \cdot 2 = -12 \text{ kN} \cdot \text{m}$$

作 AB 的弯矩图和轴力图，确定 C 左侧截面为危险截面。

（3）确定工字钢型号。

按弯曲强度确定工字钢的抗弯截面系数：

$$W \geq \frac{M}{[\sigma]} = \frac{12 \times 10^3}{100 \times 10^6} = 0.12 \times 10^{-3} \text{ m}^3$$

查附录 I 型钢表取 $W = 141 \text{ cm}^3$ 的 16 号工字钢，其横截面积为 26.1 cm^2。

由图 9-3(e) 的拉伸正应力图，图 9-3(f) 的弯曲正应力图可知，在 C 左侧的上边缘拉应力最大，需要进行校核。

$$\sigma_{max} = \left| \frac{N}{A} + \frac{M_{max}}{W} \right| = \frac{24 \times 10^3}{26.1 \times 10^{-4}} + \frac{12 \times 10^3}{141 \times 10^{-6}} = 94.3 \text{ MPa} < 100 \text{ MPa}$$

故所选工字钢为合适。

例 9-2 受拉钢板原宽度 $b = 80$ mm，厚度 $t = 10$ mm，上边缘有一切槽如图 9-4(a) 所示，深 $a = 10$ mm，$F = 80$ kN，钢板的许用应力 $[\sigma] = 140$ MPa，试校核其强度。

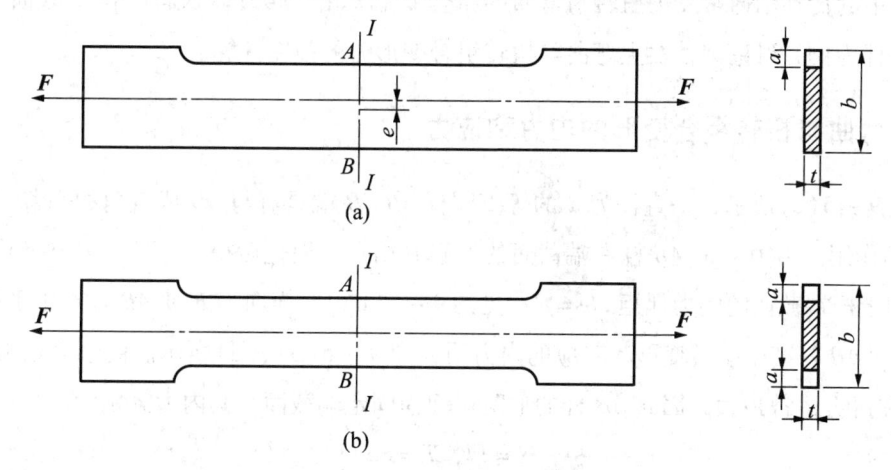

图 9-4

解： 由于钢板有切槽，外力 F 对有切槽截面为偏心拉伸，其偏心距 e 为：

$$e = \frac{b}{2} - \frac{b-a}{2} = \frac{a}{2} = 5 \text{ mm}$$

将 F 力向截面 I - I 形心简化, 得该截面上的轴力 F_N 和弯矩 M 为:

$$F_N = F = 80 \text{ kN}, \quad M = Fe = 80 \times 10^3 \times 5 \times 10^{-3} = 400 \text{ N·m}$$

轴力 F_N 引起均匀分布的拉应力, 弯矩 M 在 I - I 截面的 A 点引起最大拉应力, 故危险点在 A, 因该点为单向应力状态, 所以强度条件为:

$$\sigma_{max} = \frac{F_N}{A} + \frac{M}{W} = \frac{80 \times 10^3}{10 \times 70 \times 10^{-6}} + \frac{6 \times 400}{10 \times 70^2 \times 10^{-9}}$$

$$= 114.29 \times 10^6 + 48.98 \times 10^6$$

$$= 163.3 \times 10^6 = 163.3 \text{ MPa} > [\sigma]$$

校核表明板的强度不够。

从计算可见, 由于微小偏心引起的弯曲应力约为总应力的 30%。因此为了保证强度, 在条件允许时, 可在切槽的对称位置, 再开一个同样的切槽 [见图 9 - 4(b)]。这时截面 I - I 虽然面积有所减小, 但却消除了偏心, 使应力均匀分布, A 点的强度条件为:

$$\sigma = \frac{F}{A} = \frac{80 \times 10^3}{10 \times 60 \times 10^{-6}} = 133 \times 10^6 \text{ Pa} = 133 \text{ MPa} < [\sigma]$$

结果则是安全的。可见使构件内应力均匀分布, 是充分利用材料, 提高强度的办法之一。但应注意, 开槽时应尽可能使截面变化缓和, 以减少应力集中。

9.2 弯曲与扭转的组合

机械中的传动轴通常发生扭转与弯曲的组合变形。由于传动轴大都是圆形截面, 因此, 以圆截面杆为例, 讨论圆轴发生弯曲与扭转组合变形时的强度计算。

9.2.1 弯曲与扭转组合变形的内力和应力

如图 9 - 5(a)所示, 一直径为 d 的等直圆杆 AB, B 端具有与 AB 成直角的刚臂, 并承受铅垂力 F 作用。将力 F 向 AB 杆右端截面的形心 B 简化, 简化后得一作用于 B 端的横向力 F 和一作用于杆端截面内的力偶矩 $Me = Fa$ [见图 9 - 5(b)]。横向力 F 使 AB 杆产生平面弯曲, 力偶 Me 使 AB 杆产生扭转变形, 对应的内力图如图 9 - 5(c)、(d) 所示。由于固定端截面的弯矩 M 和扭矩 T 都最大, 因此 AB 杆的危险截面为固定端截面, 其内力分别为:

$$M = Fl, \quad T = Fa$$

现分析危险截面上应力的分布情况。与弯矩 M 对应的正应力分布如图 9 - 5(e)所示, 在危险截面铅垂直径的上下两端的 C_1 和 C_2 处分别有最大的拉应力和最大的压应力。

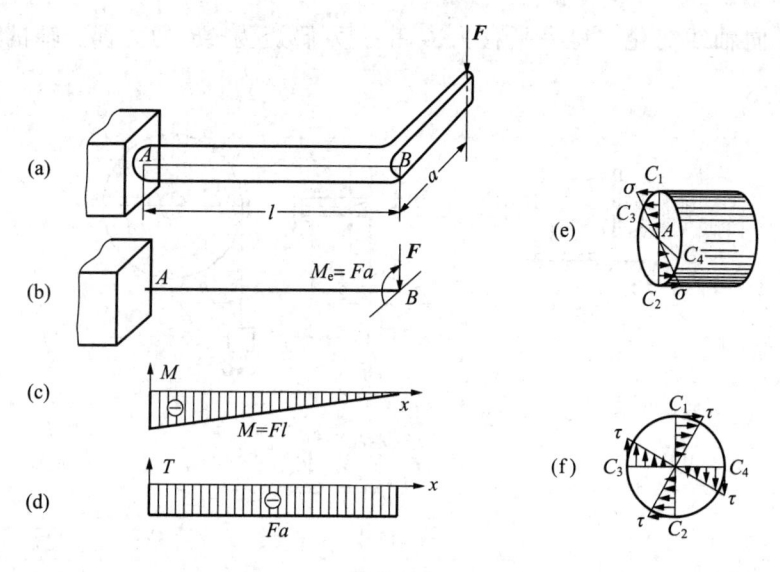

图 9-5

与扭矩 T 对应的切应力分布见图 9-5(f)，在危险截面的周边各点处有最大的切应力，因此，C_1 和 C_2 就是危险截面上的危险点（对于许用拉、压应力相同的塑性材料制成的杆，这两点的危险程度是相同的）。

9.2.2 弯曲与扭转组合变形的强度条件

由于危险点是平面应力状态，故应当按强度理论的概念建立强度条件。对于用塑性材料制成的杆件 $W_P = 2W$，选用第三或第四强度理论，关于强度理论的详细推导过程请参考本章知识拓展。

$$\sigma_{r3} = \frac{1}{W}\sqrt{M^2 + T^2} \leqslant [\sigma]$$

$$\sigma_{r4} = \frac{1}{W}\sqrt{M^2 + 0.75T^2} \leqslant [\sigma] \tag{9-3}$$

例 9-3 卷扬机结构尺寸如图 9-6(a)所示，$l = 0.8$ m，$R = 0.18$ m，AB 轴径 $d = 0.03$ m。已知电动机的功率 $P = 2.2$ kW，轴 AB 的转速 $n = 150$ r/min，轴材料的许用应力 $[\sigma] = 90$ MPa，试校核 AB 轴的强度。

解：（1）外力分析。

已知功率 P 和转速 n，计算电动机输入的力偶矩：

$$M_0 = 9550\frac{P}{n} = 9550 \times \frac{2.2}{150} = 140 \text{ N·m}$$

于是卷扬机的最大起重量为：

$$G = \frac{M_0}{R} = \frac{140}{0.18} = 778 \text{ N}$$

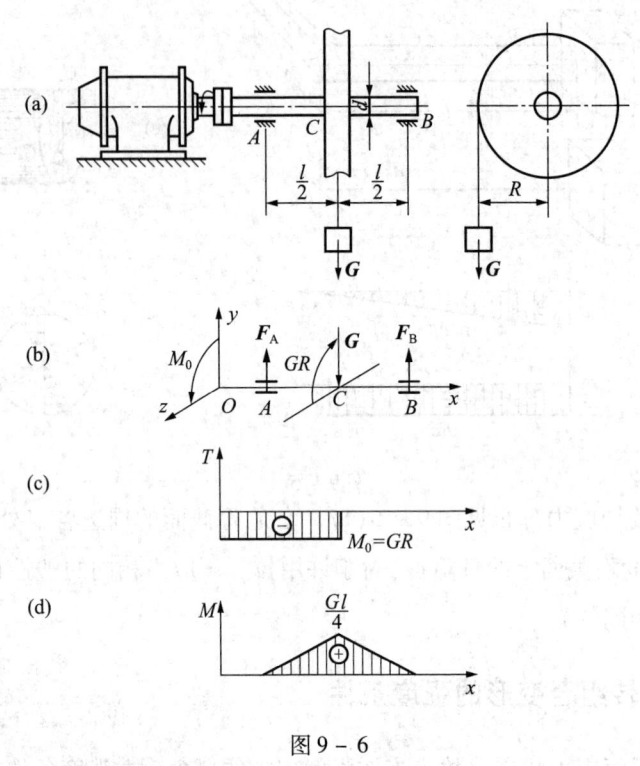

将重力 G 向轴线简化,得一平移力 G 和一力偶矩为 GR 的力偶。轴的计算简图如图 9-6(b)所示。

图 9-6

(2)内力分析,确定危险截面的位置。

作出轴的扭矩图和弯矩图,如图 9-6(c)、(d)所示,由内力图可以看出 C 点左截面为危险截面,其上的内力为:

$$T = -M_0 = -140 \text{ N} \cdot \text{m}$$

$$M = \frac{1}{4}Gl = \frac{1}{4} \times 778 \times 0.8 = 156 \text{ N} \cdot \text{m}$$

(3)强度计算。

按第三强度理论校核,得:

$$\sigma_{r3} = \frac{\sqrt{M^2 + T^2}}{W_z} = \frac{1}{\frac{\pi}{32} \times 0.03^3}\sqrt{156^2 + (-140)^2} = 79.1 \text{ MPa} < [\sigma]$$

所以该轴满足强度要求。

例 9-4 如图 9-7(a)所示皮带轮传动轴传递功率 $N = 7$ kW,转速 $n = 200$ r/min。皮带轮重量 $Q = 1.8$ kN。左端齿轮上的啮合力 P_n 与齿轮节圆切线的夹角(压力角)为 $20°$,轴的材料为 45 钢,$G = 80$ MPa。试分别在忽略和考虑皮带轮重量的两种情况下,按第三强度理论估算轴的直径。

第 9 章 组合变形

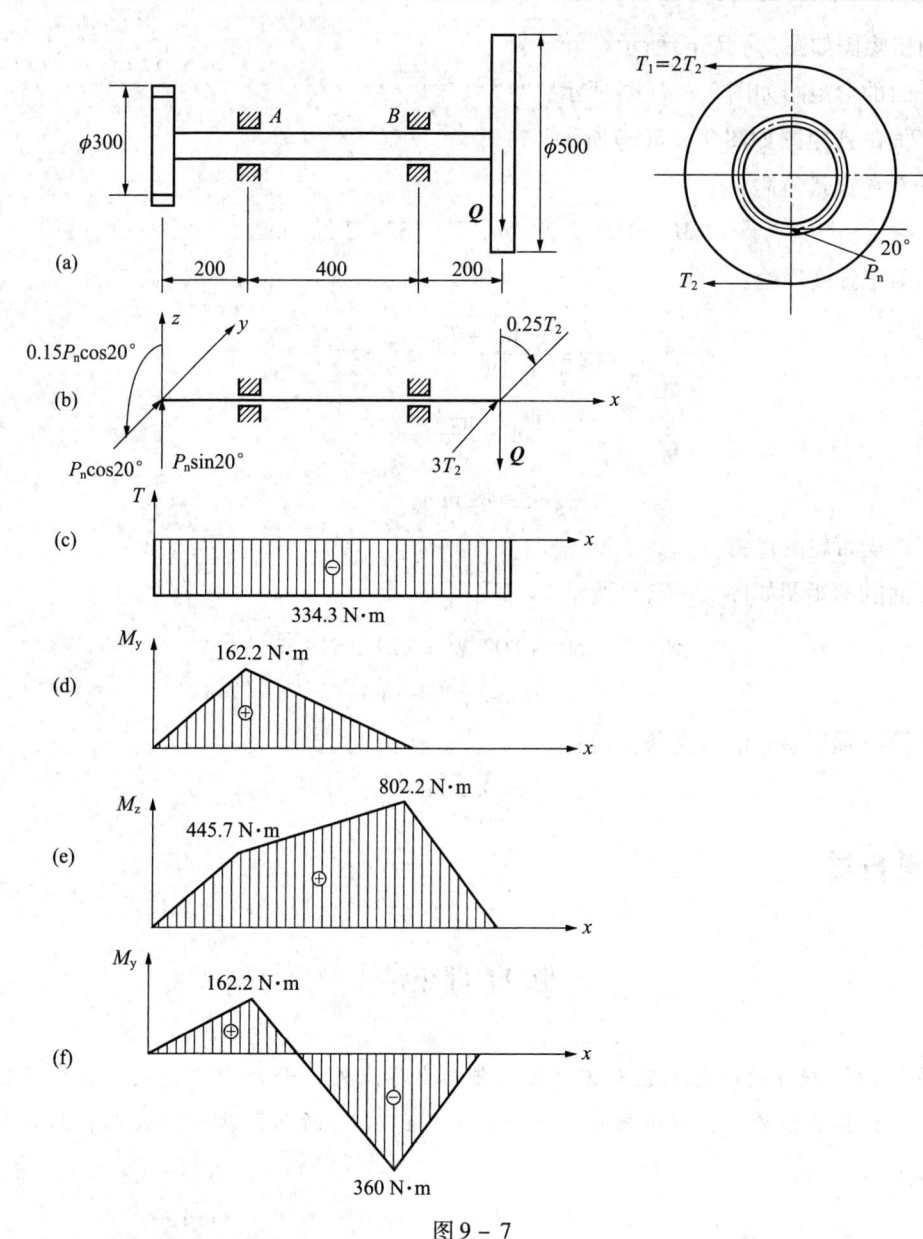

图 9-7

解：(1) 传动轴的计算简图如图 9-7(b) 所示。

求传动轴的外力偶矩及传动力：

$$M_e = 9550 \frac{N}{n} = 334.3 \text{ N·m}$$

同时 $\qquad M_e = 0.25T_2 = 0.15P_n\cos20°$

得： $\qquad T_1 = 2674 \text{ N}，T_2 = 1337 \text{ N}，P_n = 2371.3 \text{ N}$

(2) 强度计算。

① 忽略皮带轮的重量 ($Q = 0$)。

215

轴的扭矩图如图9-7(c)所示。

xz 平面的弯矩图如图9-7(d)所示。

xy 平面的弯矩图如图9-7(e)所示。

所以 B 截面最危险：

$$M_B = 802.2 \text{ N} \cdot \text{m}, \quad T_B = 334.3 \text{ N} \cdot \text{m}$$

根据第三强度理论：

$$\sigma_{r_3} = \frac{\sqrt{M_B^2 + T_B^2}}{W} \leqslant [\sigma]$$

$$W = \frac{\pi d^3}{32}$$

$$d \geqslant 48 \text{ mm}$$

② 考虑皮带轮的重量。

xz 平面的弯矩图如图9-7(f)所示。

$$M_B = \sqrt{360^2 + 802.2^2} = 879.3 \text{ N} \cdot \text{m}$$

$$T_B = 334.3 \text{ N} \cdot \text{m}$$

代入第三强度理论的强度条件得：

$$d \geqslant 49.3 \text{ mm}$$

知识拓展

强 度 理 论

轴向拉(压)杆件的最大正应力发生在横截面上各点处；而横力弯曲梁的最大正应力发生在最大弯矩横截面的上、下边缘处，如图9-8(a)、(b)所示，其应力状态皆为单向应力状态，强度条件为：

拉压杆：$\sigma_{max} = \dfrac{F_N}{A} \leqslant [\sigma]$

梁：$\sigma_{max} = \dfrac{M}{W} \leqslant [\sigma]$

纯扭转圆轴的最大切应力发生在横截面周边各点处；而梁的最大切应力发生在最大剪力横截面的中性轴上，如图9-8(c)、(d)所示，为纯剪切应力状态，强度条件为：

扭转轴：$\tau_{max} = \dfrac{T}{W_p} \leqslant [\tau]$

梁：$\tau_{max} = \dfrac{F_Q S^*_{zmax}}{I_z b} \leqslant [\tau]$

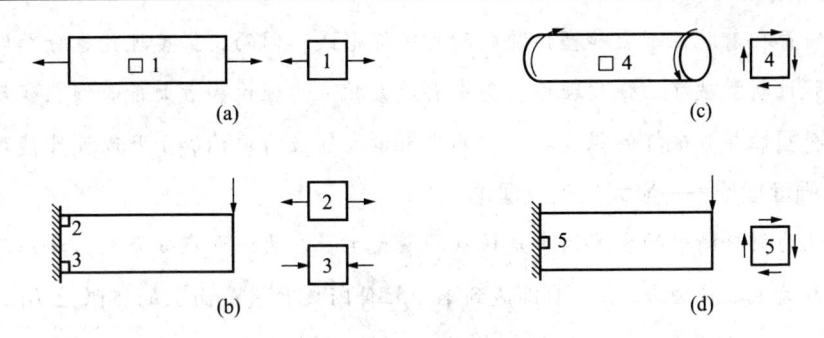

图 9-8

以上列举的强度条件，用于简单应力状态，是直接根据试验结果建立的。然而工程实际中许多构件的危险点都处于复杂应力状态，其破坏现象较复杂，但材料的破坏形式可分为脆性断裂和塑性屈服两类。

脆性断裂指材料失效时未发生明显的塑性变形而突然断裂。如铸铁在单向拉伸和纯剪切应力状态下的破坏。

塑性屈服指材料失效时产生明显的塑性变形并伴有屈服现象。如低碳钢在单向拉伸和纯剪切应力状态下的破坏。

注意：材料的破坏形式并不是以材料为塑性材料或脆性材料为准来区分的。如大理石为脆性材料，在单向压缩时发生的破坏为脆性断裂，如图9-9(a)所示；但若表面受均匀径向压力，施加轴向力后出现明显的塑性变形，成为腰鼓形，显然其破坏形式为塑性屈服，如图9-9(b)所示。

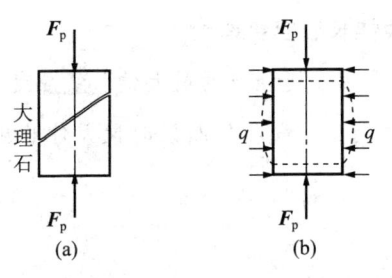

图 9-9

在复杂应力状态下，一点的3个主应力 σ_1、σ_2、σ_3 可能都不为零，而且会出现不同的主应力组合。此时如果采用直接试验的方法来建立强度条件，是非常困难的，原因在于进行复杂应力状态试验的设备和加工比较复杂；不同的应力组合需要重新做试验；不同的材料需重新试验。

人们经过长期的生产实践和科学研究，总结材料破坏的规律，提出了各种不同的假说，认为材料之所以按某种形式破坏，是由于某一特定因素(应力、应变、形状改变比能)引起的；对于同一种材料，无论处于何种应力状态，当导致它们破坏的这一共同因素达到某一极限时，材料就会发生破坏。这样的一些假说称为强度理论。

由于材料存在着脆性断裂和塑性屈服两种破坏形式，因而，强度理论也分为两类：一类是解释材料脆性断裂破坏的强度理论，其中有最大拉应力理论和最大伸长线应变理论；另一类是解释材料塑性屈服破坏的强度理论，其中有最大切应力理论和形状改变比能理论。

1. 第一强度理论——最大拉应力理论

该理论认为材料断裂的主要因素是该点的最大主拉应力。即在复杂应力状态下，只要材料内一点的最大主拉应力 $\sigma_1(\sigma_1>0)$ 达到单向拉伸断裂时横截面上的极限应力 σ_u，材料发生断裂破坏。破坏条件为：

$$\sigma_1 \geq \sigma_u \quad (\sigma_1>0)$$

强度条件为：

$$\sigma_1 \leq [\sigma] \quad (\sigma_1>0) \tag{9-4}$$

式中，$[\sigma]$ 指单向拉伸时材料的许用应力，$[\sigma]=\dfrac{\sigma_b}{n_b}$。

利用第一强度理论可以很好地解释铸铁等脆性材料在轴向拉伸和扭转时的破坏情况。铸铁在单向拉伸下，沿最大拉应力所在的横截面发生断裂，在扭转时，沿最大拉应力所在的斜截面发生断裂。这些都与最大拉应力理论相一致。但是，这一理论没有考虑其他两个主应力的影响，且对于没有拉应力的应力状态（如单向压缩、三向压缩等）也无法解释。试验表明，该理论主要适用于脆性材料在二向或三向受拉（如铸铁、玻璃、石膏等）。对于存在有压应力的脆性材料，只要最大压应力值不超过最大拉应力值，也是正确的。

2. 第二强度理论——最大伸长线应变理论

该理论认为材料断裂的主要因素是该点的最大伸长线应变。即在复杂应力状态下，只要材料内一点的最大拉应变 ε_1 达到了单向拉伸断裂时最大伸长应变的极限值 ε_u 时，材料就发生断裂破坏。

于是破坏条件为：

$$\frac{1}{E}[\sigma_1 - \mu(\sigma_2 + \sigma_3)] \geq \frac{\sigma_b}{E}$$

即：

$$\sigma_1 - \mu(\sigma_2 + \sigma_3) \geq \sigma_b$$

所以，强度条件为：

$$\sigma_1 - \mu(\sigma_2 + \sigma_3) \leq [\sigma] \tag{9-5}$$

此理论考虑了3个主应力的影响，形式上比第一强度理论完善，但实验证明，其作为屈服失效理论是错误的。作为断裂失效理论，这一强度理论与石料、混凝土等脆性材料的轴向压缩实验结果相符合。这些材料在轴向压缩时，如在试验机与试块的接触面上加添润滑剂，以减小摩擦力的影响，试块将沿垂直于压力的方向裂开。裂开的方向就是 ε_1 的方向。铸铁在拉、压二向应力，且压应力较大的情况下，试验结果也与这一理论接近。但是，对于二向受压状态(试块压力垂直的方向上再加压力)，这时的 ε_1 与单向受力时不同，强度也应不同。但混凝土、石料的实验结果却表明，两种受力情况的强度并无明显的差别。与此相似，按照这一理论，铸铁在二向拉伸时应比单向拉伸安全，但这一结论与实验结果并不完全符合。因此该理论现在工程上已很少采用。

3. 第三强度理论——最大切应力理论

该理论认为材料屈服的主要因素是最大切应力。在复杂应力状态下，只要材料内一点处的最大切应力 τ_{max} 达到单向拉伸屈服时切应力的屈服极限 τ_s，材料就在该处发生塑性屈服。

破坏条件为：

$$\sigma_1 - \sigma_3 \geq \sigma_s$$

于是强度条件为：

$$\sigma_1 - \sigma_3 \leq [\sigma] \tag{9-6}$$

最大切应力理论较为满意地解释了塑性材料的屈服现象。低碳钢拉伸时在与轴线成 45°的斜截面上切应力最大，也正是沿这些平面的方向出现滑移线，表明这是材料内部沿这一方向滑移的痕迹。这一理论既解释了材料出现塑性变形的现象，且又具有形式简单、概念明确，在机械工程中得到了广泛的应用。但是，这一理论忽略了第二主应力 σ_2 的影响，且计算的结果与实验相比，偏于保守。该理论对于单向拉伸和单向压缩的抗力大体相当的材料(如低碳钢)是适合的。

4. 第四强度理论——最大形状改变比能理论

该理论认为材料屈服的主要因素是该点的形状改变比能。在复杂应力状态下，材料内一点的形状改变比能 μ_d 达到材料单向拉伸屈服时形状改变比能的极限值 μ_u，材料就会发生塑性屈服。

破坏条件为：

$$\frac{1+\mu}{6E}[(\sigma_1-\sigma_2)^2+(\sigma_2-\sigma_3)^2+(\sigma_3-\sigma_1)^2] \geq \frac{1+\mu}{3E}\sigma_s^2$$

即：

$$\sqrt{\frac{1}{2}[(\sigma_1-\sigma_2)^2+(\sigma_2-\sigma_3)^2+(\sigma_3-\sigma_1)^2]} \geq \sigma_s$$

于是强度条件为：

$$\sqrt{\frac{1}{2}[(\sigma_1-\sigma_2)^2+(\sigma_2-\sigma_3)^2+(\sigma_3-\sigma_1)^2]} \leq [\sigma] \tag{9-7}$$

根据几种塑性材料(钢、铜、铝)的试验资料，表明第四强度理论比第三强度理论更符合实验结果。在纯剪切下，按第三强度理论和第四强度理论的计算结果差别最大，这时，由第三强度理论的屈服条件得出的结果比第四强度理论的计算结果大15%。

综合以上四个强度理论的强度条件，可以把它们写成如下的统一形式：

$$\sigma_r \leq [\sigma] \tag{9-8}$$

其中，σ_r 称为相当应力。四个强度理论的相当应力分别为：

$$\sigma_{r_1} = \sigma_1$$

$$\sigma_{r_2} = \sigma_1 - \mu(\sigma_2 + \sigma_3)$$

$$\sigma_{r_3} = \sigma_1 - \sigma_3$$

$$\sigma_{r_4} = \sqrt{\frac{1}{2}[(\sigma_1 - \sigma_2)^2 + (\sigma_2 - \sigma_3)^2 + (\sigma_3 - \sigma_1)^2]}$$

5. 莫尔强度理论

该理论认为，材料发生屈服或剪切破坏，不仅与该截面上的切应力有关，而且还与该截面上的正应力有关，只有当材料的某一截面上的切应力与正应力达到最不利组合时，才会发生屈服或剪断。

莫尔理论认为材料是否破坏取决于三向应力圆中的最大应力圆。

在工程应用中，分别作拉伸和压缩极限状态的应力圆，这两个应力圆的直径分别等于脆性材料在拉伸和压缩时的强度极限 σ_b^+ 和 σ_b^-。这两个圆的公切线 MN 即是该材料的包络线，如图9-10所示。若一点的3个主应力 σ_1、σ_2、σ_3 已知，以 σ_1 和 σ_3 作出的应力圆与包络线相切，则此点就会发生破坏。由此可导出莫尔强度理论的强度条件为：

$$\sigma_1 - \frac{[\sigma]^+}{[\sigma]^-}\sigma_3 \leq [\sigma] \tag{9-9}$$

式中，$[\sigma]^+$ 和 $[\sigma]^-$ 是脆性材料的许用拉应力和许用压应力。

对 $[\sigma]^+ = [\sigma]^-$ 的材料，莫尔强度条件化为：

$$\sigma_1 - \sigma_3 \leq [\sigma]$$

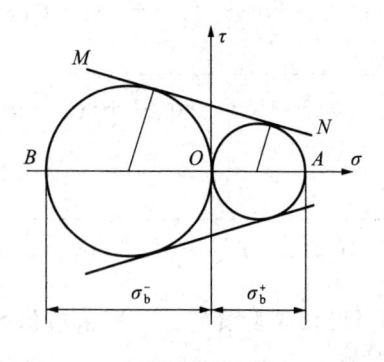

图9-10

此即为最大切应力理论的强度条件。可见莫尔强度理论是最大切应力理论的发展，它把材料在单向拉伸和单向压缩时强度不等的因素也考虑进去了。

注意：(1)对以上 5 个强度理论的应用，一般说脆性材料如铸铁、混凝土等用第一和第二强度理论；对塑性材料如低碳钢用第三和第四强度理论。

(2)脆性材料或塑性材料，在三向拉应力状态下，产生脆性破坏应该用第一强度理论；在三向压应力状态下，产生塑性屈服应该用第三强度理论或第四强度理论。

(3)第三强度理论概念直观，计算简捷，计算结果偏于保守；第四强度理论着眼于形状改变比能，但其本质仍然是一种切应力理论。

(4)在不同情况下，如何选用强度理论，不单纯是个力学问题，而与有关工程技术部门长期积累的经验及根据这些经验制订的一整套计算方法和许用应力值$[\sigma]$有关。

要 点 总 结

(1) 杆件在复杂外载荷作用下，同时产生两种或两种以上的同数量级的基本变形的情况称为组合变形。解决组合变形的方法是采用叠加原理，采用外力分析——内力分析——应力分析与叠加——强度计算的步骤。

(2) 拉伸或压缩与弯曲的组合作用下杆件的强度条件为：

$$\sigma_{tmax} = \sigma_N + \sigma_M \leq [\sigma_t]$$

$$\sigma_{cmax} = -\sigma_N - \sigma_M \leq [\sigma_c]$$

(3) 弯曲与扭转组合变形时，对于用塑性材料制成的圆轴 $W_p = 2W$，则：

① 根据第三强度理论，强度条件为：

$$\sigma_{r3} = \frac{1}{W}\sqrt{M^2 + T^2} \leq [\sigma]$$

② 根据第四强度理论，强度条件为：

$$\sigma_{r4} = \frac{1}{W}\sqrt{M^2 + 0.75T^2} \leq [\sigma]$$

本 章 习 题

9-1 折杆如图 9-11 所示，由 *AB*、*BC*、*CD* 三段组成，试判断三段杆各有哪几种基本变形？

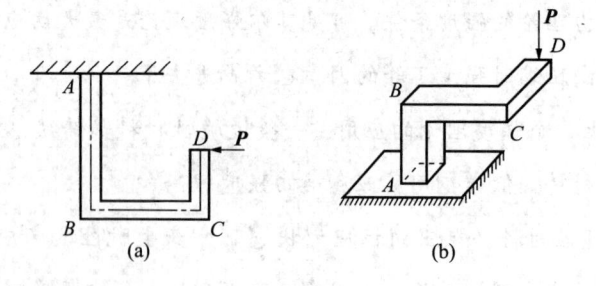

图 9 – 11

9 – 2　圆轴受轴向偏心压缩时，横截面上存在的内力应该有哪几个？

9 – 3　如图 9 – 12 所示的钩头螺栓，若已知螺纹内径 $d = 10$ mm，偏心距 $e = 12$ mm，载荷 $F = 1$ kN，许用应力 $[\sigma] = 120$ MPa。试校核螺栓杆的强度。

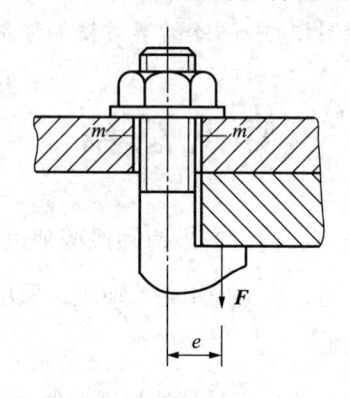

图 9 – 12

9 – 4　如图 9 – 13 所示起重架的最大起吊重量（包括行走小车等）为 $P = 40$ kN，横梁 AC 由两根 No.18 槽钢组成，材料为 Q235 钢，许用应力 $[\sigma] = 120$ MPa。试校核梁的强度。

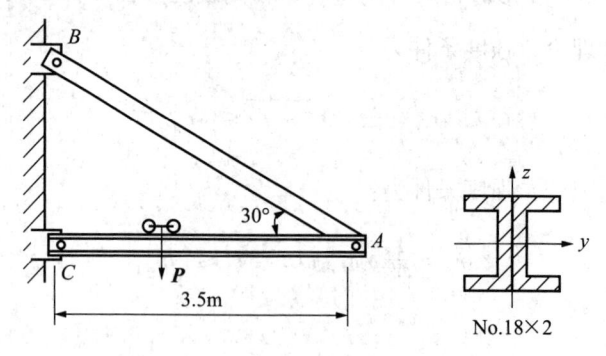

图 9 – 13

9 – 5　如图 9 – 14 所示电动机功率 $P = 9$ kW，转速 $n = 715$ r/min，皮带轮直径 $D = 250$ mm。电动机轴外伸长度 $l = 120$ mm，轴的直径 $d = 40$ mm，已知 $[\sigma] = 60$ MPa。试用第三强度理论校核轴的强度。

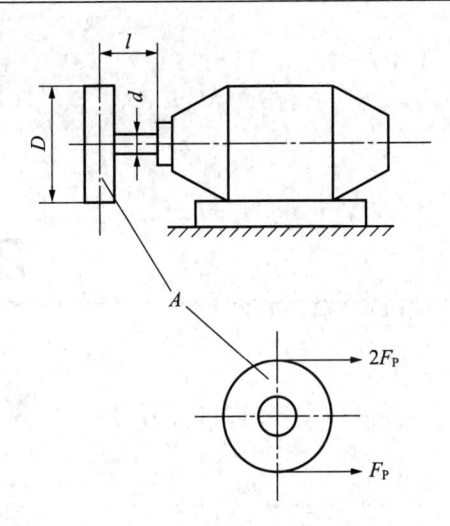

图 9-14

9-6 手摇绞车如图 9-15 所示。轴的直径 $d = 30$ mm，材料为 Q235 钢，$[\sigma] = 80$ MPa，试按第三强度理论求绞车的最大起重量 P。

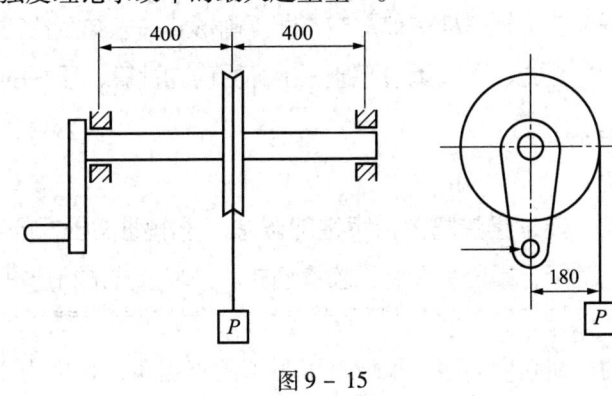

图 9-15

第 10 章 压 杆 稳 定

☞ **教 学 提 示**

内容提要

本章讨论受压杆件的另外一种失效形式，即平衡形式失去稳定性的问题。学习求细长杆件临界压力的欧拉公式、不同柔度下压杆的临界应力计算、压杆的稳定性计算和提高压杆稳定性的措施。

学习目标

通过本章的学习，要求学生掌握稳定性的概念，了解细长压杆临界压力的欧拉公式；欧拉公式的适用范围，重点掌握利用欧拉公式、经验公式进行压杆的稳定性计算。

前面讨论了杆件的压缩强度问题，如取一根平直的钢锯条，长度为 310 mm，横截面尺寸为 11.5×0.6 mm^2，材料的许用应力 $[\sigma] = 16$ MPa，根据强度条件可以计算出钢锯条能够承受的轴向压力为 $F = 11.5 \times 0.6 \times 10^{-6} \times 16 \times 10^6 \approx 110$ N，而实际上，这个钢锯条会在不到 5 N 的压力下就朝厚度很薄的方向弯曲，丧失承载能力。那么，钢锯条的承载能力并不是取决于其轴向的压缩强度，而是与它受压时直线形式的平衡失去稳定性有关。

与此类问题相似，在工程结构中也有很多受压的细长杆。例如内燃机配气机构中的挺杆，磨床液压装置的活塞杆、空气压缩机、蒸汽机的连杆，还有桁架结构中的受压杆，建筑物中的支柱等，在设计时都要考虑稳定性的要求。

10.1 压杆稳定的概念

10.1.1 稳定的概念

"稳定"和"不稳定"是相对于物体的平衡而言的。例如，图 10 - 1(a)所示小球，在自重 F_P 和曲面反力 F_R 的作用下，在下凹曲面的最低点 A 处处于静止平衡状态。若给小球一个外力，使其离开平衡位置，则它在重力和曲面反力的合力作用下，小球会恢复到原来的静止位置，这表明小球在 A 点处于稳定平衡状态。如图 10 - 1(b)所示，小球在光滑水平面上，若不计摩擦，则小球可以在任意位置处于静止平衡状态，这种现象称为临界平衡。如图 10 - 1(c)所示，小球在 A 点处于静止平衡状态，若再给小球一个外力，则小球离开平衡位置，在重力和曲面反力的合力作用下，将不再回到原来的平衡位置。因此，在图 10 - 1(b)和图 10 - 1(c)中，小球处于不稳定平衡状态。

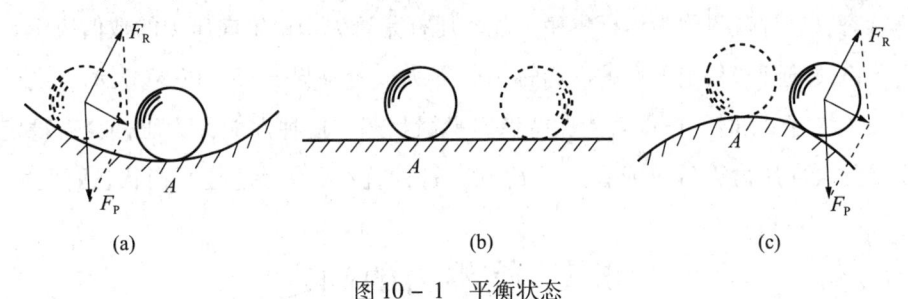

图 10 - 1 平衡状态

10.1.2 压杆稳定及其临界载荷

受压杆同样存在上面所说的平衡性质问题。为了研究细长压杆的失稳过程，取一根细长直杆，如图 10 - 2 所示。在其两端施加轴向压力 F，使杆处于平衡状态。此时，如果给杆以微小的侧向外力，使杆发生微小的弯曲，然后撤去外力，则杆承受的轴向压力 F 数值不同时，其结果也截然不同。

当杆承受的轴向压力数值 F 小于某一临界数值时，如图 10 - 2(a)和图 10 - 2(b)所示，在撤去外力后，杆能自动恢复到原有平衡状态，这种原有的平衡状态称为稳定平衡状态。

当杆承受的轴向压力 F 数值逐渐增大到(甚至超过)某一临界数值时，如图 10 - 2(c)和图 10 - 2(d)所示，撤去外力，杆仍然处于微弯状态，不能自动恢复到原有平衡状态，则原有平衡状态为不稳定平衡状态。如果压力 F 继续增大，则杆继续弯曲，将产生显著的变形，甚至发生突然破坏。

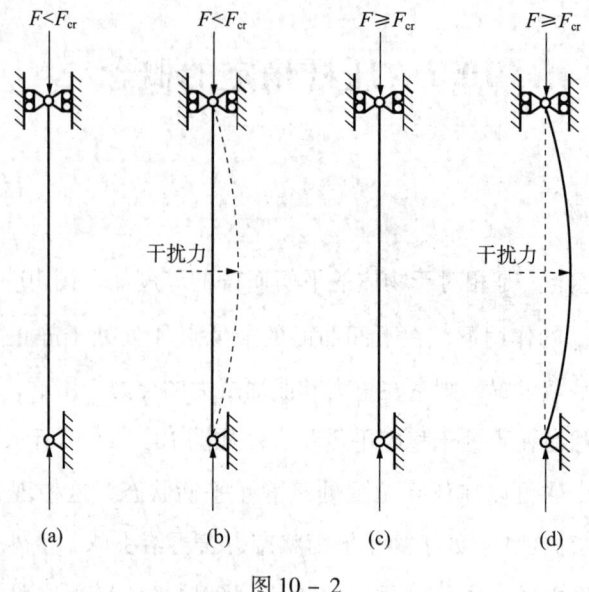

图 10-2

上述实验表明,在轴向压力 F 由小逐渐增大的过程中,压杆由稳定平衡状态转变为不稳定平衡状态,这种现象称为压杆失稳。显然压杆是否失稳由轴向压力的数值决定。压杆从稳定平衡状态过渡到非稳定平衡的压力称为临界力或者临界载荷,以 F_{cr} 表示。当压杆所受的轴向压力 F 小于 F_{cr} 时,杆件就能保持稳定平衡状态,这种性能称为压杆具有稳定性;而当压杆所受的轴向压力 F 等于或者大于 F_{cr} 时,杆件就不再保持稳定平衡状态而失稳。

10.2 临界力的确定

10.2.1 两端铰支细长压杆的欧拉公式

细长的中心受压直杆在临界力作用下,其材料仍处于理想的线弹性范围内,这类稳定问题称为线弹性稳定问题。

现在以图 10-3 所示两端为铰链支座、长度为 l 的、中心受压的等截面的细长直杆为例,利用去掉干扰后,压杆在临界力的作用下可以在微弯曲情况下保持平衡的性质,根据弯曲变形的理论,由挠曲线的近似微分方程式,推导出其临界力的计算公式为:

$$F_{cr} = \frac{\pi^2 EI}{l^2} \quad (10-1)$$

式(10-1)为理想压杆两端铰支的欧拉临界力公式。式中,E 为材料的弹性模量,EI 为弯曲刚度,l 为压杆长度。EI 应取最小值,在材料给定的情况下,

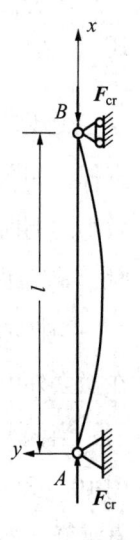

图 10-3

惯性矩 I 应取最小值，这是因为杆件总是在抗弯能力最小的纵向平面内失稳(称为失稳平面)。

欧拉公式中包含了压杆横截面的弯曲刚度，也包含了长度，这是压缩强度条件所没有的。刚度越小或长度越大，临界力越小，表明杆件的承载能力越差。

杆件压弯后的挠曲线形式与杆件两端的支承形式密切相关。压杆两端的支座除同为铰支外，还可能有其他情况，工程上最常见的杆端支承形式主要有四种，各种支承情况下压杆的临界力公式，可以仿照两端铰支形式的方式来推导，但也可以把各种支承形式的弹性曲线与两端铰支形式下的弹性曲线相对比来获得临界力公式，如表 10-1 所示。

从上述比较可见，可把各种支承形式下的欧拉临界力公式统一表示为：

$$F_{cr} = \frac{\pi^2 EI}{(\mu l)^2} \tag{10-2}$$

式中，μ 为不同约束条件下压杆的长度因数，它代表压杆不同支承情况下对临界力的影响，μl 称为相当长度。

表 10-1　　　　　　　　　　　　　压杆长度因数

支承情况	两端铰支	一端固定一端铰支	两端固定	一端固定一端自由
μ 值	1.0	0.7	0.5	2
挠曲线形状				

10.2.2　临界应力

将压杆的临界力 F_{cr} 除以杆的横截面面积 A，便得到压杆横截面上的应力，称为压杆的临界应力，用 σ_{cr} 表示，即：

$$\sigma_{cr} = \frac{F_{cr}}{A} = \frac{\pi^2 EI}{A(\mu l)^2} \tag{10-3}$$

式中，A 为压杆的横截面面积。

令 $i^2 = \dfrac{I}{A}$ 代入式(10-3)，则：

$$\sigma_{cr} = \frac{\pi^2 EI}{A(\mu l)^2} = \frac{\pi^2 E}{\left(\dfrac{\mu l}{i}\right)^2} = \frac{\pi^2 E}{\lambda^2} \tag{10-4}$$

式（10-4）为计算细长压杆临界应力的欧拉公式。式中，i 称为截面的惯性半径；$\lambda = \dfrac{\mu l}{i}$ 为压杆的柔度或细长比，其量纲为 1。它反映了压杆长度、支承情况以及横截面形状和尺寸等因素对临界应力的综合影响。压杆的临界应力与其柔度的平方成反比，压杆的柔度值越大，则杆件越细长，其临界应力越小，压杆越容易失稳。所以柔度 λ 是压杆稳定计算的一个重要参数。

例 10-1 图 10-4 所示活塞杆，用硅钢制成，杆径 $d = 40$ mm，外伸部分的最大长度 $l = 1$ m，弹性模量 $E = 210$ GPa，$\lambda_p = 100$，试确定活塞杆的临界载荷。

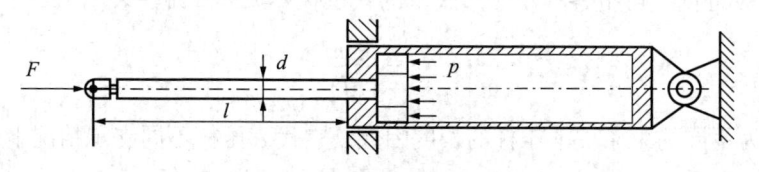

图 10-4

解：（1）由活塞杆图 10-4 可知，当活塞靠近缸体顶盖时，活塞杆的外伸部分最长，稳定性最差。根据缸体的固定方式及其对活塞杆的约束情况，活塞杆可近似看作是一端自由、另一端固定的压杆，其长度因数为：

$$\mu = 2$$

（2）临界载荷计算。

$$F_{cr} = \frac{\pi^2 EI}{(\mu l)^2} = \frac{\pi^2 \times 210 \times 10^9 \times \pi \times 4^4 \times 10^{-8}}{64 \times (2 \times 1)^2} = 65 \text{ kN}$$

10.2.3 欧拉公式的适用范围

因为欧拉公式是在材料服从胡克定律的条件下推导出来的，因此由欧拉公式计算的临界应力也不得超过材料的比例极限，即：

$$\sigma_{cr} = \frac{\pi^2 E}{\lambda^2} \leqslant \sigma_p$$

由此可求得对应比例极限时的柔度 λ_p

$$\lambda_p = \pi \sqrt{\frac{E}{\sigma_p}} \qquad (10-5)$$

显然，λ_p 是适用欧拉公式的最小柔度值，表示欧拉公式的适用范围为 $\lambda \geqslant \lambda_p$，这类杆称为大柔度杆或细长杆。$\lambda_p$ 的值取决于材料的性质，以低碳钢 Q235 为例，其 $\sigma_p = 196$ MPa，$E = 200$ GPa，代入式（10-4）得：

$$\lambda_p = \pi \sqrt{\frac{200 \times 10^9}{196 \times 10^6}} \approx 100$$

这表明用低碳钢 Q235 制成的压杆,仅在柔度 $\lambda \geq 100$ 时,才能应用欧拉公式计算其临界应力或临界力,常用材料的柔度如表 10 - 2 所示。

表 10 - 2　　　　　几种常用材料的 a、b、λ_s 和 λ_p

材料	a/MPa	b/MPa	λ_p	λ_s
Q235 钢	304	1.12	100	61.4
45 钢	589	3.82	100	60
硅钢($\sigma_s = 353$ MPa)	577	3.74	100	60
铬钼钢	980	5.3	55	40
铸铁	332	1.45	80	0
木材	29.3	0.194	59	0

10.2.4　中、小柔度杆的临界应力

对于不能应用欧拉公式计算临界应力的压杆,即压杆内的工作应力大于比例极限但小于屈服极限(塑性材料)时,可应用在实验基础上建立的经验公式。常见的经验公式有直线公式和抛物线公式。其中直线公式为:

$$\sigma_{cr} = a - b\lambda \tag{10-6}$$

式中,a、b 是与材料性质有关的常数,表 10 - 2 中给出几种材料的 a、b 值。

经验公式也有一个适用范围,即应用经验公式算出的临界应力,不能超过压杆材料的屈服极限,即:

$$\sigma_{cr} = a - b\lambda < \sigma_s$$

或用柔度表示为:

$$\lambda > \frac{a - \sigma_s}{b}$$

则对应屈服极限的柔度 λ_s:

$$\lambda_s = \frac{a - \sigma_s}{b}$$

λ_s 是对应于材料屈服极限时的柔度值。因此,当压杆的实际柔度 $\lambda_s < \lambda$ 与 $\lambda_p > \lambda$ 时,才能用经验公式计算其临界应力。可见,经验公式的适用范围为:

$$\lambda_s < \lambda < \lambda_p$$

λ_s 的值见表 10 - 2。

一般当柔度值介于 λ_s 和 λ_p 之间,压杆也会发生弯曲。这时,压杆在直线平衡状态下横

截面上的正应力已经超过材料的比例极限,截面上某些部分已进入塑性状态,这种屈曲称为非弹性屈曲,这类压杆称为中柔度杆或中长杆。柔度小于 λ_s 时,压杆不会发生屈曲,但会发生屈服,这类压杆称为小柔度杆或短粗杆。试验表明,对于塑性材料制成的短杆,当其临界应力达到屈服极限 σ_s 时,压杆发生屈服失效,这说明小柔度杆的失效是因为强度不足所致。因此,短杆的临界应力,用压缩强度公式表示:

$$\sigma_{cr} = \sigma_s$$

对脆性材料,只需要把以上诸式中的 σ_s 改为 σ_b。

总结以上的讨论,对 $\lambda < \lambda_s$ 的小柔度压杆,应按强度问题计算,在图 10-5 中表示为水平线 AB。对 $\lambda \geq \lambda_p$ 的大柔度压杆,用欧拉公式计算临界应力,在图 10-5 中表示为曲线 CD。柔度 λ 介于 λ_p 和 λ_s 之间的压杆称为中等柔度压杆,用经验公式 $\sigma_{cr} = a - b\lambda$ 计算临界应力,在图 10-5 中表示为斜直线 BC。图 10-5 表示临界应力 σ_{cr} 随压杆柔度 λ 变化的情况,称为临界应力总图。

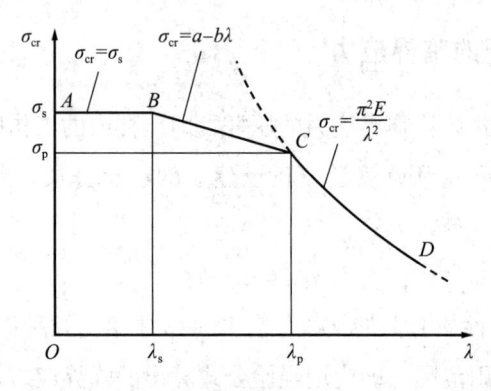

图 10-5

例 10-2 如何判别压杆在哪个平面内失稳?如图 10-6 所示截面形状的压杆,设两端为球铰。试问:失稳时其截面分别绕哪根轴转动?

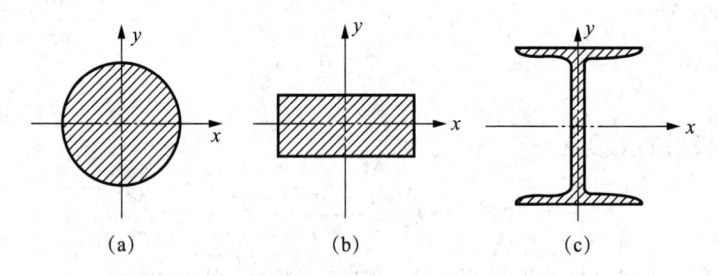

图 10-6

解:(1)压杆总是在柔度大的纵向平面内失稳。

(2)因两端为球铰,各方向的 $\mu = 1$,由柔度 $\lambda = \dfrac{\mu l}{i}$ 知:

在图 10-6(a) 中,$i_x = i_y$,在任意方向都可能失稳。

在图 10-6(b)中，$i_x < i_y$，失稳时截面将绕 x 轴转动。

在图 10-6(c)中，$i_x > i_y$，失稳时截面将绕 y 轴转动。

例 10-3 有一长 $l = 300$ mm，矩形截面宽 $b = 6$ mm、高 $h = 10$ mm 的压杆。两端铰接，压杆材料为 Q235 钢，$E = 200$ GPa，试计算压杆的临界力和临界应力。

解：对于矩形截面，如果失稳必在刚度较小的平面内产生，故应求最小惯性半径：

$$i_{\min} = \sqrt{\frac{I_{\min}}{A}} = \sqrt{\frac{hb^3}{12} \cdot \frac{1}{bh}} = \frac{b}{\sqrt{12}} = \frac{6}{\sqrt{12}} = 1.732 \text{ mm}$$

该杆两端铰接，$\mu = 1$，故柔度：

$$\lambda = \frac{\mu l}{i} = \frac{1 \times 300}{1.732} = 173.2 > \lambda_p = 100$$

为大柔度杆，采用欧拉公式计算临界应力：

$$\sigma_{cr} = \frac{\pi^2 E}{\lambda^2} = \frac{\pi^2 \times 200 \times 10^9}{(173.2)^2} = 65.8 \text{ MPa}$$

临界力为：

$$F_{cr} = \sigma_{cr} \times A = 65.8 \times 6 \times 10 = 3948 \text{ N} = 3.95 \text{ kN}$$

10.3 压杆稳定的计算

为了保证压杆的稳定性，必须保证它的工作载荷小于临界力，或者它的工作应力小于临界应力，此外，在实际工程中，还要考虑压杆应有必要的稳定性储备，使压杆具有足够的稳定性。因此，压杆的稳定性条件为：

$$F \leqslant \frac{F_{cr}}{n_{st}} \tag{10-7}$$

或

$$\sigma \leqslant \frac{\sigma_{cr}}{n_{st}} \tag{10-8}$$

式中，n_{st} 为规定的稳定安全因数；F 为实际工作压力；F_{cr} 为压杆的临界力；σ 为实际工作压力；σ_{cr} 为压杆的临界应力。

临界力 F_{cr} 和工作压力 F 的比值称为压杆的工作安全因数 n，则用安全因数表示的压杆稳定性条件为：

$$n = \frac{F_{cr}}{F} \geqslant n_{st} \tag{10-9}$$

或以应力表示：

$$n = \frac{\sigma_{cr}}{\sigma} \geqslant n_{st} \tag{10-10}$$

用式(10-9)和式(10-10)校核压杆稳定性的方法,称为安全因数法。

考虑到压杆的初曲率、载荷偏心、材料不均匀等因素对压杆临界力的影响,n_{st}的取值均比强度安全因数大一些。在静载荷下,对于钢材 $n_{st}=1.8\sim3.0$;对于铸铁 $n_{st}=4.5\sim5.5$;木材 $n_{st}=2.5\sim3.5$。在实际工作中,应按照有关设计规范查取 n_{st} 值。

例 10-4 图 10-7 所示的结构中,分布载荷 $q=16$ kN/m。柱 BC 的截面为圆形,直径 $d=80$ mm。柱为 Q235 钢,$E=200$ GPa,$\lambda_p=100$,$a=304$ MPa,$b=1.12$ MPa,规定稳定安全因数 $n_{st}=2.5$。试校核柱 BC 的稳定性。

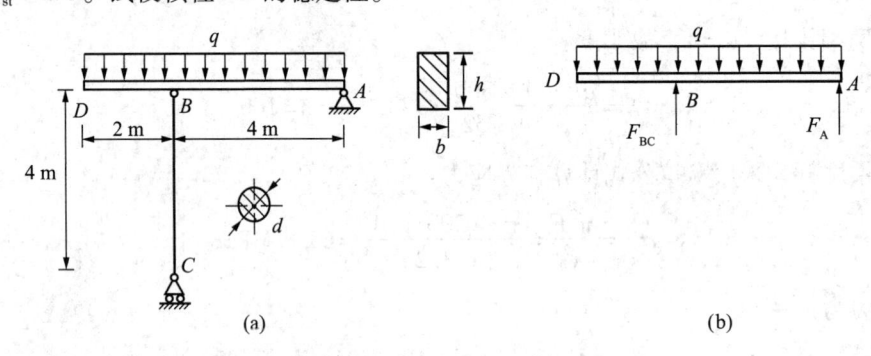

图 10-7

解:(1) 计算柱 BC 受力。AD 梁的受力图如图 10-7(b)所示,列平衡方程:
$$\sum M_A=0,\ 6q\times3-F_{BC}\times4=0$$

解得: $F_{BC}=72$ kN

(2) 计算柔度。BC 杆两端为铰支,其长度因数为 $\mu=1$;惯性半径为:

$$i=\sqrt{\frac{I}{A}}=\sqrt{\frac{\frac{\pi d^4}{64}}{\frac{\pi d^2}{4}}}=\frac{d}{4}$$

计算柔度 $\lambda=\frac{\mu l}{i}=\frac{1\times 4}{0.08/4}=200>\lambda_p$,其为细长杆。

(3) 计算临界压力

$$F_{cr}=\frac{\pi^2 E}{\lambda^2}\cdot A=\frac{3.14^2\times200\times10^9}{200^2}\times\frac{3.14\times80^2}{4}\times10^{-6}=247.67\text{ kN}$$

(4) 稳定性校核

$$n=\frac{F_{cr}}{F_{BC}}=\frac{247.67}{72}=3.44>n_{st}$$

所以柱 BC 是稳定的。

10.4 提高压杆稳定性的措施

10.4.1 稳定设计的重要性

由于受压杆的失稳而使整个结构发生坍塌,不仅会造成物质上的巨大损失,而且还危及人民的生命安全。在19世纪末,瑞士的一座铁桥,当一辆客车通过时,桥桁架中的压杆失稳,致使桥发生灾难性坍塌,大约有200人受难。加拿大和俄国的一些铁路桥梁也曾经由于压杆失稳而造成灾难性事故。虽然科学家和工程师早就对这类灾害进行了大量的研究,采取了很多预防措施,但直到现在还不能完全终止这种灾害的发生。1983年10月4日,地处北京某工地的钢管脚手架距地面5~6 m处突然外弓。刹那间,这座高达54.2 m、长17.25 m、总重565.4 kN的大型脚手架轰然坍塌,5人死亡,脚手架所用建筑材料大部分报废,工期推迟一个月。现场调查结果表明,脚手架结构本身存在严重缺陷,致使结构失稳坍塌,是这次灾难性事故的直接原因。

10.4.2 提高压杆稳定性的措施

通过压杆的临界应力公式(10-4)可以看出,压杆的临界应力与压杆的柔度(λ)和材料性质(E)有关,而柔度λ又综合了压杆的长度(l)、约束情况(μ)和横截面的惯性半径(i)等影响。因此增大临界应力,就可以提高构件抵抗失稳的能力,可以综合以上因素,采取适当措施来达到目的。

(1)减小压杆的支承长度。

对于细长杆,其临界力与杆长平方成反比。因此,在条件允许的情况下,尽量减小压杆的实际长度,以达到减小值,从而提高压杆稳定性。在某些情况下,若不允许减小压杆的实际长度,则可以采取增加中间支承的方法来减小压杆的支承长度,以达到既不减小压杆的实际长度又提高了其稳定性的目的。

(2)改善杆端约束情况。

杆端约束的刚性越好,压杆的长度因数值越小,临界力越大,从而可以在相当程度上改善整个杆件抗失稳的能力。例如,工程结构中有的支柱,除两端要求焊牢固之外,还需要设置肘板以加固端部约束。如将两端铰支的压杆变成两端固定约束时,临界力将以数倍增加。

(3)合理选择截面形状。

在条件许可的情况下,增大截面的惯性矩可以改善压杆抵抗失稳的能力。当压杆两端在各个方向的挠曲平面内,具有相同约束条件时(如球铰约束),压杆将在刚度最小的主轴平面内失稳。这种情形下,如果只增加截面某个方向的惯性矩(例如只增加矩形截面高度),并不能明显提高压杆的承载能力。最经济的办法,是将截面设计成中空的,且截面对于各轴的惯性矩相同,$I_z = I_y$。

使截面对两个形心主轴的惯性矩尽可能大,而且相等,是压杆选择合理截面的基本原则。因此,在横截面积一定的条件下,正方形或圆形截面比矩形截面效果好;空心正方形或圆管形截面比实心截面好。

(4)合理选择材料。

临界应力与材料的弹性模量 E 成正比,因此在其他条件相同的情形下,选择弹性模量较高的材料,可以提高大柔度压杆杆件的抗失稳能力。例如钢制压杆的临界力大于铜、铸铁或铝制压杆的临界力。但是由于各种钢材的 E 值差别不大,因此对于大柔度杆选用高强度钢对提高构件的临界应力意义不大,反而造成材料的浪费。优质钢材的许用应力高于普通钢材,它只是在受拉或是以强度破坏为主要破坏形式的构件(如小柔度压杆)中才具有优势。

最后尚需指出,对于压杆,除了可以采取上述几方面的措施以提高其承载能力外,在可能的条件下,还可以从结构方面采取相应的措施。例如,将结构中的压杆转换成拉杆,这样,就可以从根本上避免失稳问题。

☞知识拓展

稳定系数法

工程上通常采用安全系数法和稳定系数法两种方法进行压杆的稳定计算,前面介绍的是工程中常用的安全系数法。

压杆的稳定条件有时用应力的形式表达为:

$$\sigma = \frac{P}{A} \leqslant [\sigma]_{st} \tag{10-11}$$

式中的 P 为压杆的工作载荷,A 为横截面面积,$[\sigma]_{st}$ 为稳定许用应力。$[\sigma]_{st} = \dfrac{\sigma}{n_{st}}$,它总是小于强度许用压应力 $[\sigma]$。于是式(10-11)又可表达为:

$$\sigma = \frac{P}{A} \leqslant \varphi[\sigma] \tag{10-12}$$

式中 φ 称为稳定系数,为小于1的系数,$\varphi = \dfrac{[\sigma]_{st}}{[\sigma]}$。$\varphi$ 与压杆的柔度 λ 和所用材料有关,表10-3所列为几种常用工程材料的 $\varphi - \lambda$ 对应数值。对于柔度为表中两相邻 λ 值之间

的 φ，可由直线内插法求得。由于考虑了杆件的初曲率和载荷偏心的影响，即使对于粗短杆，仍应在许用应力中考虑稳定系数 φ。在土建工程中，一般按稳定系数法进行稳定计算。

另外，在压杆计算中，有时会遇到杆上有开孔、切槽等压杆局部有截面被削弱的情况，由于压杆的临界载荷是从研究整个压杆的弯曲变形来决定的，局部截面的削弱对整体变形影响较小，故稳定计算中仍用原有的截面几何量。但强度计算是根据危险点的应力进行的，故必须对削弱了的截面进行强度校核，即：

$$\sigma = \frac{P}{A_{st}} \leq [\sigma] \qquad (10-13)$$

式中的 A_{st} 是横截面的净面积。

表 10-3　　　　　　　　　　　　压杆的稳定系数

$\lambda = \dfrac{\mu l}{i}$	φ			
	Q235 钢	16Mn 钢	铸铁	木材
0	1.000	1.000	1.00	1.00
10	0.995	0.993	0.97	0.99
20	0.981	0.973	0.91	0.97
30	0.958	0.940	0.81	0.93
40	0.927	0.895	0.69	0.87
50	0.888	0.840	0.57	0.80
60	0.842	0.776	0.44	0.71
70	0.789	0.705	0.34	0.60
80	0.731	0.627	0.26	0.48
90	0.669	0.546	0.20	0.38
100	0.604	0.462	0.16	0.31
110	0.536	0.384		0.26
120	0.466	0.325		0.22
130	0.401	0.279		0.18
140	0.349	0.242		0.16
150	0.306	0.213		0.14
160	0.272	0.188		0.12
170	0.243	0.168		0.11
180	0.218	0.151		0.10
190	0.197	0.136		0.09
200	0.180	0.124		0.08

例 10 - 5 如图 10 - 8 所示，一端固定，一端自由的压杆，材料为 Q235 钢，已知 $P = 240$ kN，$L = 1.5$ m，$[\sigma] = 140$ MPa，试选择工字钢型号。

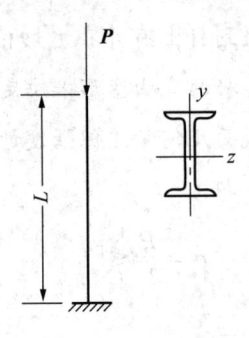

图 10 - 8

解：因为工字截面型号尚未知，这样就不能计算 λ，也就不知道 φ 值，因而也还不能用式(10 - 12)进行校核。

这时可先从强度方面估算截面面积，即：

$$A \geq \frac{P}{[\sigma]} = \frac{240 \times 10^3}{140} = 1710 \text{ mm}^2$$

从附录 I 型钢表中按估算面积的 2 倍(34.2 cm²)初选 20a 号工字钢，$A = 35.5$ cm²，最小惯性半径 $i_y = 2.12$ cm，于是：

$$\lambda = \frac{\mu L}{i_y} = \frac{2 \times 150}{2.12} = 142$$

由表 10 - 3 按线性插值法算出 φ：

$$\varphi = 0.349 - \frac{0.349 - 0.306}{10} \times 2 = 0.34$$

$$\frac{P}{\varphi A} = \frac{240 \times 10^3}{0.34 \times 3550} = 198.8 \text{ MPa} > [\sigma]$$

重选 22a 号工字钢：

$$A = 42 \text{ cm}^2, \quad I_y = 2.31 \text{ cm}$$

$$\lambda = \frac{2 \times 150}{2.31} = 130, \quad \varphi = 0.401$$

$$\frac{P}{\varphi A} = \frac{240 \times 10^3}{0.401 \times 4200} = 142.6 \text{ MPa}$$

此值超出 $[\sigma]$ 约 2%，不超过 5%，这时所选截面是可用的。

例 10 - 6 如图 10 - 9 所示柱由两个 20a 号的槽钢组成。柱长 $l = 6$ m，下端固定上端铰支，材料是 Q235 钢，$[\sigma] = 160$ MPa；由两个槽钢紧靠在一起(连接为一整体)；求柱的许用载荷 $[P]$。

(a) (b)

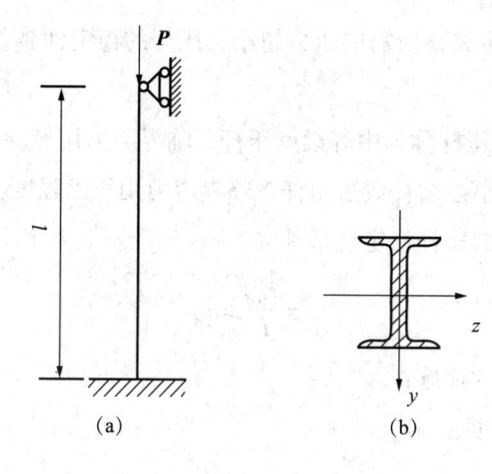

图 10 - 9

解：横截面由两槽钢紧靠，由附录Ⅰ型钢表查得：

$$A = 2 \times 28.83 \text{ cm}^2 = 57.66 \text{ cm}^2$$

$$I_{min} = I_y = 2 \times 244 \text{ cm}^4 = 488 \text{ cm}^4$$

$$i_{min} = i_y = \sqrt{\frac{I_y}{A}} = \sqrt{\frac{4.88 \times 10^{-6}}{5.766 \times 10^{-3}}} = 2.91 \text{ cm}$$

$$\lambda_y = \frac{\mu l}{i_y} = \frac{0.7 \times 6 \times 10^3}{29.1} = 144$$

由表 10 - 3 查得：

$$\lambda = 140, \ \varphi = 0.349; \ \lambda = 150, \ \varphi = 0.306$$

用直线内插法求得：

$$\lambda = 144, \ \varphi = 0.349 - \frac{4}{10} \times (0.349 - 0.306) = 0.332$$

于是压杆的许用载荷为：

$$[P_1] = \varphi \cdot [\sigma] \cdot A = 0.332 \times 160 \times 10^6 \times 5.766 \times 10^{-3} = 306 \text{ kN}$$

要 点 总 结

（1）各种支承形式下的欧拉临界力公式统一表示为 $F_{cr} = \frac{\pi^2 EI}{(\mu l)^2}$，临界应力为 $\sigma_{cr} = \frac{F_{cr}}{A} = \frac{\pi^2 EI}{A (\mu l)^2} = \frac{\pi^2 E}{\lambda^2}$。

（2）细长压杆临界应力的计算。

① 满足 $\lambda \geq \lambda_p$ 的压杆称为大柔度杆或细长杆的压杆，临界应力为 $\sigma_{cr} = \frac{\pi^2 E}{\lambda^2}$。$\lambda$ 越大，

临界应力越小，使压杆产生失稳所需的压力越小，压杆的稳定性越差。反之，λ 越小，压杆的稳定性越好。

② 当 $\lambda_s < \lambda < \lambda_p$ 时的压杆称为中等柔度压杆，临界应力用经验公式 $\sigma_{cr} = a - b\lambda$ 计算。

③ $\lambda < \lambda_s$ 的压杆称为小柔度杆或短粗杆，临界应力用压缩强度公式 $\sigma_{cr} = \sigma_s$ 计算。

(3) 用安全因数表示的压杆稳定性条件为：

$$n = \frac{F_{cr}}{F} \geq n_{st}$$

(4) 提高压杆稳定性的措施：

① 减小压杆的支承长度；

② 改善杆端约束情况；

③ 合理选择截面形状；

④ 合理选择材料。

本 章 习 题

10-1 填空题

(1) 两根长度相同、横截面形状与尺寸相同、杆端约束情况也相同的受压细长直杆，一为钢杆，另一为木杆。钢杆的柔度_____木杆的柔度，钢杆的临界应力_____木杆的临界应力。（选填"大于"、"等于"或"小于"）

(2) 两根受弯细长直杆，其材料、横截面、杆端约束情况都相同，但杆的长度不同，则长杆的临界力_____短杆的临界力。（选填"大于"、"等于"或"小于"）

(3) 欧拉公式中长度因数 μ 的取值，两端固定为_____；一端固定，一端铰支为_____；两端铰支为_____；一端固定，一端自由为_____。

(4) 圆截面的细长压杆，材料、杆长和杆端约束保持不变，若将压杆的直径缩小一半，则其临界力为原压杆的_____。

(5) 在截面面积相同的条件下，空心截面的压杆稳定承载力_____实心截面的稳定承载力。

10-2 选择题

(1) 细长压杆如图 10-10 所示，当抗弯刚度 EI、约束条件等均不变而杆长 l 增大一倍时，其临界力为原来的（　　）。

A. 2 倍　　　　　B. $\frac{1}{2}$ 倍　　　　　C. $\frac{1}{4}$ 倍　　　　　D. 4 倍

(2) 如图 10-10 所示四根圆截面细长压杆，材料及直径均相同，则（　　）。

A. 最容易失稳的杆是(c)，最不易失稳的杆是(a)

B. 最容易失稳的杆是(b)，最不易失稳的杆是(c)

C. 最容易失稳的杆是(a)，最不易失稳的杆是(d)

D. 最容易失稳的杆是(d)，最不易失稳的杆是(b)

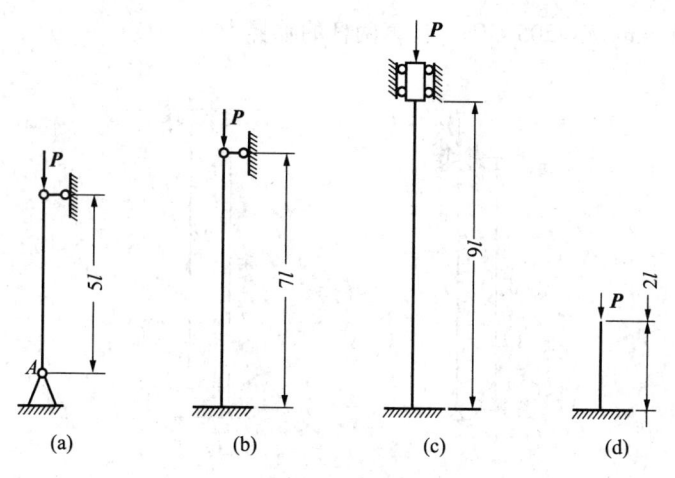

图 10 - 10

(3) 如图 10 - 11 所示，当压杆两端在 xy、xz 平面内的约束条件相同，从提高稳定能力出发，对截面面积相等的同一种材料，截面形状应选（　　）较好。

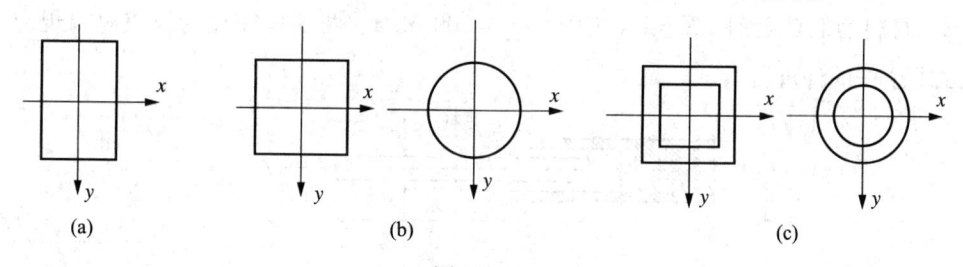

图 10 - 11

A. 选(a)　　　　　　　　　　B. 选(b)

C. 选(c)　　　　　　　　　　D. (a)、(b)、(c)都一样

(4) 计算压杆稳定临界应力的欧拉公式，它的适用范围是临界应力 σ_{cr} 不超过材料的（　　）。

A. 比例极限　　B. 屈服极限　　C. 弹性极限　　D. 强度极限

10 - 3　判断题

(1) 采用高强度钢材代替普通钢材来制作细长的压杆，可大大提高压杆的承载能力。

（　　）

(2) 两根等长度的压杆，如支承方式相同，截面相同，而材料不同，一为钢杆，一为铝杆，则钢杆、铝杆的柔度相等，且临界应力也相等。

（　　）

10-4 图 10-12(a)、(b)所示的压杆,其直径均为 d,材料都是 Q235 钢,但两者的长度和约束都不相同。

(1)分析哪一根杆的临界力较大;

(2)若 $d = 160$ mm,$E = 205$ GPa,计算两杆的临界力。

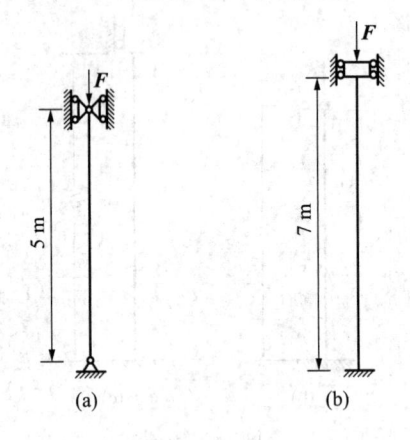

图 10-12

10-5 无缝钢管厂的穿孔顶杆如图 10-13 所示。杆长 $l = 4.5$ m,横截面直径 $d = 150$ mm,材料为低合金钢,$E = 210$ GPa,$\sigma_p = 200$ MPa。两端可简化为铰支座,规定 $n_{st} = 3.3$。试求顶杆的许可压力。

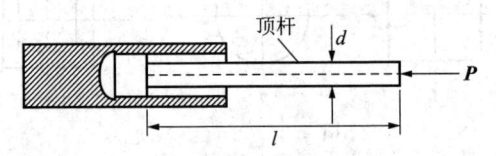

图 10-13

10-6 某厂自制简易起重机如图 10-14 所示。压杆 BD 为 20 号槽钢,材料为 Q235 钢,$\lambda_p = 100$,$\lambda_s = 62$。起重机的最大起重量 $P = 40$ kN。若规定 $n_{st} = 5$,试校核 BD 杆的稳定性。

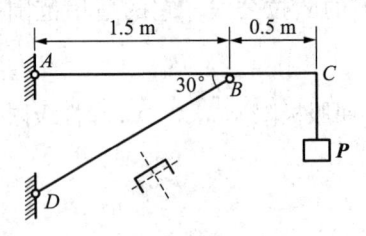

图 10-14

附 录

附录Ⅰ 型 钢 表

附表1 热轧工字钢截面尺寸、截面面积、理论重量及截面特性（GB/T 706—2016）

说明：
h——高度；
b——腿宽度；
d——腰厚度；
t——腿中间厚度；
r——内圆弧半径；
r_1——腿端圆弧半径。

型号	截面尺寸/mm						截面面积 cm²	理论重量 (kg/m)	外表面积 (m²/m)	惯性矩/cm⁴		惯性半径/cm		截面模数/cm³	
	h	b	d	t	r	r_1				I_x	I_y	i_x	i_y	W_x	W_y
10	100	68	4.5	7.6	6.5	3.3	14.33	11.3	0.432	245	33.0	4.14	1.52	49.0	9.72
12	120	74	5.0	8.4	7.0	3.5	17.80	14.0	0.493	436	46.9	4.95	1.62	72.7	12.7
12.6	126	74	5.0	8.4	7.0	3.5	18.10	14.2	0.505	488	46.9	5.20	1.61	77.5	12.7
14	140	80	5.5	9.1	7.5	3.8	21.50	16.9	0.553	712	64.4	5.76	1.73	102	16.1
16	160	88	6.0	9.9	8.0	4.0	26.11	20.5	0.621	1 130	93.1	6.58	1.89	141	21.2
18	180	94	6.5	10.7	8.5	4.3	30.74	24.1	0.681	1 660	122	7.36	2.00	185	26.0

241

续表

型号	截面尺寸/mm					截面面积/cm²	理论重量/(kg/m)	外表面积/(m²/m)	惯性矩/cm⁴		惯性半径/cm		截面模数/cm³	
	h	b	d	t	r	r_1				I_x	I_y	i_x	i_y	W_x	W_y
20a	200	100	7.0	11.4	9.0	4.5	35.55	27.9	0.742	2 370	158	8.15	2.12	237	31.5
20b	200	102	9.0	11.4	9.0	4.5	39.55	31.1	0.746	2 500	169	7.96	2.06	250	33.1
22a	220	110	7.5	12.3	9.5	4.8	42.10	33.1	0.817	3 400	225	8.99	2.31	309	40.9
22b	220	112	9.5	12.3	9.5	4.8	46.50	36.5	0.821	3 570	239	8.78	2.27	325	42.7
24a	240	116	8.0	13.0	10.0	5.0	47.71	37.5	0.878	4 570	280	9.77	2.42	381	48.4
24b	240	118	10.0	13.0	10.0	5.0	52.51	41.2	0.882	4 800	297	9.57	2.38	400	50.4
25a	250	116	8.0	13.0	10.0	5.0	48.51	38.1	0.898	5 020	280	10.2	2.40	402	48.3
25b	250	118	10.0	13.0	10.0	5.0	53.51	42.0	0.902	5 280	309	9.94	2.40	423	52.4
27a	270	122	8.5	13.7	10.5	5.3	54.52	42.8	0.958	6 550	345	10.9	2.51	485	56.6
27b	270	124	10.5	13.7	10.5	5.3	59.92	47.0	0.962	6 870	366	10.7	2.47	509	58.9
28a	280	122	8.5	13.7	10.5	5.3	55.37	43.5	0.978	7 110	345	11.3	2.50	508	56.6
28b	280	124	10.5	13.7	10.5	5.3	60.97	47.9	0.982	7 480	379	11.1	2.49	534	61.2
30a	300	126	9.0	14.4	11.0	5.5	61.22	48.1	1.031	8 950	400	12.1	2.55	597	63.5
30b	300	128	11.0	14.4	11.0	5.5	67.22	52.8	1.035	9 400	422	11.8	2.50	627	65.9
30c	300	130	13.0	14.4	11.0	5.5	73.22	57.5	1.039	9 850	445	11.6	2.46	657	68.5
32a	320	130	9.5	15.0	11.5	5.8	67.12	52.7	1.084	11 100	460	12.8	2.62	692	70.8
32b	320	132	11.5	15.0	11.5	5.8	73.52	57.7	1.088	11 600	502	12.6	2.61	726	76.0
32c	320	134	13.5	15.0	11.5	5.8	79.92	62.7	1.092	12 200	544	12.3	2.61	760	81.2
36a	360	136	10.0	15.8	12.0	6.0	76.44	60.0	1.185	15 800	552	14.4	2.69	875	81.2
36b	360	138	12.0	15.8	12.0	6.0	83.64	65.7	1.189	16 500	582	14.1	2.64	919	84.3
36c	360	140	14.0	15.8	12.0	6.0	90.84	71.3	1.193	17 300	612	13.8	2.60	962	87.4

续表

型号	截面尺寸/mm						截面面积/cm²	理论重量/(kg/m)	外表面积/(m²/m)	惯性矩/cm⁴		惯性半径/cm		截面模数/cm³	
	h	b	d	t	r	r₁				I_x	I_y	i_x	i_y	W_x	W_y
40a	400	142	10.5	16.5	12.5	6.3	86.07	67.6	1.285	21 700	660	15.9	2.77	1 090	93.2
40b		144	12.5				94.07	73.8	1.289	22 800	692	15.6	2.71	1 140	96.2
40c		146	14.5				102.1	80.1	1.293	23 900	727	15.2	2.65	1 190	99.6
45a	450	150	11.5	18.0	13.5	6.8	102.4	80.4	1.411	32 200	855	17.7	2.89	1 430	114
45b		152	13.5				111.4	87.4	1.415	33 800	894	17.4	2.84	1 500	118
45c		154	15.5				120.4	94.5	1.419	35 300	938	17.1	2.79	1 570	122
50a	500	158	12.0	20.0	14.0	7.0	119.2	93.6	1.539	46 500	1 120	19.7	3.07	1 860	142
50b		160	14.0				129.2	101	1.543	48 600	1 170	19.4	3.01	1 940	146
50c		162	16.0				139.2	109	1.547	50 600	1 220	19.0	2.96	2 080	151
55a	550	166	12.5	21.0	14.5	7.3	134.1	105	1.667	62 900	1 370	21.6	3.19	2 290	164
55b		168	14.5				145.1	114	1.671	65 600	1 420	21.2	3.14	2 390	170
55c		170	16.5				156.1	123	1.675	68 400	1 480	20.9	3.08	2 490	175
56a	560	166	12.5				135.4	106	1.687	65 600	1 370	22.0	3.18	2 340	165
56b		168	14.5				146.6	115	1.691	68 500	1 490	21.6	3.16	2 450	174
56c		170	16.5				157.8	124	1.695	71 400	1 560	21.3	3.16	2 550	183
63a	630	176	13.0	22.0	15.0	7.5	154.6	121	1.862	93 900	1 700	24.5	3.31	2 980	193
63b		178	15.0				167.2	131	1.866	98 100	1 810	24.2	3.29	3 160	204
63c		180	17.0				179.8	141	1.870	102 000	1 920	23.8	3.27	3 300	214

注：r、r_1 的数据用于孔型设计，不做交货条件。

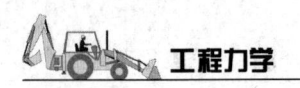

附表 2 热轧槽钢截面尺寸、截面面积、理论重量及截面特性（GB/T 706—2016）

说明：
h——高度；
b——腿宽度；
d——腰厚度；
t——腿中间厚度；
r——内圆弧半径；
r_1——腿端圆弧半径；
Z_0——重心距离。

型号	截面尺寸/mm h	b	d	t	r	r_1	截面面积/cm²	理论重量/(kg/m)	外表面积/(m²/m)	惯性矩/cm⁴ I_x	I_y	I_{y1}	惯性半径/cm i_x	i_y	截面模数/cm³ W_x	W_y	重心距离/cm Z_0
5	50	37	4.5	7.0	7.0	3.5	6.925	5.44	0.226	26.0	8.30	20.9	1.94	1.10	10.4	3.55	1.35
6.3	63	40	4.8	7.5	7.5	3.8	8.446	6.63	0.262	50.8	11.9	28.4	2.45	1.19	16.1	4.50	1.36
6.5	65	40	4.3	7.5	7.5	3.8	8.292	6.51	0.267	55.2	12.0	28.3	2.54	1.19	17.0	4.59	1.38
8	80	43	5.0	8.0	8.0	4.0	10.24	8.04	0.307	101	16.6	37.4	3.15	1.27	25.3	5.79	1.43
10	100	48	5.3	8.5	8.5	4.2	12.74	10.0	0.365	198	25.6	54.9	3.95	1.41	39.7	7.80	1.52
12	120	53	5.5	9.0	9.0	4.5	15.36	12.1	0.423	346	37.4	77.7	4.75	1.56	57.7	10.2	1.62
12.6	126	53	5.5	9.0	9.0	4.5	15.69	12.3	0.435	391	38.0	77.1	4.95	1.57	62.1	10.2	1.59
14a	140	58	6.0	9.5	9.5	4.8	18.51	14.5	0.480	564	53.2	107	5.52	1.70	80.5	13.0	1.71
14b	140	60	8.0	9.5	9.5	4.8	21.31	16.7	0.484	609	61.1	121	5.35	1.69	87.1	14.1	1.67

续表

型号	截面尺寸/mm							截面面积/cm²	理论重量/(kg/m)	外表面积/(m²/m)	惯性矩/cm⁴				惯性半径/cm		截面模数/cm³		重心距离/cm
	h	b	d	t	r	r₁					I_x	I_y	I_{y1}	i_x	i_y	W_x	W_y	Z_0
16a	160	63	6.5	10.0	10.0	5.0	21.95	17.2	0.538	866	73.3	144	6.28	1.83	108	16.3	1.80
16b	160	65	8.5	10.0	10.0	5.0	25.15	19.8	0.542	935	83.4	161	6.10	1.82	117	17.6	1.75
18a	180	68	7.0	10.5	10.5	5.2	25.69	20.2	0.596	1 270	98.6	190	7.04	1.96	141	20.0	1.88
18b	180	70	9.0	10.5	10.5	5.2	29.29	23.0	0.600	1 370	111	210	6.84	1.95	152	21.5	1.84
20a	200	73	7.0	11.0	11.0	5.5	28.83	22.6	0.654	1 780	128	244	7.86	2.11	178	24.2	2.01
20b	200	75	9.0	11.0	11.0	5.5	32.83	25.8	0.658	1 910	144	268	7.64	2.09	191	25.9	1.95
22a	220	77	7.0	11.5	11.5	5.8	31.83	25.0	0.709	2 390	158	298	8.67	2.23	218	28.2	2.10
22b	220	79	9.0	11.5	11.5	5.8	36.23	28.5	0.713	2 570	176	326	8.42	2.21	234	30.1	2.03
24a	240	78	7.0	12.0	12.0	6.0	34.21	26.9	0.752	3 050	174	325	9.45	2.25	254	30.5	2.10
24b	240	80	9.0	12.0	12.0	6.0	39.01	30.6	0.756	3 280	194	355	9.17	2.23	274	32.5	2.03
24c	240	82	11.0	12.0	12.0	6.0	43.81	34.4	0.760	3 510	213	388	8.96	2.21	293	34.4	2.00
25a	250	78	7.0	12.0	12.0	6.0	34.91	27.4	0.722	3 370	176	322	9.82	2.24	270	30.6	2.07
25b	250	80	9.0	12.0	12.0	6.0	39.91	31.3	0.776	3 530	196	353	9.41	2.22	282	32.7	1.98
25c	250	82	11.0	12.0	12.0	6.0	44.91	35.3	0.780	3 690	218	384	9.07	2.21	295	35.9	1.92
27a	270	82	7.5	12.5	12.5	6.2	39.27	30.8	0.826	4 360	216	393	10.5	2.34	323	35.5	2.13
27b	270	84	9.5	12.5	12.5	6.2	44.67	35.1	0.830	4 690	239	428	10.3	2.31	347	37.7	2.06
27c	270	86	11.5	12.5	12.5	6.2	50.07	39.3	0.834	5 020	261	467	10.1	2.28	372	39.8	2.03
28a	280	82	7.5	12.5	12.5	6.2	40.02	31.4	0.846	4 760	218	388	10.9	2.33	340	35.7	2.10
28b	280	84	9.5	12.5	12.5	6.2	45.62	35.8	0.850	5 130	242	428	10.6	2.30	366	37.9	2.02
28c	280	86	11.5	12.5	12.5	6.2	51.22	40.2	0.854	5 500	268	463	10.4	2.29	393	40.3	1.95

续表

型号	h	b	d	t	r	r_1	截面面积/ cm²	理论重量/ (kg/m)	外表面积/ (m²/m)	I_x	I_y	I_{y1}	i_x	i_y	W_x	W_y	Z_0
										惯性矩/cm⁴			惯性半径/cm		截面模数/cm³		重心距离/cm
30a	300	85	7.5	13.5	13.5	6.8	43.89	34.5	0.897	6 050	260	467	11.7	2.43	403	41.1	2.17
30b	300	87	9.5	13.5	13.5	6.8	49.89	39.2	0.901	6 500	289	515	11.4	2.41	433	44.0	2.13
30c	300	89	11.5	13.5	13.5	6.8	55.89	43.9	0.905	6 950	316	560	11.2	2.38	463	46.4	2.09
32a	320	88	8.0	14.0	14.0	7.0	48.50	38.1	0.947	7 600	305	552	12.5	2.50	475	46.5	2.24
32b	320	90	10.0	14.0	14.0	7.0	54.90	43.1	0.951	8 140	336	593	12.2	2.47	509	49.2	2.16
32c	320	92	12.0	14.0	14.0	7.0	61.30	48.1	0.955	8 690	374	643	11.9	2.47	543	52.6	2.09
36a	360	96	9.0	16.0	16.0	8.0	60.89	47.8	1.053	11 900	455	818	14.0	2.73	660	63.5	2.44
36b	360	98	11.0	16.0	16.0	8.0	68.09	53.5	1.057	12 700	497	880	13.6	2.70	703	66.9	2.37
36c	360	100	13.0	16.0	16.0	8.0	75.29	59.1	1.061	13 400	536	948	13.4	2.67	746	70.0	2.34
40a	400	100	10.5	18.0	18.0	9.0	75.04	58.9	1.144	17 600	592	1 070	15.3	2.81	879	78.8	2.49
40b	400	102	12.5	18.0	18.0	9.0	83.04	65.2	1.148	18 600	640	1 140	15.0	2.78	932	82.5	2.44
40c	400	104	14.5	18.0	18.0	9.0	91.04	71.5	1.152	19 700	688	1 220	14.7	2.75	986	86.2	2.42

注：r、r_1 的数据用于孔型设计，不做交货条件。

附表3 热轧等边角钢截面尺寸、截面面积、理论重量及截面特性（GB/T 706—2016）

说明：
b——边宽度；
d——边厚度；
r——内圆弧半径；
r_1——边端圆弧半径；
Z_0——重心距离。

型号	截面尺寸/mm b	d	r	截面面积/cm²	理论重量/(kg/m)	外表面积/(m²/m)	惯性矩/cm⁴ I_x	I_{x1}	I_{x0}	I_{y0}	惯性半径/cm i_x	i_{x0}	i_{y0}	截面模数/cm³ W_x	W_{x0}	W_{y0}	重心距离/cm Z_0
2	20	3	3.5	1.132	0.89	0.078	0.40	0.81	0.63	0.17	0.59	0.75	0.39	0.29	0.45	0.20	0.60
	20	4		1.459	1.15	0.077	0.50	1.09	0.78	0.22	0.58	0.73	0.38	0.36	0.55	0.24	0.64
2.5	25	3		1.432	1.12	0.098	0.82	1.57	1.29	0.34	0.76	0.95	0.49	0.46	0.73	0.33	0.73
	25	4		1.859	1.46	0.097	1.03	2.11	1.62	0.43	0.74	0.93	0.48	0.59	0.92	0.40	0.76
3.0	30	3		1.749	1.37	0.117	1.46	2.71	2.31	0.61	0.91	1.15	0.59	0.68	1.09	0.51	0.85
	30	4		2.276	1.79	0.117	1.84	3.63	2.92	0.77	0.90	1.13	0.58	0.87	1.37	0.62	0.89
3.6	36	3	4.5	2.109	1.66	0.141	2.58	4.68	4.09	1.07	1.11	1.39	0.71	0.99	1.61	0.76	1.00
	36	4		2.756	2.16	0.141	3.29	6.25	5.22	1.37	1.09	1.38	0.70	1.28	2.05	0.93	1.04
	36	5		3.382	2.65	0.141	3.95	7.84	6.24	1.65	1.08	1.36	0.7	1.56	2.45	1.00	1.07

续表

型号	截面尺寸/mm b	d	r	截面面积/cm²	理论重量/(kg/m)	外表面积/(m²/m)	惯性矩/cm⁴ I_x	I_{x1}	I_{x0}	I_{y0}	惯性半径/cm i_x	i_{x0}	i_{y0}	截面模数/cm³ W_x	W_{x0}	W_{y0}	重心距离/cm Z_0
4	40	3	5	2.359	1.85	0.157	3.59	6.41	5.69	1.49	1.23	1.55	0.79	1.23	2.01	0.96	1.09
		4		3.086	2.42	0.157	4.60	8.56	7.29	1.91	1.22	1.54	0.79	1.60	2.58	1.19	1.13
		5		3.792	2.98	0.156	5.53	10.7	8.76	2.30	1.21	1.52	0.78	1.96	3.10	1.39	1.17
4.5	45	3	5	2.659	2.09	0.177	5.17	9.12	8.20	2.14	1.40	1.76	0.89	1.58	2.58	1.24	1.22
		4		3.486	2.74	0.177	6.65	12.2	10.6	2.75	1.38	1.74	0.89	2.05	3.32	1.54	1.26
		5		4.292	3.37	0.176	8.04	15.2	12.7	3.33	1.37	1.72	0.88	2.51	4.00	1.81	1.30
		6		5.077	3.99	0.176	9.33	18.4	14.8	3.89	1.36	1.70	0.80	2.95	4.64	2.06	1.33
5	50	3	5.5	2.971	2.33	0.197	7.18	12.5	11.4	2.98	1.55	1.96	1.00	1.96	3.22	1.57	1.34
		4		3.897	3.06	0.197	9.26	16.7	14.7	3.82	1.54	1.94	0.99	2.56	4.16	1.96	1.38
		5		4.803	3.77	0.196	11.2	20.9	17.8	4.64	1.53	1.92	0.98	3.13	5.03	2.31	1.42
		6		5.688	4.46	0.196	13.1	25.1	20.7	5.42	1.52	1.91	0.98	3.68	5.85	2.63	1.46
5.6	56	3	6	3.343	2.62	0.221	10.2	17.6	16.1	4.24	1.75	2.20	1.13	2.48	4.08	2.02	1.48
		4		4.39	3.45	0.220	13.2	23.4	20.9	5.46	1.73	2.18	1.11	3.24	5.28	2.52	1.53
		5		5.415	4.25	0.220	16.0	29.3	25.4	6.61	1.72	2.17	1.10	3.97	6.42	2.98	1.57
		6		6.42	5.04	0.220	18.7	35.3	29.7	7.73	1.71	2.15	1.10	4.68	7.49	3.40	1.61
		7		7.404	5.81	0.219	21.2	41.2	33.6	8.82	1.69	2.13	1.09	5.36	8.49	3.80	1.64
		8		8.367	6.57	0.219	23.6	47.2	37.4	9.89	1.68	2.11	1.09	6.03	9.44	4.16	1.68
6	60	5	6.5	5.829	4.58	0.236	19.9	36.1	31.6	8.21	1.85	2.33	1.19	4.59	7.44	3.48	1.67
		6		6.914	5.43	0.235	23.4	43.3	36.9	9.60	1.83	2.31	1.18	5.41	8.70	3.98	1.70
		7		7.977	6.26	0.235	26.4	50.7	41.9	11.0	1.82	2.29	1.17	6.21	9.88	4.45	1.74
		8		9.02	7.08	0.235	29.5	58.0	46.7	12.3	1.81	2.27	1.17	6.98	11.0	4.88	1.78

续表

型号	截面尺寸/mm b	d	r	截面面积/cm²	理论重量/(kg/m)	外表面积/(m²/m)	惯性矩/cm⁴ I_x	I_{x1}	I_{x0}	I_{y0}	惯性半径/cm i_x	i_{x0}	i_{y0}	截面模数/cm³ W_x	W_{x0}	W_{y0}	重心距离/cm Z_0
6.3	63	4	7	4.978	3.91	0.248	19.0	33.4	30.2	7.89	1.96	2.46	1.26	4.13	6.78	3.29	1.70
		5		6.143	4.82	0.248	23.2	41.7	36.8	9.57	1.94	2.45	1.25	5.08	8.25	3.90	1.74
		6		7.288	5.72	0.247	27.1	50.1	43.0	11.2	1.93	2.43	1.24	6.00	9.66	4.46	1.78
		7		8.412	6.60	0.247	30.9	58.6	49.0	12.8	1.92	2.41	1.23	6.88	11.0	4.98	1.82
		8		9.515	7.47	0.247	34.5	67.1	54.6	14.3	1.90	2.40	1.23	7.75	12.3	5.47	1.85
		10		11.66	9.15	0.246	41.1	84.3	64.9	17.3	1.88	2.36	1.22	9.39	14.6	6.36	1.93
7	70	4	8	5.570	4.37	0.275	26.4	45.7	41.8	11.0	2.18	2.74	1.40	5.14	8.44	4.17	1.86
		5		6.876	5.40	0.275	32.2	57.2	51.1	13.3	2.16	2.73	1.39	6.32	10.3	4.95	1.91
		6		8.160	6.41	0.275	37.8	68.7	59.9	15.6	2.15	2.71	1.38	7.48	12.1	5.67	1.95
		7		9.424	7.40	0.275	43.1	80.3	68.4	17.8	2.14	2.69	1.38	8.59	13.8	6.34	1.99
		8		10.67	8.37	0.274	48.2	91.9	76.4	20.0	2.12	2.68	1.37	9.68	15.4	6.98	2.03
7.5	75	5	9	7.412	5.82	0.295	40.0	70.6	63.3	16.6	2.33	2.92	1.50	7.32	11.9	5.77	2.04
		6		8.797	6.91	0.294	47.0	84.6	74.4	19.5	2.31	2.90	1.49	8.64	14.0	6.67	2.07
		7		10.16	7.98	0.294	53.6	98.7	85.0	22.2	2.30	2.89	1.48	9.93	16.0	7.44	2.11
		8		11.50	9.03	0.294	60.0	113	95.1	24.9	2.28	2.88	1.47	11.2	17.9	8.19	2.15
		9		12.83	10.1	0.294	66.1	127	105	27.5	2.27	2.86	1.46	12.4	19.8	8.89	2.18
		10		14.13	11.1	0.293	72.0	142	114	30.1	2.26	2.84	1.46	13.6	21.5	9.56	2.22
8	80	5	9	7.912	6.21	0.315	48.8	85.4	77.3	20.3	2.48	3.13	1.60	8.34	13.7	6.66	2.15
		6		9.397	7.38	0.314	57.4	103	91.0	23.7	2.47	3.11	1.59	9.87	16.1	7.65	2.19
		7		10.86	8.53	0.314	65.6	120	104	27.1	2.46	3.10	1.58	11.4	18.4	8.58	2.23
		8		12.30	9.66	0.314	73.5	137	117	30.4	2.44	3.08	1.57	12.8	20.6	9.46	2.27
		9		13.73	10.8	0.314	81.1	154	129	33.6	2.43	3.06	1.56	14.3	22.7	10.3	2.31
		10		15.13	11.9	0.313	88.4	172	140	36.8	2.42	3.04	1.56	15.6	24.8	11.1	2.35

续表

型号	截面尺寸/mm b	d	r	截面面积/cm²	理论重量/(kg/m)	外表面积/(m²/m)	惯性矩/cm⁴ I_x	I_{x1}	I_{x0}	I_{y0}	惯性半径/cm i_x	i_{x0}	i_{y0}	截面模数/cm³ W_x	W_{x0}	W_{y0}	重心距离/cm Z_0
9	90	6	10	10.64	8.35	0.354	82.8	146	131	34.3	2.79	3.51	1.80	12.6	20.6	9.95	2.44
		7		12.30	9.66	0.354	94.8	170	150	39.2	2.78	3.50	1.78	14.5	23.6	11.2	2.48
		8		13.94	10.9	0.353	106	195	169	44.0	2.76	3.48	1.78	16.4	26.6	12.4	2.52
		9		15.57	12.2	0.353	118	219	187	48.7	2.75	3.46	1.77	18.3	29.4	13.5	2.56
		10		17.17	13.5	0.353	129	244	204	53.3	2.74	3.45	1.76	20.1	32.0	14.5	2.59
		12		20.31	15.9	0.352	149	294	236	62.2	2.71	3.41	1.75	23.6	37.1	16.5	2.67
10	100	6	12	11.93	9.37	0.393	115	200	182	47.9	3.10	3.90	2.00	15.7	25.7	12.7	2.71
		7		13.80	10.8	0.393	132	234	209	54.7	3.09	3.89	1.99	18.1	29.6	14.3	2.76
		8		15.64	12.3	0.393	148	267	235	61.4	3.08	3.88	1.98	20.5	33.2	15.8	2.80
		9		17.46	13.7	0.392	164	300	260	68.0	3.07	3.86	1.97	22.8	36.8	17.2	2.84
		10		19.26	15.1	0.392	180	334	285	74.4	3.05	3.84	1.96	25.1	40.3	18.5	2.91
		12		22.80	17.9	0.391	209	402	331	86.8	3.03	3.81	1.95	29.5	46.8	21.1	2.99
		14		26.26	20.6	0.391	237	471	374	99.0	3.00	3.77	1.94	33.7	52.9	23.4	3.06
		16		29.63	23.3	0.390	263	540	414	111	2.98	3.74	1.94	37.8	58.6	25.6	2.96
11	110	7	12	15.20	11.9	0.433	177	311	281	73.4	3.41	4.30	2.20	22.1	36.1	17.5	3.01
		8		17.24	13.5	0.433	199	355	316	82.4	3.40	4.28	2.19	25.0	40.7	19.4	3.09
		10		21.26	16.7	0.432	242	445	384	100	3.38	4.25	2.17	30.6	49.4	22.9	3.16
		12		25.20	19.8	0.431	283	535	448	117	3.35	4.22	2.15	36.1	57.6	26.2	3.24
		14		29.06	22.8	0.431	321	625	508	133	3.32	4.18	2.14	41.3	65.3	29.1	3.24

续表

型号	截面尺寸/mm b	d	r	截面面积/cm²	理论重量/(kg/m)	外表面积/(m²/m)	惯性矩/cm⁴ I_x	I_{x1}	I_{x0}	I_{y0}	惯性半径/cm i_x	i_{x0}	i_{y0}	截面模数/cm³ W_x	W_{x0}	W_{y0}	重心距离/cm Z_0
12.5	125	8		19.75	15.5	0.492	297	521	471	123	3.88	4.88	2.50	32.5	53.3	25.9	3.37
		10		24.37	19.1	0.491	362	652	574	149	3.85	4.85	2.48	40.0	64.9	30.6	3.45
		12		28.91	22.7	0.491	423	783	671	175	3.83	4.82	2.46	41.2	76.0	35.0	3.53
		14		33.37	26.2	0.490	482	916	764	200	3.80	4.78	2.45	54.2	86.4	39.1	3.61
		16		37.74	29.6	0.489	537	1 050	851	224	3.77	4.75	2.43	60.9	96.3	43.0	3.68
14	140	10		27.37	21.5	0.551	515	915	817	212	4.34	5.46	2.78	50.6	96.9	39.2	3.82
		12	14	32.51	25.5	0.551	604	1 100	959	249	4.31	5.43	2.76	59.8	96.9	45.0	3.90
		14		37.57	29.5	0.550	689	1 280	1 090	284	4.28	5.40	2.75	68.8	110	50.5	3.98
		16		42.54	33.4	0.549	770	1 470	1 220	319	4.26	5.36	2.74	77.5	123	55.6	4.06
15	150	8		23.75	18.6	0.592	521	900	827	215	4.69	5.90	3.01	47.4	78.0	38.1	3.99
		10		29.37	23.1	0.591	638	1 130	1 010	262	4.66	5.87	2.99	58.4	95.5	45.5	4.08
		12		34.91	27.4	0.591	749	1 350	1 190	308	4.63	5.84	2.97	69.0	112	52.4	4.15
		14		40.37	31.7	0.590	856	1 580	1 360	352	4.60	5.80	2.95	79.5	128	58.8	4.23
		15		43.06	33.8	0.590	907	1 690	1 440	374	4.59	5.78	2.95	84.6	136	61.9	4.27
		16		45.74	35.9	0.589	958	1 810	1 520	395	4.58	5.77	2.94	89.6	143	64.9	4.31
16	160	10		31.50	24.7	0.630	780	1 370	1 240	322	4.98	6.27	3.20	66.7	109	52.8	4.31
		12	16	37.44	29.4	0.630	917	1 640	1 460	377	4.95	6.24	3.18	79.0	129	60.7	4.39
		14		43.30	34.0	0.629	1 050	1 910	1 670	432	4.92	6.20	3.16	91.0	147	68.2	4.47
		16		49.07	38.5	0.629	1 180	2 190	1 870	485	4.89	6.17	3.14	103	165	75.3	4.55
18	180	12		42.24	33.2	0.710	1 320	2 330	2 100	543	5.59	7.05	3.58	101	165	78.4	4.89
		14		48.90	38.4	0.709	1 510	2 720	2 410	622	5.56	7.02	3.56	116	189	88.4	4.97
		16		55.47	43.5	0.709	1 700	3 120	2 700	699	5.54	6.98	3.55	131	212	97.8	5.05
		18		61.96	48.6	0.708	1 880	3 500	2 990	762	5.50	6.94	3.51	146	235	105	5.13

续表

型号	截面尺寸/mm b	截面尺寸/mm d	截面尺寸/mm r	截面面积/cm²	理论重量/(kg/m)	外表面积/(m²/m)	惯性矩/cm⁴ I_x	惯性矩/cm⁴ I_{x1}	惯性矩/cm⁴ I_{x0}	惯性矩/cm⁴ I_{y0}	惯性半径/cm i_x	惯性半径/cm i_{x0}	惯性半径/cm i_{y0}	截面模数/cm³ W_x	截面模数/cm³ W_{x0}	截面模数/cm³ W_{y0}	重心距离/cm Z_0
20	200	14	18	54.64	42.9	0.788	2 100	3 730	3 340	864	6.20	7.82	3.98	145	236	112	5.46
		16		62.01	48.7	0.788	2 370	4 270	3 760	971	6.18	7.79	3.96	164	266	124	5.54
		18		69.30	54.4	0.787	2 620	4 810	4 160	1 080	6.15	7.75	3.94	182	294	136	5.62
		20		76.51	60.1	0.787	2 870	5 350	4 550	1 180	6.12	7.72	3.93	200	322	147	5.69
		24		90.66	71.2	0.785	3 340	6 460	5 290	1 380	6.07	7.64	3.90	236	374	167	5.87
22	220	16	21	68.67	53.9	0.866	3 190	5 680	5 060	1 310	6.81	8.59	4.37	200	326	154	6.03
		18		76.75	60.3	0.866	3 540	6 400	5 620	1 450	6.79	8.55	4.35	223	361	168	6.11
		20		84.76	66.5	0.865	3 870	7 110	6 150	1 590	6.76	8.52	4.34	245	395	182	6.18
		22		92.68	72.8	0.865	4 200	7 830	6 670	1 730	6.73	8.48	4.32	267	429	195	6.26
		24		100.5	78.9	0.864	4 520	8 550	7 170	1 870	6.71	8.45	4.31	289	461	208	6.33
		26		108.3	85.0	0.864	4 830	9 280	7 690	2 000	6.68	8.41	4.30	310	492	221	6.41
25	250	18	24	87.84	69.0	0.985	5 270	9 380	8 370	2 170	7.75	9.76	4.97	290	473	224	6.84
		20		97.05	76.2	0.984	5 780	10 400	9 180	2 380	7.72	9.73	4.95	320	519	243	6.92
		22		106.2	83.3	0.983	6 280	11 500	9 970	2 580	7.69	9.69	4.93	349	564	261	7.00
		24		115.2	90.4	0.983	6 770	12 500	10 700	2 790	7.67	9.66	4.92	378	608	278	7.07
		26		124.2	97.5	0.982	7 240	13 600	11 500	2 980	7.64	9.62	4.90	406	650	295	7.15
		28		133.0	104	0.982	7 700	14 600	12 200	3 180	7.61	9.58	4.89	433	691	311	7.22
		30		141.8	111	0.981	8 160	15 700	12 900	3 380	7.58	9.55	4.88	461	731	327	7.30
		32		150.5	118	0.981	8 600	16 800	13 600	3 570	7.56	9.51	4.87	488	770	342	7.37
		35		163.4	128	0.980	9 240	18 400	14 600	3 850	7.52	9.46	4.86	527	827	364	7.48

注：截面图中的 $r_1 = 1/3d$ 及表中 r 的数据用于孔型设计，不做交货条件。

附表4 热轧不等边角钢截面尺寸、截面积、理论重量及截面特性（GB/T 706—2016）

说明：
- B——长边宽度；
- b——短边宽度；
- d——边厚度；
- r——内圆弧半径；
- r_1——边端圆弧半径；
- X_0——重心距离；
- Y_0——重心距离。

型号	截面尺寸/mm B	b	d	r	截面面积/cm²	理论重量/(kg/m)	外表面积/(m²/m)	惯性矩/cm⁴ I_x	I_{x1}	I_y	I_{y1}	I_u	惯性半径/cm i_x	i_y	i_u	截面模数/cm³ W_x	W_y	W_u	$\tan\alpha$	重心距离/cm X_0	Y_0
2.5/1.6	25	16	3	3.5	1.162	0.91	0.080	0.70	1.56	0.22	0.43	0.14	0.78	0.44	0.34	0.43	0.19	0.16	0.392	0.42	0.86
			4		1.499	1.18	0.079	0.88	2.09	0.27	0.59	0.17	0.77	0.43	0.34	0.55	0.24	0.20	0.381	0.46	0.90
3.2/2	32	20	3	3.5	1.492	1.17	0.102	1.53	3.27	0.46	0.82	0.28	1.01	0.55	0.43	0.72	0.30	0.25	0.382	0.49	1.08
			4		1.939	1.52	0.101	1.93	4.37	0.57	1.12	0.35	1.00	0.54	0.42	0.93	0.39	0.32	0.374	0.53	1.12
4/2.5	40	25	3	4	1.890	1.48	0.127	3.08	5.39	0.93	1.59	0.56	1.28	0.70	0.54	1.15	0.49	0.40	0.385	0.59	1.32
			4		2.467	1.94	0.127	3.93	8.53	1.18	2.14	0.71	1.36	0.69	0.54	1.49	0.63	0.52	0.381	0.63	1.37
4.5/2.8	45	28	3	5	2.149	1.69	0.143	4.45	9.10	1.34	2.23	0.80	1.44	0.79	0.61	1.47	0.62	0.51	0.383	0.64	1.47
			4		2.806	2.20	0.143	5.69	12.1	1.70	3.00	1.02	1.42	0.78	0.60	1.91	0.80	0.66	0.380	0.68	1.51
5/3.2	50	32	3	5.5	2.431	1.91	0.161	6.24	12.5	2.02	3.31	1.20	1.60	0.91	0.70	1.84	0.82	0.68	0.404	0.73	1.60
			4		3.177	2.49	0.160	8.02	16.7	2.58	4.45	1.53	1.59	0.90	0.69	2.39	1.06	0.87	0.402	0.77	1.65

续表

型号	截面尺寸/mm B	b	d	r	截面面积/cm²	理论重量/(kg/m)	外表面积/(m²/m)	惯性矩/cm⁴ I_x	I_{x1}	I_y	I_{y1}	I_u	惯性半径/cm i_x	i_y	i_u	截面模数/cm³ W_x	W_y	W_u	$\tan\alpha$	重心距离/cm X_0	Y_0
5.6/3.6	56	36	3	6	2.743	2.15	0.181	8.88	17.5	2.92	4.7	1.73	1.80	1.03	0.79	2.32	1.05	0.87	0.408	0.80	1.78
			4		3.590	2.82	0.180	11.5	23.4	3.76	6.33	2.23	1.79	1.02	0.79	3.03	1.37	1.13	0.408	0.85	1.82
			5		4.415	3.47	0.180	13.9	29.3	4.49	7.94	2.67	1.77	1.01	0.78	3.71	1.65	1.36	0.404	0.88	1.87
6.3/4	63	40	4	7	4.058	3.19	0.202	16.5	33.3	5.23	8.63	3.12	2.02	1.14	0.88	3.87	1.70	1.40	0.398	0.92	2.04
			5		4.993	3.92	0.202	20.0	41.6	6.31	10.9	3.76	2.00	1.12	0.87	4.74	2.07	1.71	0.396	0.95	2.08
			6		5.908	4.64	0.201	23.4	50.0	7.29	13.1	4.34	1.96	1.11	0.86	5.59	2.43	1.99	0.393	0.99	2.12
			7		6.802	5.34	0.201	26.5	58.1	8.24	15.5	4.97	1.98	1.10	0.86	6.40	2.78	2.29	0.389	1.03	2.15
7/4.5	70	45	4	7.5	4.553	3.57	0.226	23.2	45.9	7.55	12.3	4.40	2.26	1.29	0.98	4.86	2.17	1.77	0.410	1.02	2.24
			5		5.609	4.40	0.225	28.0	57.1	9.13	15.4	5.40	2.23	1.28	0.98	5.92	2.65	2.19	0.407	1.06	2.28
			6		6.644	5.22	0.225	32.5	68.4	10.6	18.6	6.35	2.21	1.26	0.98	6.95	3.12	2.59	0.404	1.09	2.32
			7		7.658	6.01	0.225	37.2	80.0	12.0	21.8	7.15	2.20	1.25	0.97	8.03	3.57	2.94	0.402	1.13	2.36
7.5/5	75	50	5	8	6.126	4.81	0.245	34.9	70.0	12.6	21.0	7.41	2.39	1.44	1.10	6.83	3.3	2.74	0.435	1.17	2.40
			6		7.260	5.70	0.245	41.1	84.3	14.7	25.4	8.54	2.38	1.42	1.08	8.12	3.88	3.19	0.435	1.21	2.44
			8		9.467	7.43	0.244	52.4	113	18.5	34.2	10.9	2.35	1.40	1.07	10.5	4.99	4.10	0.429	1.29	2.52
			10		11.59	9.10	0.244	62.7	141	22.0	43.4	13.1	2.33	1.38	1.06	12.8	6.04	4.99	0.423	1.36	2.60
8/5	80	50	5	8	6.376	5.00	0.255	42.0	85.2	12.8	21.1	7.66	2.56	1.42	1.10	7.78	3.32	2.74	0.388	1.14	2.60
			6		7.560	5.93	0.255	49.5	103	15.0	25.4	8.85	2.56	1.41	1.08	9.25	3.91	3.20	0.387	1.18	2.65
			7		8.724	6.85	0.255	56.2	119	17.0	29.8	10.2	2.54	1.39	1.08	10.6	4.48	3.70	0.384	1.21	2.69
			8		9.867	7.75	0.254	62.8	136	18.9	34.3	11.4	2.52	1.38	1.07	11.9	5.03	4.16	0.381	1.25	2.73

续表

型号	截面尺寸/mm B	b	d	r	截面面积/cm²	理论重量/(kg/m)	外表面积/(m²/m)	惯性矩/cm⁴ I_x	I_{x1}	I_y	I_{y1}	I_u	惯性半径/cm i_x	i_y	i_u	截面模数/cm³ W_x	W_y	W_u	$\tan\alpha$	重心距离/cm X_0	Y_0
9/5.6	90	56	5	9	7.212	5.66	0.287	60.5	121	18.3	29.5	11.0	2.90	1.59	1.23	9.92	4.21	3.49	0.385	1.25	2.91
			6		8.557	6.72	0.286	71.0	146	21.4	35.6	12.9	2.88	1.58	1.23	11.7	4.96	4.13	0.384	1.29	2.95
			7		9.881	7.76	0.286	81.0	170	24.4	41.7	14.7	2.86	1.57	1.22	13.5	5.70	4.72	0.382	1.33	3.00
			8		11.18	8.78	0.286	91.0	194	27.2	47.9	16.3	2.85	1.56	1.21	15.3	6.41	5.29	0.380	1.36	3.04
10/6.3	100	63	6	10	9.618	7.55	0.320	99.1	200	30.9	50.5	18.4	3.21	1.79	1.38	14.6	6.35	5.25	0.394	1.43	3.24
			7		11.11	8.72	0.320	113	233	35.3	59.1	21.0	3.20	1.78	1.38	16.9	7.29	6.02	0.394	1.47	3.28
			8		12.58	9.88	0.319	127	266	39.4	67.9	23.5	3.18	1.77	1.37	19.1	8.21	6.78	0.391	1.50	3.32
			10		15.47	12.1	0.319	154	333	47.1	85.7	28.3	3.15	1.74	1.35	23.3	9.98	8.24	0.387	1.58	3.40
10/8	100	80	6	10	10.64	8.35	0.354	107	200	61.2	103	31.7	3.17	2.40	1.72	15.2	10.2	8.37	0.627	1.97	2.95
			7		12.30	9.66	0.354	123	233	70.1	120	36.2	3.16	2.39	1.72	17.5	11.7	9.60	0.626	2.01	3.00
			8		13.94	10.9	0.353	138	267	78.6	137	40.6	3.14	2.37	1.71	19.8	13.2	10.8	0.625	2.05	3.04
			10		17.17	13.5	0.353	167	334	94.7	172	49.1	3.12	2.35	1.69	24.2	16.1	13.1	0.622	2.13	3.12
11/7	110	70	6	10	10.64	8.35	0.354	133	266	42.9	69.1	25.4	3.54	2.01	1.54	17.9	7.90	6.53	0.403	1.57	3.53
			7		12.30	9.66	0.354	153	310	49.0	80.8	29.0	3.53	2.00	1.53	20.6	9.09	7.50	0.402	1.61	3.57
			8		13.94	10.9	0.353	172	354	54.9	92.7	32.5	3.51	1.98	1.53	23.3	10.3	8.45	0.401	1.65	3.62
			10		17.17	13.5	0.353	208	443	65.9	117	39.2	3.48	1.96	1.51	28.5	12.5	10.3	0.397	1.72	3.70
12.5/8	125	80	7	11	14.10	11.1	0.403	228	455	74.4	120	43.8	4.02	2.30	1.76	26.9	12.0	9.92	0.408	1.80	4.01
			8		15.99	12.6	0.403	257	520	83.5	138	49.2	4.01	2.28	1.75	30.4	13.6	11.2	0.407	1.84	4.06
			10		19.71	15.5	0.402	312	650	101	173	59.5	3.98	2.26	1.74	37.3	16.6	13.6	0.404	1.92	4.14
			12		23.35	18.3	0.402	364	780	117	210	69.4	3.95	2.24	1.72	44.0	19.4	16.0	0.400	2.00	4.22

续表

型号	截面尺寸/mm B	b	d	r	截面面积 cm²	理论重量 (kg/m)	外表面积 (m²/m)	惯性矩/cm⁴ I_x	I_{x1}	I_y	I_{y1}	I_u	惯性半径/cm i_x	i_y	i_u	截面模数/cm³ W_x	W_y	W_u	$\tan\alpha$	重心距离/cm X_0	Y_0
14/9	140	90	8	12	18.04	14.2	0.453	366	731	121	196	70.8	4.50	2.59	1.98	38.5	17.3	14.3	0.411	2.04	4.50
			10		22.26	17.5	0.452	446	913	140	246	85.8	4.47	2.56	1.96	47.3	21.2	17.5	0.409	2.12	4.58
			12		26.40	20.7	0.451	522	1 100	170	297	100	4.44	2.54	1.95	55.9	25.0	20.5	0.406	2.19	4.56
			14		30.46	23.9	0.451	594	1 280	192	349	114	4.42	2.51	1.94	64.2	28.5	23.5	0.403	2.27	4.74
15/9	150	90	8	12	18.84	14.8	0.473	442	898	123	196	74.1	4.84	2.55	1.98	43.9	17.5	14.5	0.364	1.97	4.92
			10		23.26	18.3	0.472	539	1 120	149	246	89.9	4.81	2.53	1.97	54.0	21.4	17.7	0.362	2.05	5.01
			12		27.60	21.7	0.471	632	1 350	173	297	105	4.79	2.50	1.95	63.8	25.1	20.8	0.359	2.12	5.09
			14		31.86	25.0	0.471	721	1 570	196	350	120	4.76	2.48	1.94	73.3	28.8	23.8	0.356	2.20	5.17
16/10	160	100	10	13	25.32	19.9	0.512	669	1 360	205	337	122	5.14	2.85	2.19	62.1	26.6	21.9	0.390	2.28	5.24
			12		30.05	23.6	0.511	785	1 640	239	406	142	5.11	2.82	2.17	73.5	31.3	25.8	0.388	2.36	5.32
			14		34.71	27.2	0.510	896	1 910	271	476	162	5.08	2.80	2.16	84.6	35.8	29.6	0.385	2.43	5.40
			16		39.28	30.8	0.510	1 000	2 180	302	548	183	5.05	2.77	2.16	95.3	40.2	33.4	0.382	2.51	5.48
18/11	180	110	10	14	28.37	22.3	0.571	956	1 940	278	447	167	5.80	3.13	2.42	79.0	32.5	26.9	0.376	2.44	5.89
			12		33.71	26.5	0.571	1 120	2 330	325	539	195	5.78	3.10	2.40	93.5	38.3	31.7	0.374	2.52	5.98
			14		38.97	30.6	0.570	1 290	2 720	370	632	222	5.75	3.08	2.39	108	44.0	36.3	0.372	2.59	6.06
			16		44.14	34.6	0.569	1 440	3 110	412	726	249	5.72	3.06	2.38	122	49.4	40.9	0.369	2.67	6.14
20/12.5	200	125	12	14	37.91	29.8	0.641	1 570	3 190	483	788	286	6.44	3.57	2.74	117	50.0	41.2	0.392	2.83	6.54
			14		43.87	34.4	0.640	1 800	3 730	551	922	327	6.41	3.54	2.73	135	57.4	47.3	0.390	2.91	6.62
			16		49.74	39.0	0.639	2 020	4 260	615	1 060	366	6.38	3.52	2.71	152	64.9	53.3	0.388	2.99	6.70
			18		55.53	43.6	0.639	2 240	4 790	677	1 200	405	6.35	3.49	2.70	169	71.7	59.2	0.385	3.06	6.78

注：截面图中的 $r_1 = 1/3d$ 及表中 r 的数据用于孔型设计，不做交货条件。

附录 Ⅱ 参考答案

第1章 习题

1-1 填空题

(1)机械 机械运动状态发生变化或使物体的形状发生改变 力的外效应或运动效应 内效应或变形效应　(2)力的大小 力的方向 力的作用线　(3)两个力大小相等、方向相反 作用在同一直线上　(4)滑移　(5)外，内　(6)约束，相反　(7)绳索中心线，背离　(8)接触处二者公法线，指向　(9)二力，力作用点连线

1-2 选择题

(1)C　(2)C，A　(3)B　(4)B

1-3 判断题

(1)×　(2)×　(3)×　(4)√　(5)×

第2章 习题

2-1 选择题

(1)C　(2)B　(3)C　(4)B

2-2 判断题

(1)×　(2)√　(3)×　(4)×　(5)×

2-3　$F_R = 161$ N

2-4　$F_A = \frac{\sqrt{5}}{2}F = 1.12F$, $F_D = 0.5F$

2-5　$F_{AB} = 54.6$ kN（拉力）, $F_{BC} = -74.6$ kN（压力）

2-6　(a) 0; (b) $-Fb$; (c) $F\sin\beta\sqrt{l^2+b^2}$

2-7　$M_O(P_n) = 69.3$ N·m

2-8　$F_{AB} = 3.536$ N

2-9　$F_C = 1$ kN, $F_{Bx} = 0$, $F_{By} = 1.5$ kN

2-10　(1) $F_{NB} = 96.8$ kN, $F_{NA} = 33.2$ kN; (2) $W_{max} = 52.2$ kN

2-11　$F_{Ax} = -4$ kN, $F_{Ay} = 2$ kN, $M_A = 11$ kN·m（逆）

第3章 习题

3-1 选择题

(1)A　(2)B　(3)C　(4)C

3-2　判断题

(1) ×　(2) ×　(3) √　(4) ×　(5) ×

3-3　(a)、(c)、(e)是一次静不定，(f)是3次静不定，(b)、(d)是静定

3-4　$F_{cy} = -2$ kN (↑)　$F_E = 14$ kN (↑)　$F_B = 33$ kN (↑)　$F_{Ay} = -5$ kN (↑)

3-5　$F_{Ay} = 19.5$ kN (↑)　$F_{By} = 0.5$ kN (↑)　$F_{AY} = -6.33$ kN (←)　$F_{BX} = 18.33$ kN (←)

3-6　$F_{Ax} = 0$，$F_{Ay} = -\dfrac{M}{2a}$，$F_{Bx} = 0$，$F_{By} = \dfrac{M}{2a}$，$F_{Dx} = 0$，$F_{Dy} = \dfrac{M}{a}$

3-7　$F_{Ax} = 0$，$F_{Ay} = F = 1000$ N，$M_A = 6000$ N·m，$F_{BD} = 2500$ N，$F_{Cx} = 2000$ N，$F_{Cy} = 500$ N

3-8　$F_A = 1.3$ kN

3-9　$F_{CD} = -0.866F$(压力)

3-10　$F = 128.23$ N

3-11　(1) $F_{S1} = 1.492$ kN，$F_{S2} = 1.508$ kN；(2) $F_1 = 26.06$ kN(上升)，$F_2 = 20.93$ kN(下降)

3-12　$l_{min} = 100$ mm

3-13　$b \leqslant 110$ mm

3-14　$e \leqslant \dfrac{f_s D}{2}$

第4章　习题

4-1　填空题

(1)轴向拉伸与压缩，剪切，扭转，弯曲　(2)强度，刚度，稳定性　(3)强度　(4)刚度　(5)强度　(6)稳定性　(7)连续性假设，均匀性假设，各向同性假设，小变形假设　(8)正应力，切应力

4-2　选择题

(1) D　(2) D

4-3　AB 杆属于弯曲变形，$F_s = 1$ kN，$M = 1$ kN·m；BC 杆属拉伸变形，$F_N = 2$ kN

4-4　$\varepsilon_m = 5 \times 10^{-4}$

第5章　习题

5-1　选择题

(1) C　(2) D　(3) A　(4) C　(5) D　(6) D　(7) A　(8) C　(9) C

5-2　判断题

(1) ×　(2) ×　(3) √　(4) √　(5) ×　(6) ×　(7) √　(8) √　(9) √　(10) √

5-3　(a) $F_{N1} = 20$ kN，$F_{N2} = -10$ kN，$F_{N3} = 40$ kN；(b) $F_{N1} = 5$ kN，$F_{N2} = 10$ kN，$F_{N3} = -10$ kN；(c) $F_{N1} = F$，$F_{N2} = -F$，$F_{N3} = F$

5-4　$E = 70$ GPa，$u = 0.327$

5-5　$[P] = 40.4$ kN

5-6　$\sigma_{max} = 116.56$ MPa $< [\sigma]$，满足强度要求

5-7 $\sigma_A = 13.8$ MPa $< [\sigma]$，$\sigma_B = 25.5$ MPa $< [\sigma]$，满足强度要求

5-8 $x = \dfrac{E_2 A_2 l}{E_1 A_1 + E_2 A_2}$

5-9 (1)(作图略)；(2)$N_{AC} = -100$ kN，$N_{CB} = -260$ kN，$\sigma_{AC} = -2.5$ MPa，$\sigma_{CB} = -6.5$ MPa；(3)$\Delta l_{AC} = -0.375$ mm，$\Delta l_{CB} = -0.975$ mm，$\Delta l = -1.35$ mm

5-10 $F_{N1} = F_{N2} = 1.24F$，$\sigma_1 = \sigma_2 = 165.7$ MPa

第6章 习题

6-1 选择题
(1)C (2)D (3)B (4)D

6-2 判断题
(1)× (2)√ (3)√ (4)√ (5)√

6-3 $\dfrac{d}{t} = \dfrac{8}{\pi}$

6-4 $\tau_{铜} = 50.96$ MPa，$\tau_{销} = 61.15$ MPa

6-5 $d_{max} = 35.4$ mm，$t_{max} = 10$ mm

6-6 $d = 5.36$ mm

第7章 习题

7-1 填空题
(1)垂直 (2)66.3 N·m (3)$-M$ (4)-3 kN·m，2 kN·m (5)(a)

7-2 选择题
(1)C (2)B (3)C (4)A (5)A (6)C (7)A

7-3 判断题
(1)× (2)√ (3)√ (4)√

7-4 (作图略)

7-5 $\tau_a = 101.91$ MPa，$\tau_b = 50.96$ MPa，$\tau_c = 101.91$ MPa

7-6 (1)(作图略)$T_{max} = 7028.8$ N·m；(2)$d = 85$ mm；(3)$T_{max} = 4221.1$ N·m，对轴的受力有利

7-7 $[M_A] = 4945.5$ N·m

7-8 $\tau_{max,AB} = 47.75$ MPa $< [\tau]$，$\tau_{max,AC} = 11.88$ MPa $< [\tau]$，满足强度要求

7-9 $\tau_{max,AC} = 49.42$ MPa，$\tau_{max,DB} = 21.28$ MPa，满足强度要求；$\theta_{max} = 1.77$ °/m $< [\theta]$，满足刚度要求

第8章 习题

8-1 填空题
(1)梁的外力及支座反力都作用在纵向对称面内，则梁弯曲时轴线将变成此平面内的一条

曲线，这种弯曲　（2）简支梁，外伸梁，悬臂梁　（3）形心，上，不，大　（4）(b)

　　8-2　选择题

(1) C　(2) B　(3) A　(4) B　(5) B　(6) D

　　8-3　判断题

(1) ×　(2) √　(3) ×　(4) ×　(5) ×

　　8-4　(1)(作图略)；(2)(a) $|F_s|_{max} = 2F, |M|_{max} = Fa$；(b) $|F_s|_{max} = qa, |M|_{max} = 1.5qa^2$；(c) $|F_s|_{max} = 2qa, |M|_{max} = qa^2$；(d) $|F_s|_{max} = F, |M|_{max} = Fa$；(e) $|F_s|_{max} = \frac{5}{3}F, |M|_{max} = \frac{5}{3}Fa$；(f) $|F_s|_{max} = \frac{3M}{2a}, |M|_{max} = \frac{3}{2}M$

　　8-5　$h \geqslant 416$ mm, $b \geqslant 277$ mm

　　8-6　$[P] = 44.2$ kN

　　8-7　$y_A = -\frac{Pl^3}{6EI}, \theta_B = -\frac{9Pl^2}{8EI}$

第9章　习题

　　9-1　(a) AB 段弯曲变形、BC 段压缩与弯曲变形、CD 段弯曲变形；(b) AB 段压缩与弯曲变形、BC 段扭转与弯曲变形、CD 段弯曲变形

　　9-2　圆轴受轴向偏心压缩时，横截面上存在的内力有轴力和弯矩

　　9-3　$\sigma_{max} = 135$ MPa $< [\sigma]$，满足强度要求

　　9-4　$\sigma_{max} = 106$ MPa $< [\sigma]$，满足强度要求

　　9-5　$\sigma_{max} = 58.3$ MPa $< [\sigma]$，满足强度要求

　　9-6　$P \leqslant 788$ N

第10章　习题

　　10-1　填空题

(1) 等于，大于　(2) 小于　(3) 0.5, 0.7, 1, 2　(4) 16 倍　(5) 大于

　　10-2　选择题

(1) C　(2) C　(3) C　(4) A

　　10-3　判断题

(1) ×　(2) ×

　　10-4　(1) 图(b)两端固定的压杆具有较高的临界压力；(2) 图(a)中 $F_{cr} = 2600$ kN，图 (b) 中 $F_{cr} = 5305$ kN

　　10-5　$[P] = 770$ kN

　　10-6　$n = 6.5 > n_{st}$，满足稳定性要求

参 考 文 献

[1] 张秉荣，章剑青. 工程力学（第2版）[M]. 北京：机械工业出版社，2024.

[2] 焦安红. 工程力学 [M]. 西安：西安电子科技大学出版社，2009.

[3] 顾晓勤. 工程力学（第2版）[M]. 北京：机械工业出版社，2020.

[4] 李海萍. 机械设计基础 [M]. 北京：机械工业出版社，2005.

[5] 陈位宫. 工程力学 [M]. 北京：高等教育出版社，2000.

[6] 范钦珊. 理论力学 [M]. 北京：清华大学出版社，2014.

[7] 刘鸿文. 材料力学（第6版）[M]. 北京：高等教育出版社，2017.

[8] 单辉祖. 材料力学（第4版）[M]. 北京：高等教育出版社，2016.

[9] 孙训芳. 材料力学（第5版）[M]. 北京：高等教育出版社，2013.

[10] 哈尔滨工业大学理论力学教研室编. 理论力学（第8版）[M]. 北京：高等教育出版社，2016.

[11] 刘延柱，杨海兴，朱本华. 理论力学（第3版）[M]. 北京：高等教育出版社，2011.

[12] 程靳. 理论力学学习辅导 [M]. 北京：高等教育出版社，2003.

[13] 陆晓敏，赵引. 工程力学（第2版）[M]. 北京：清华大学出版社，2023.

[14] 钱双彬，方秀珍，刘玉丽. 工程力学（第2版）[M]. 北京：机械工业出版社，2023.

[15] 周衍柏. 理论力学教程（第5版）[M]. 北京：高等教育出版社，2023.

[16] 吴德明. 理论力学基础 [M]. 北京：北京大学出版社，1995.

[17] 肖士荀. 理论力学简明教程 [M]. 北京：高等教育出版社，2002.

[18] 洪铭熙. 理论力学理论与题解 [M]. 济南：山东科学技术出版社，2004.

[19] 张宏宝. 理论力学教程学习辅导书 [M]. 北京：高等教育出版社，2004.

[20] 陈世民. 理论力学简明教程 [M]. 北京：高等教育出版社，2001.

[21] 朱照宣. 理论力学 [M]. 北京：北京大学出版社，1982.

[22] H. 戈德斯坦. 经典力学（第2版）[M]. 陈为恂，译. 北京：科学出版社，1986.

[23] 胡慧玲，林纯镇，吴惟敏. 理论力学基础教程 [M]. 北京：高等教育出版社，1986.

[24] 朱照宣，周起钊，殷金生. 理论力学（上、下册）[M]. 北京：北京大学出版社，1982.

[25] 王克协，吴承垠. 经典力学教程 [M]. 长春：吉林大学出版社，1994.

[26] 谢宝田. 理论力学教程习题解 [M]. 北京：中国科学技术出版社，1991.